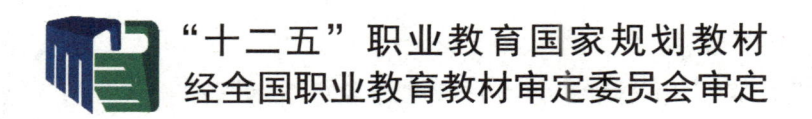

"十二五"职业教育国家规划教材
经全国职业教育教材审定委员会审定

数字影音编辑与合成
（After Effects 2022）

姜全生　刘天真　主编

王海花　孙小斐　宋良君　范　真　刘丽燕　副主编

电子工业出版社
Publishing House of Electronics Industry
北京·BEIJING

内 容 简 介

本书根据教育部颁发的中等职业学校专业教学标准中的相关教学内容和要求编写。

本书分为基础篇、提高篇和综合篇，共 16 个项目，前 14 个项目都有对应的项目拓展内容，对讲解的知识点进行了拓展和补充，能加深读者对知识点的理解，提高操作的熟练度。根据认知规律，本书在基础篇不仅介绍了 After Effects（以下简称 AE）2022 的二维合成功能，让读者了解影视合成的基本制作流程和方法，还介绍了 AE 2022 强大的三维合成功能，对摄像机、灯光的使用进行了详细阐述；在提高篇对 AE 2022 的路径文字、文字高级动画及预置文字动画、蒙版、路径描边、抠像、调色、碎片等技术进行了详细说明；在综合篇分别从综合特技、栏目包装等方面对商业影视制作的实战技术进行了详细介绍。全书内容涵盖了国家职业资格认证考核的相关知识，适用于"双证书"教学与实践。

本书是数字媒体技术应用专业的核心课程教材，不仅可以作为各类数字媒体技术培训班的教材，还可以供数字媒体方向入门人员参考、学习。

本书配有学习使用的全部项目素材、电子教案和教学课件。

未经许可，不得以任何方式复制或抄袭本书之部分或全部内容。
版权所有，侵权必究。

图书在版编目（CIP）数据

数字影音编辑与合成：After Effects 2022 / 姜全生，刘天真主编. —北京：电子工业出版社，2022.10
ISBN 978-7-121-44362-6

Ⅰ. ①数… Ⅱ. ①姜… ②刘… Ⅲ. ①图像处理软件 Ⅳ. ①TP391.413

中国版本图书馆 CIP 数据核字（2022）第 182970 号

责任编辑：桑　昀　　　　　特约编辑：田学清
印　　刷：中煤（北京）印务有限公司
装　　订：中煤（北京）印务有限公司
出版发行：电子工业出版社
　　　　　北京市海淀区万寿路 173 信箱　　邮编　100036
开　　本：880×1230　1/16　印张：15.75　字数：343 千字
版　　次：2022 年 10 月第 1 版
印　　次：2024 年 6 月第 5 次印刷
定　　价：52.80 元

凡所购买电子工业出版社图书有缺损问题，请向购买书店调换。若书店售缺，请与本社发行部联系，联系及邮购电话：（010）88254888，88258888。

质量投诉请发邮件至 zlts@phei.com.cn，盗版侵权举报请发邮件至 dbqq@phei.com.cn。
本书咨询联系方式：（010）88254550，zhengxy@phei.com.cn。

前言

为了建立健全教育质量保障体系，提高职业教育质量，教育部颁布了中等职业学校专业教学标准。专业教学标准是指导和管理中等职业学校教学工作的主要依据，是保证教育教学质量和人才培养规格的纲领性教学文件。在教育部办公厅公布的文件中强调"专业教学标准是开展专业教学的基本文件，是明确培养目标和规格、组织实施教学、规范教学管理、加强专业建设、开发教材和学习资源的基本依据，是评估教育教学质量的主要标尺，同时也是社会用人单位选用中等职业学校毕业生的重要参考"。

本书特色

为了适应职业教育计算机类专业课程改革的要求，本书根据教育部颁发的中等职业学校专业教学标准中的相关教学内容和要求编写。

本书作者均为具有多年教学经验的老师，具有商业影视制作的经验，熟知初学者渴望了解的影视制作方面的基本方法和技巧，能将复杂的知识点通俗易懂地通过不同的项目介绍出来。本书具有以下特色：

1. **定位明确，注重操作能力的提高**

本书针对中等职业学校学生的特点和知识现状，通俗易懂地讲解了影视后期合成制作的相关知识，突出项目的趣味性和实用性，关注思政教育和人文素养的培养，重点培养学生的技巧运用能力。

2. **编写体例上更符合认知和教学规律**

本书在编写体例上采用项目教学，通过项目制作将应用的知识进行串接，打破了传统教材的章节模式，以操作为主。每个项目基本上都由项目描述、学习目标、项目分析、项目实施、相关知识、项目拓展等部分构成。在项目的选用上注重知识点的有效性、综合性和技巧性，将制作方法和商业制作技巧有效结合，使项目之间形成难度梯度，便于学生有效地进行把握。在前后顺序安排上更符合认知层次提高的习惯。

3. 侧重实用技术讲解，提高综合实战能力

本书在讲解制作技术的同时，侧重画面节奏、音乐节奏的把握，将流行的制作手法应用到项目制作中。

本书作者

本书由姜全生、刘天真担任主编，王海花、孙小斐、宋良君、范真、刘丽燕担任副主编。由于编写时间和作者水平所限，书中难免存在疏漏和不妥之处，恳请广大读者批评指正。

教学资源

为了提高学习效率和教学效果，方便教师教学，作者为本书配备了包括电子教案、教学课件、素材文件等的教学资源。请有此需要的读者登录华信教育资源网免费注册后进行下载，若有问题，请在网站留言板留言或与电子工业出版社联系（E-mail:hxedu@phei.com.cn）。

目录

■ **基础篇** ■

项目一　AE 2022 的初始设置和制作流程《北京冬奥会比赛场馆》 2
　项目描述 2
　学习目标 2
　项目分析 3
　项目实施 3
　　任务一　项目初始化设置 3
　　任务二　制作《北京冬奥会比赛场馆》 6
　　项目拓展　短片《搞笑熊猫》 18

项目二　关键帧动画制作《交通规则之停车动画》 24
　项目描述 24
　学习目标 24
　项目分析 24
　项目实施 24
　　项目拓展　合成嵌套关键帧动画《交通规则之超车动画》 33
　　任务一　制作符号动画片头 34
　　任务二　制作蓝色车动画 38
　　任务三　红色车超车碰撞动画 40

项目三　复杂关键帧动画制作《新春拜年短视频》 44
　项目描述 44
　学习目标 44
　项目分析 44
　项目实施 44

项目拓展　复杂关键帧动画《海鲜厨房》　　57
　　任务一　多图层的同步动画设置　　57
　　任务二　合成嵌套　　59
　　任务三　制作画面跟进压缩动画　　61
　　任务四　添加轨迹遮罩　　66
　　任务五　渲染输出　　68

项目四　三维图层的合成《家居摆件》　　69
　项目描述　　69
　学习目标　　69
　项目分析　　69
　项目实施　　70
　　项目拓展　三维动画《蝴蝶图册》　　77

项目五　摄像机动画《参观画展》　　82
　项目描述　　82
　学习目标　　82
　项目分析　　82
　项目实施　　83
　　项目拓展　摄像机景深动画《台球》　　88

项目六　三维灯光效果《剪纸》　　92
　项目描述　　92
　学习目标　　92
　项目分析　　92
　项目实施　　92
　　项目拓展　灯光动画《Nature China》　　98

■ 提高篇 ■

项目七　路径文字动画《二十四节气》　　104
　项目描述　　104
　学习目标　　104
　项目分析　　104
　项目实施　　105
　　项目拓展　路径文字动画《我们同在》　　111

项目八　文字高级动画《舞动的文字》..114
项目描述..114
学习目标..114
项目分析..114
项目实施..115
项目拓展　片头《动物世界》..124

项目九　预置文字动画《春夜喜雨》..129
项目描述..129
学习目标..129
项目分析..129
项目实施..130
项目拓展　预置文字旁白制作《我爱动漫专业》..134

项目十　蒙版技术应用《摄影爱好者》..138
项目描述..138
学习目标..138
项目分析..138
项目实施..139
项目拓展　多蒙版技术合成《窗台风景》..143

项目十一　路径描边动画《小老虎》..145
项目描述..145
学习目标..145
项目分析..145
项目实施..145
项目拓展　路径描边动画《手写签名》..149

项目十二　抠像技术《抠像集锦》..153
项目描述..153
学习目标..153
项目分析..154
项目实施..154
任务一　"颜色范围"特效的使用..154
任务二　"线性颜色键"特效的使用..155
任务三　"颜色差值键"特效的使用..156
任务四　"内部/外部键"特效的使用..159

　　　　任务五　总合成 161
　　　　项目拓展　"Keylight（1.2）"特效《COSPLAY 演出播报》 168

项目十三　调色技术《海滨掠影》 172
　　项目描述 172
　　学习目标 172
　　项目分析 172
　　项目实施 173
　　　　项目拓展　调色集锦《苏州园林》 180

项目十四　"碎片"特效《快乐的生活》 187
　　项目描述 187
　　学习目标 187
　　项目分析 187
　　项目实施 187
　　　　项目拓展　多重碎片《玻璃破碎》 193

■ 综合篇 ■

项目十五　影视特技合成场景《绚烂夜色》 200
　　项目描述 200
　　学习目标 200
　　项目分析 200
　　项目实施 200

项目十六　栏目包装片头《飞跃青岛》 209
　　项目描述 209
　　学习目标 209
　　项目分析 210
　　项目实施 210
　　　　任务一　组织和处理素材 210
　　　　任务二　制作手写字 210
　　　　任务三　制作晃动竖条 231
　　　　任务四　制作合成"总合成" 233
　　　　任务五　渲染输出 243

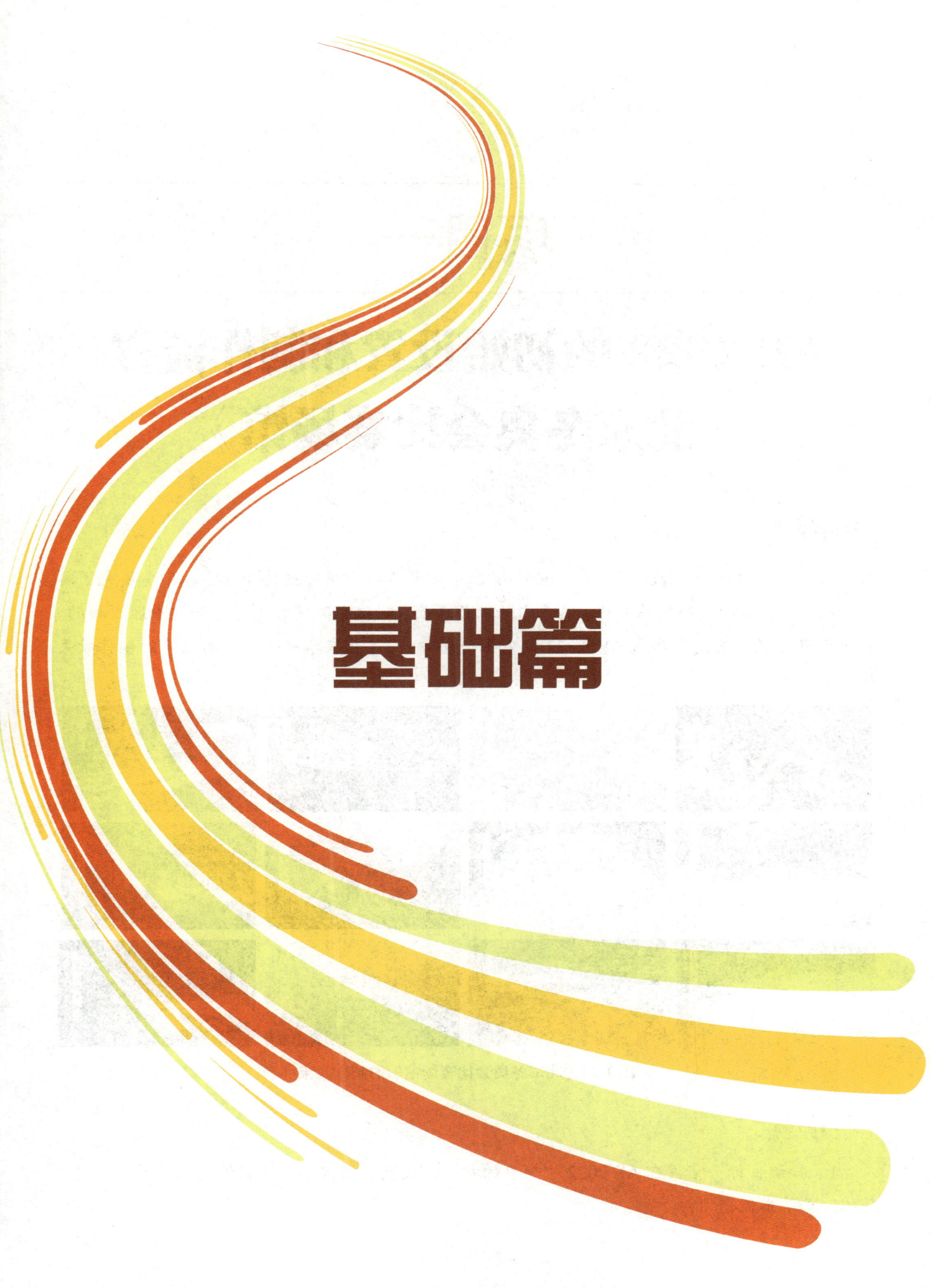

基础篇

项目一

AE 2022 的初始设置和制作流程
《北京冬奥会比赛场馆》

项目描述

为了能在 After Effects（简称 AE）2022 中实现各种影视特技的合成，我们需要先了解 AE 2022 的初始设置和制作流程，熟悉它的工作界面，明确它的项目文件是如何管理素材的。本项目将引领大家逐步熟悉 AE 2022 的基本使用方法。《北京冬奥会比赛场馆》的制作效果如图 1-1 所示。

图 1-1 《北京冬奥会比赛场馆》的制作效果

学习目标

1. 知识目标：掌握在 AE 2022 中项目的初始化设置和影视项目的制作流程；了解影视制作的一些基本概念。

2. 技能目标：能通过操作了解 AE 2022 的界面布局和项目设置方法，明确影片的基本制作流程。

项目分析

该项目被分解为两个任务：任务一对项目文件进行初始化设置；任务二是通过《北京冬奥会比赛场馆》项目的制作对导入素材、新建合成、在时间轴面板中编辑素材和渲染输出影片等影片制作流程进行了介绍。

项目实施

任务一　项目初始化设置

在启动 AE 2022 后，系统自动新建一个项目，在默认状态下是根据美国电视的 NTSC 制式进行初始化的，而我国使用的是 PAL 制式，需重新进行设置。其操作步骤如下。

（1）在菜单栏中选择"文件"→"项目设置"命令，在弹出的"项目设置"对话框中有 4 个选项卡，选择"时间显示样式"选项卡，选中"时间码"单选按钮，将"默认基准"设置为"25"，单击"确定"按钮，如图 1-2 所示。

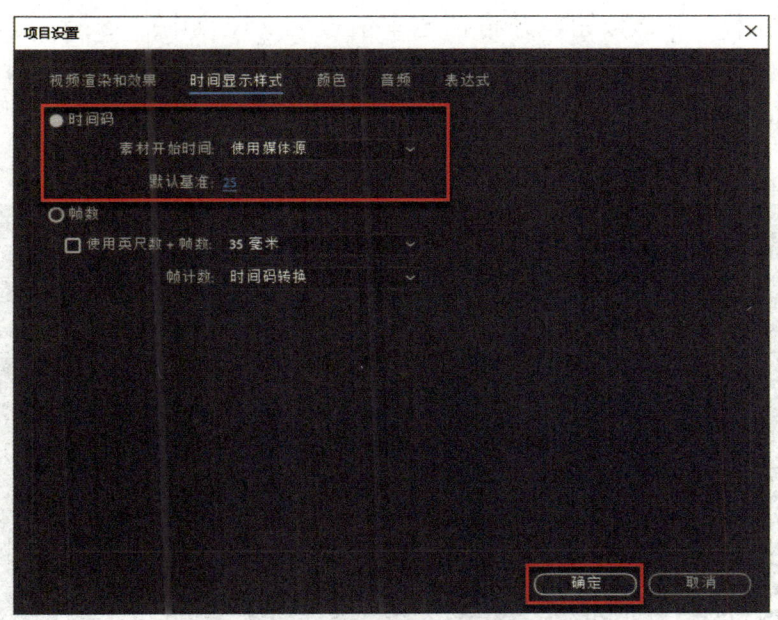

图 1-2　"项目设置"对话框

（2）在菜单栏中选择"编辑"→"首选项"命令，在弹出的"首选项"对话框中，选择"导入"选项卡，将"序列素材"的导入方式设置为"25 帧/秒"，单击"确定"按钮，如图 1-3 所示。

3

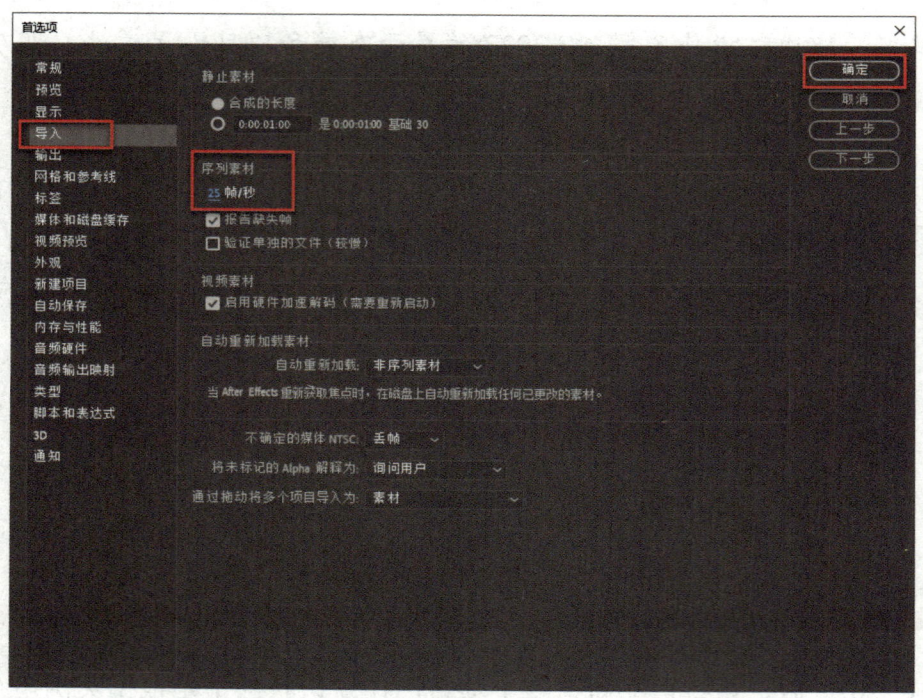

图 1-3 "首选项"对话框

（3）设置"渲染设置模板"和"输出模块模板"对话框。在菜单栏中选择"编辑"→"模板"→"渲染设置"命令，在弹出的"渲染设置模板"对话框中，将"默认"选区中的所有选项均设置为"最佳设置"，如图 1-4 所示。单击"编辑"按钮，在弹出的"渲染设置"对话框中选中"使用此帧速率"单选按钮，并将帧速率值设为 25，如图 1-5 所示。这样就强制以每秒 25 帧的速率进行输出。单击"确定"按钮，返回"渲染设置模板"对话框，单击"确定"按钮，退出渲染设置模板。

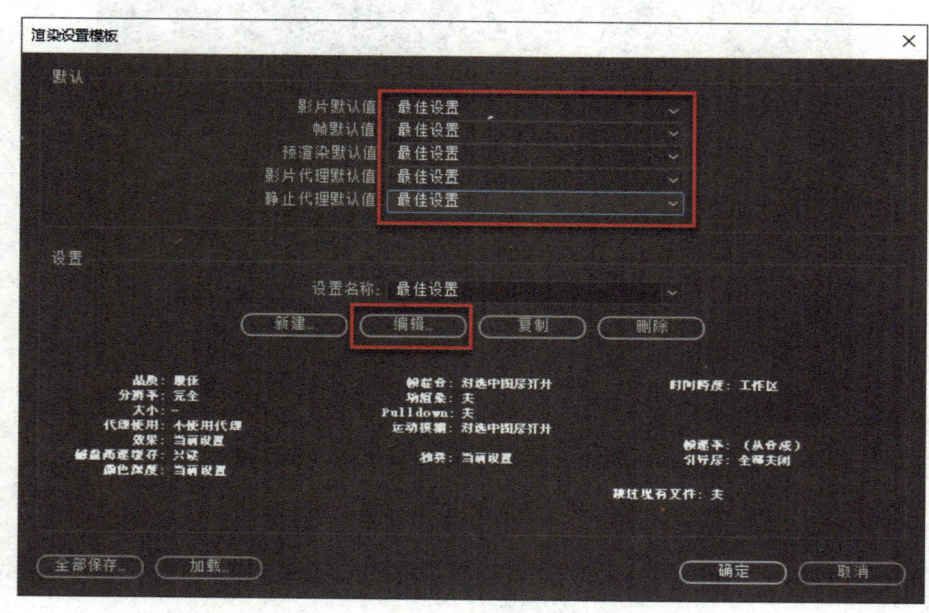

图 1-4 "渲染设置模板"对话框

项目一　AE 2022 的初始设置和制作流程《北京冬奥会比赛场馆》

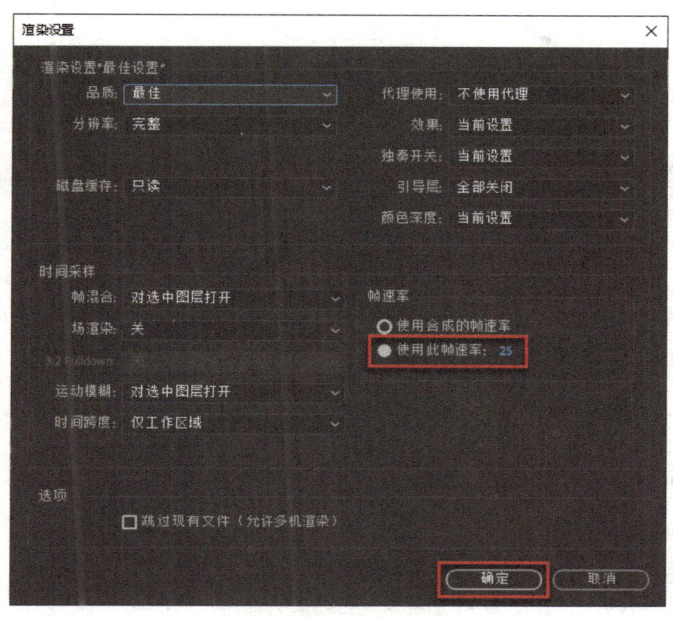

图 1-5 "渲染设置"对话框

在菜单栏中选择"编辑"→"模板"→"输出模块"命令，在弹出的"输出模块模板"对话框中，单击"编辑"按钮。在弹出的"输出模块设置"对话框中，将"格式"设置为"QuickTime"，系统会默认选择"自动音频输出"，这样就将视频的默认输出格式设为 mov 格式，且默认自动输出音频，如图 1-6 所示。单击"确定"按钮，返回"输出模块模板"对话框，单击"确定"按钮，退出输出模块模板。

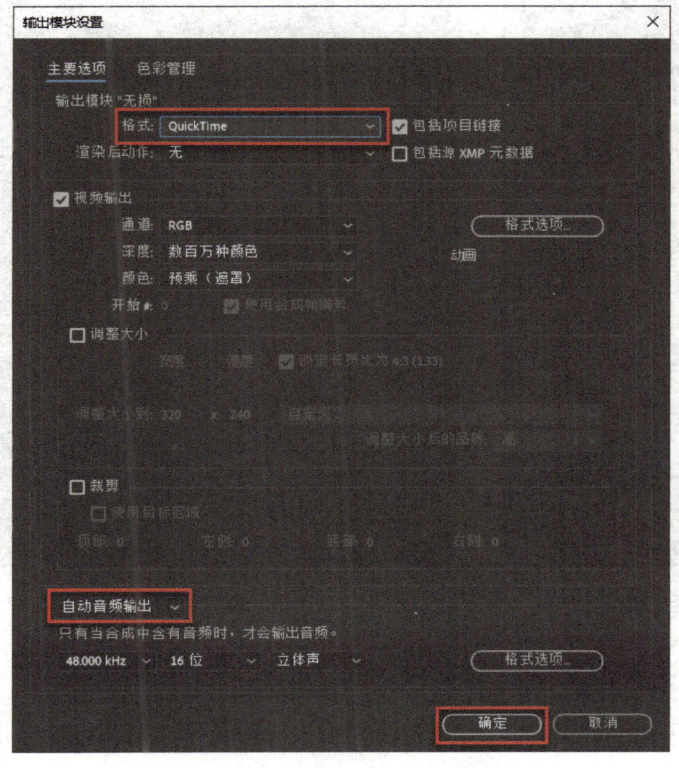

图 1-6 "输出模块设置"对话框

5

任务二 制作《北京冬奥会比赛场馆》

1. 导入素材

启动 AE 2022，双击"项目"窗口的空白处或者在菜单栏中选择"文件"→"导入"→"文件"命令，在弹出的"导入文件"对话框中，选择要导入的所有素材，单击"导入"按钮即可导入素材，如图 1-7 所示。在菜单栏中选择"文件"→"另存为"→"另存为"命令，将项目文件进行保存，并命名为"北京冬奥会比赛场馆"。

2. 新建合成

在菜单栏中选择"合成"→"新建合成"命令，在弹出的"合成设置"对话框中，将"合成名称"设置为"北京冬奥会比赛场馆"，"宽度"设置为"1280"px，"高度"设置为"720"px，"像素长宽比"设置为"方形像素"，"帧速率"设置为"25"帧/秒，"持续时间"设置为57 秒 21 帧，如图 1-8 所示。单击"确定"按钮，新建一个合成。

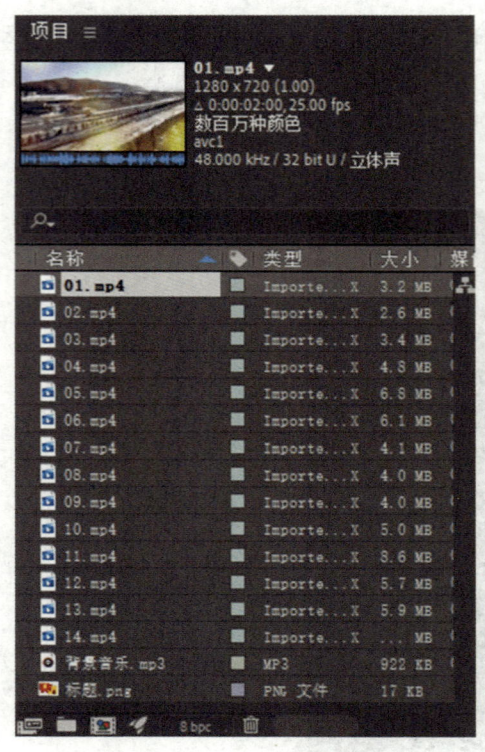

图 1-7 导入素材

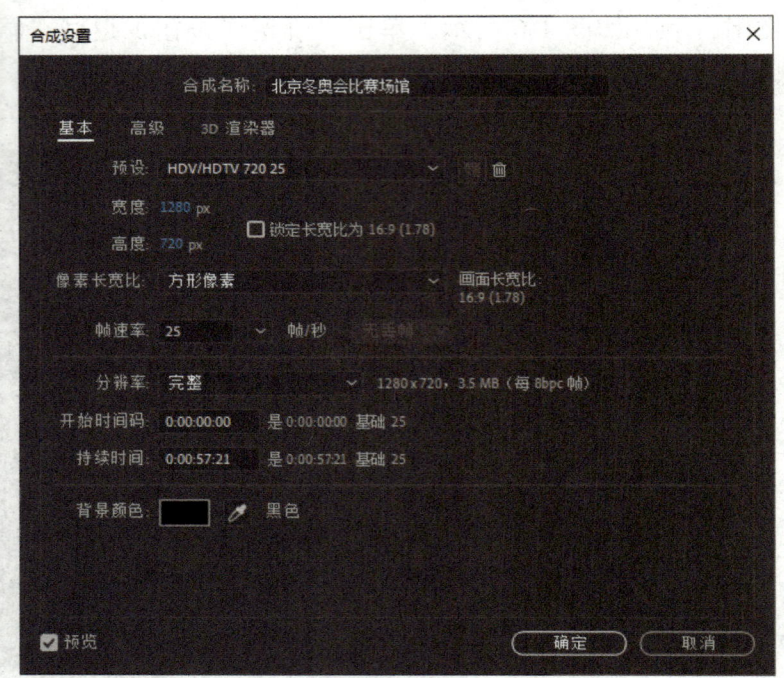

图 1-8 "合成设置"对话框

3. 在时间轴面板中编辑素材

（1）在"项目"窗口中依次将所有素材拖到时间轴面板中，可以在时间轴面板中单击选中某个图层进行上下拖动，改变其上下排列的顺序，各图层上下排列位置如图 1-9 所示。

项目一　AE 2022 的初始设置和制作流程《北京冬奥会比赛场馆》

图 1-9　在时间轴面板中排列素材

拖动时间轴面板底部的缩放滑块（　　　　　），可以改变时间轴的长度显示比例，将滑块移到最左端，使得时间轴显示全部长度。

（2）在时间轴面板中选中图层"01.mp4"，按键盘上的 O 键，将时间轴指针移到该图层的结尾处。在时间轴面板中选中图层"02.mp4"，按[键整体移动该图层，使其开始位置（即入点）对齐到时间轴指针处，如图 1-10 所示。

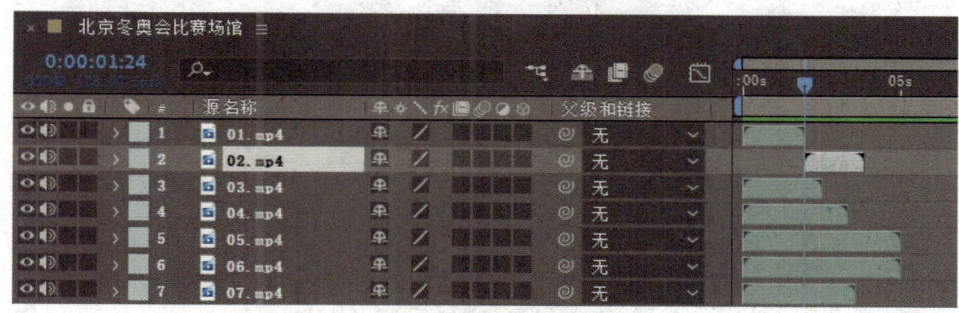

图 1-10　设置图层"02.mp4"的开始位置

（3）此时图层"02.mp4"处于选中状态，按 O 键将时间轴指针移到该图层的结尾处。在时间轴面板中选中图层"03.mp4"，按[键整体移动该图层，使其入点对齐到时间轴指针处，如图 1-11 所示。

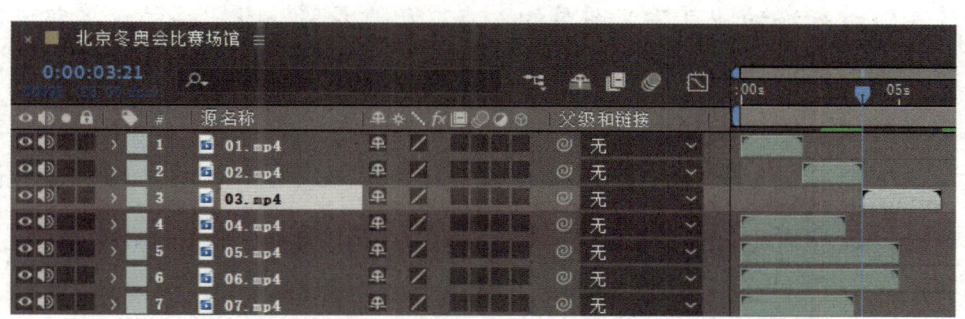

图 1-11　设置图层"03.mp4"的入点

7

（4）依据相同的操作方法，将其他场馆图层在时间轴面板中排列开，如图1-12所示。

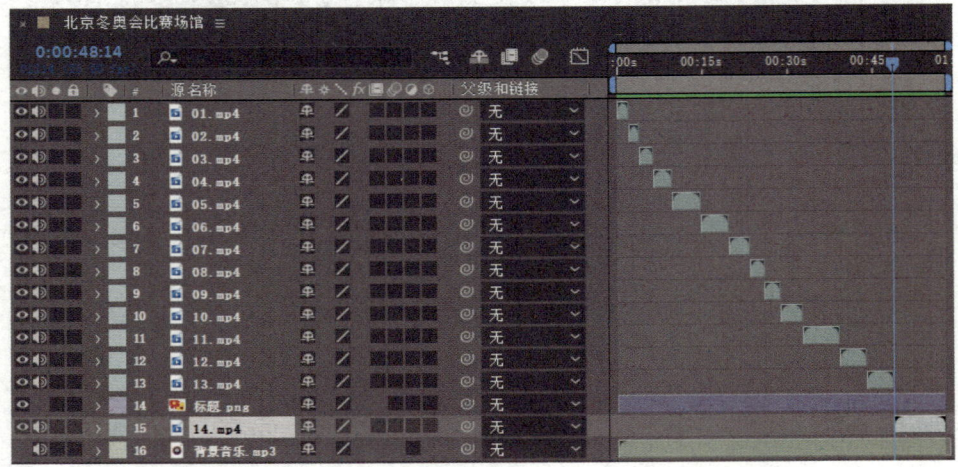

图1-12　在时间轴面板中排列其他场馆素材

（5）在时间轴面板中选中图层"标题.png"，按Alt+[组合键将该图层的入点调整到时间轴指针处，如图1-13所示。

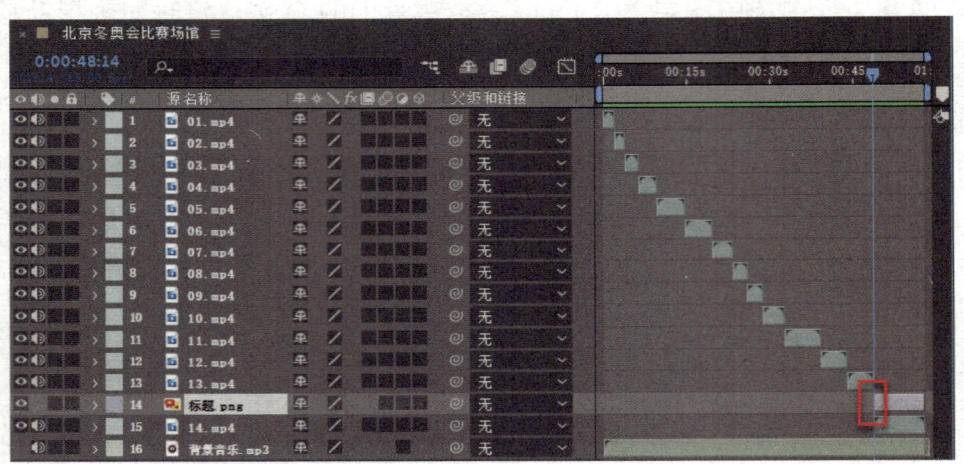

图1-13　设置图层"标题.png"的入点

💡 提示

　　调整图层的入点和出点有两种方法，第一种方法是将鼠标指针移到图层的开始或结束位置，按住鼠标左键进行拖动即可改变图层的入点或出点位置。当图层的长度超过时间轴长度时，用户很难找到图层的开始或结束位置，因此可以采用第二种方法，先设置时间轴指针的位置，再选中该图层，按Alt+[组合键或Alt+]组合键，可以迅速地将图层的入点或出点设置到时间轴指针处。这种调整方法改变的是图层的入点和出点位置，而素材本身在时间轴面板中的位置并没有发生改变。

　　当设置好时间轴指针位置，选中图层，按[键或者按]键时，图层会在时间轴上进行整体移动，使图层的入点或出点对齐到时间轴指针处。

(6) 单击各场馆图层左端的"音频"按钮，关闭素材自带的音频，只保留背景音乐，如图 1-14 所示。

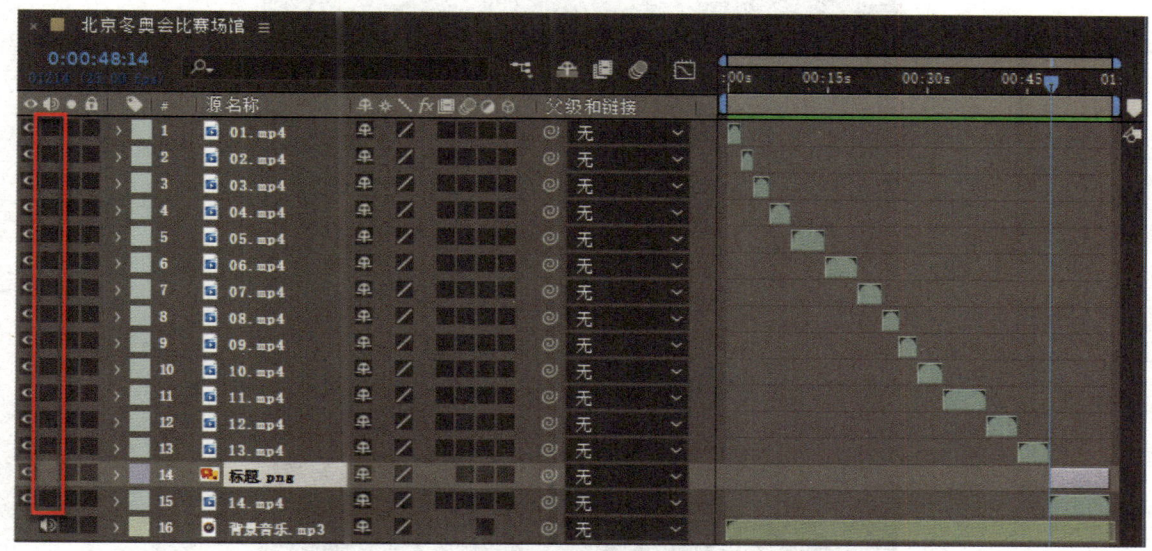

图 1-14　关闭素材自带的音频

(7) 按 Space 键进行预览测试，观看制作效果。

4．渲染输出

在菜单栏中选择"合成"→"添加到渲染队列"命令，或者按 Ctrl+M 组合键，打开"渲染队列"面板，如图 1-15 所示。

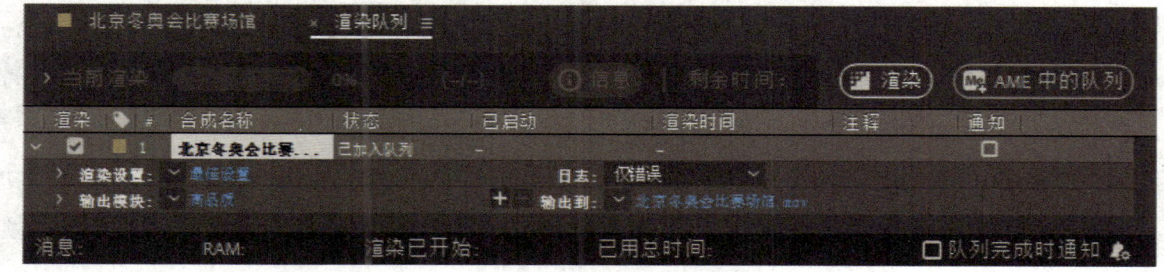

图 1-15　"渲染队列"面板

在"渲染队列"面板中选择"输出模块"选项右侧的"高品质"选项。在弹出的"输出模块设置"对话框中，单击"格式"右侧的下拉按钮，可以设置不同的视频输出格式，如图 1-16 所示。此处将"格式"设置为"QuickTime"，单击"确定"按钮，返回"渲染队列"面板。

选择"输出到"选项右侧的"北京冬奥会比赛场馆.mov"选项，在弹出的"将影片输出到："对话框中，设置渲染视频文件的保存路径和文件名称，单击"保存"按钮，返回"渲染队列"面板。单击"渲染"按钮，即可进行渲染。渲染结束后，找到渲染的视频文件，在 QuickTime、暴风影音等视频播放器中观看制作效果。

数字影音编辑与合成（After Effects 2022）

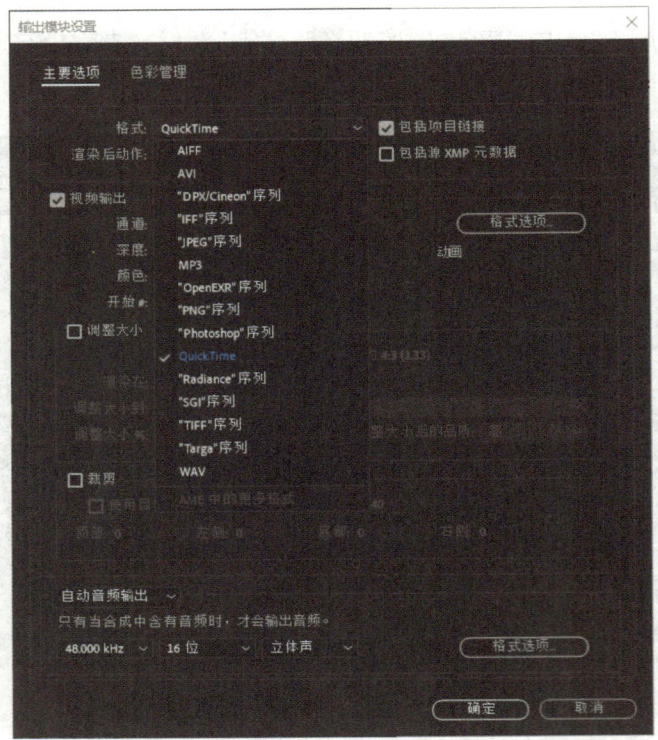

图1-16 设置不同的视频输出格式

💡 注意

AE 2022 默认的视频输出格式不包含 mp4 格式，若想输出 mp4 格式的视频，则需要安装 Adobe Media Encoder 2022 软件，该音视频编码软件提供了强大的音视频处理功能，不仅可以设置渲染不同的视频格式和质量，还可以批量处理多个音视频文件，默认输出 mp4 格式的视频。在 AE 2022 的菜单栏中选择"合成"→"添加到 Adobe Media Encoder 队列"命令，系统会自动启动 Adobe Media Encoder 软件，在队列中不仅可以看到需要渲染的视频，还可以设置渲染格式、渲染参数、保存路径、文件名称等，单击"启动队列"按钮▶，即可渲染视频。

相关知识

1. 影视基础知识

1）电视制式

电视制式是指一个国家的电视系统采用的特定制度和技术标准。因为不同国家的电视信号采用了不同的编码标准，所以形成了不同的电视制式。目前，世界上用于彩色电视广播的主要有以下3种制式。

（1）NTSC 制式。正交平衡调幅制式（National Television System Committee，简称 NTSC 制式）是全球国家电视系统委员会制式，其画面尺寸为 720 像素×480 像素，帧速率为 29.97 帧/秒。这种制式解决了彩色电视和黑白电视兼容的问题，但是也存在着容易失真、彩色不稳定的缺点。采用这种制式的国家主要有美国、日本和加拿大。

（2）PAL 制式。正交平衡调幅逐行倒相制式（Phase Alteration Line，简称 PAL 制式）产生于 1962 年。它克服了 NTSC 制式因相位敏感造成的色彩失真。PAL 制式的画面尺寸为 720 像素×576 像素，帧速率为 25 帧/秒。采用这种制式的国家主要有中国、德国、英国和一些西北欧国家。

（3）SECAM 制式。行轮换调频制式（Sequentiel Couleur Avec Memoire，简称 SECAM 制式）意思为按照顺序传送与存储彩色电视系统，特点是不怕干扰、色彩保真度高。采用这种制式的国家主要有法国、俄罗斯和一些东欧国家。

2）帧速率和场

帧是构成动画的最小单位，在动画中每一幅静态图像都被称为一帧。帧速率是指每秒能够播放或录制的帧数量，其单位是 fps（帧/秒）。帧速率越高，动画效果越好。在一般情况下，电影播放的帧速率是 24 帧/秒，NTSC 制式的帧速率为 29.97 帧/秒，PAL 制式的帧速率为 25 帧/秒。

电视画面是由电子枪在屏幕上一行一行地扫描而形成的。电子枪从屏幕顶部扫描到底部被称为一场扫描。若一帧图像是由电子枪顺序地一行接着一行连续扫描而成的，则被称为逐行扫描。若一帧图像是通过两场完成扫描的，则被称为隔行扫描。在两场扫描中，第一场（奇数场）只扫描奇数行，而第二场（偶数场）只扫描偶数行。奇数场和偶数场分别被称为上场和下场，每一帧由两场构成的视频在播放时要定义上场和下场的显示顺序，如果先显示上场，后显示下场，则被称为上场顺序，反之则被称为下场顺序。

3）分辨率和像素长宽比

影响电影和视频质量的因素不仅取决于帧速率，每帧的信息量也是一个重要因素，即图像的分辨率。较高的分辨率可以获得较好的图像质量。

传统模拟视频的分辨率表现为每幅图像中水平扫描线的数量，即电子束穿越屏幕的次数，也被称为垂直分辨率。水平分辨率是每行扫描线中所包含的像素数，取决于录像设备、播放设备和显示设备。

帧画面的宽度与高度的比例是帧的宽高比，普通电视系统的帧的宽高比是 4∶3，宽屏电视的帧的宽高比是 16∶9。目前，标准清晰度的电视的帧采用的宽高比是 4∶3，高清晰度的电视的帧采用的宽高比是 16∶9。

像素长宽比是像素的宽度和高度的比例，如标准的 PAL 制式视频，一帧图像由 720 像素×576 像素组成，采用的是矩形像素，像素长宽比是 1.067。计算机使用方形像素显示画面，其像素长宽比为 1.0。我们接触的大部分图像素材都采用的是方形像素，如果在方形像素的显示器上显示未经过矫正的矩形像素的图像，则会出现变形现象。

4）标清、高清、2K 和 4K

标清（SD）和高清（HD）是两个相对的概念，是尺寸的差别，而非文件格式上的差别。高清简单理解起来就是分辨率高于标清的一种标准。分辨率最高的标清格式是 PAL 制式，可视垂直分辨率为 576 线，高于这个标准的即为高清，分辨率通常为 1280 像素×720 像素或 1920

像素×1080像素，帧的宽高比为16∶9。相对于标清，高清的画质有了大幅度提升。在声音方面，由于使用了较为先进的解码和环绕声技术，因此用户可以更为真实地感受现场气氛。

根据尺寸和帧速率的不同，高清分为不同格式，其中分辨率为1280像素×720像素的均为逐行扫描，而分辨率为1920像素×1080像素的在比较高的帧速率时不支持逐行扫描。

2K和4K是标准在高清之上的数字电影格式，分辨率分别为2048像素×1365像素和4096像素×2730像素。目前，RED ONE等高端数字电影摄像机均支持2K和4K的标准。

2．AE 2022界面介绍

在启动AE 2022后，系统自动新建一个项目，并且显示启动界面。在启动界面中，左侧有"新建项目"按钮和"打开项目"按钮，右侧显示着最近使用的项目。如果单击这些项目名称，则会打开相应的项目工程文件；如果单击其右上角的"×"按钮则会关闭启动界面，进入AE 2022主界面，如图1-17所示。下面介绍一下主界面的主要组成部分。

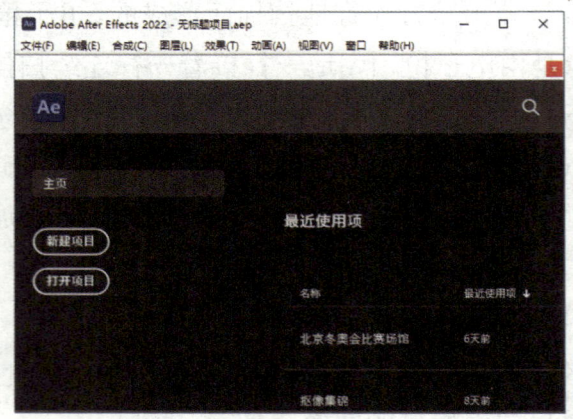

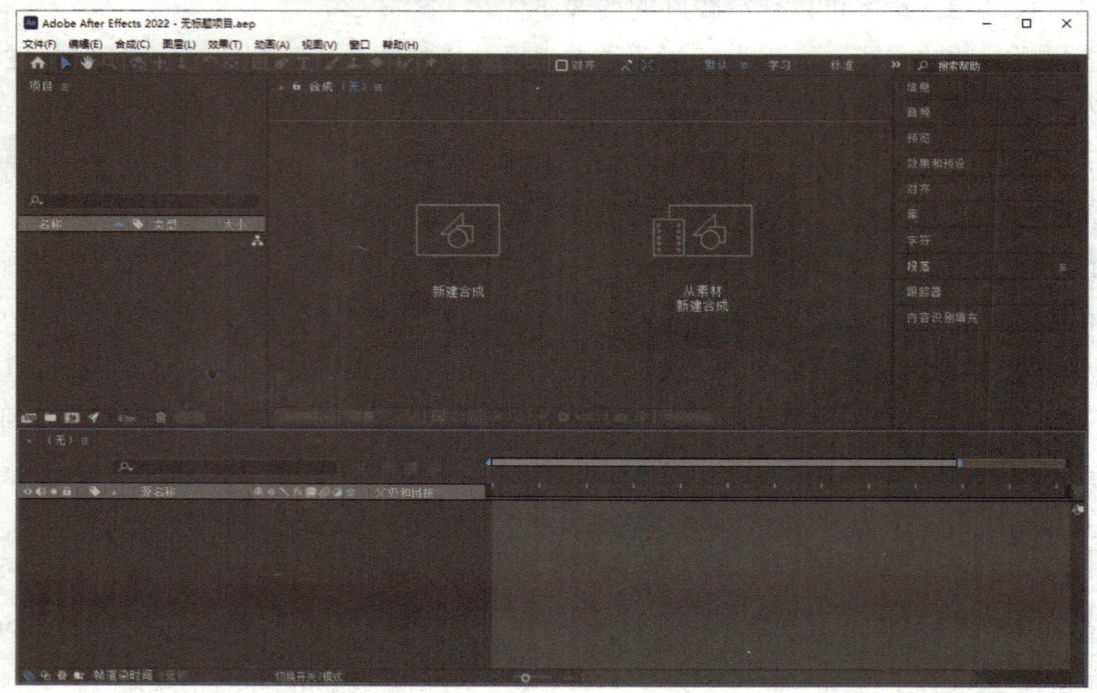

图1-17　进入AE 2022的主界面

1)"项目"窗口

"项目"窗口位于 AE 2022 主界面的左上方,导入的素材全部在该窗口中进行显示,如图 1-18 所示。

下面介绍"项目"窗口的底部按钮。

➢ "解释素材"按钮:可以对导入的素材进行 Alpha 通道、帧速率、场、像素长宽比等内容的设置,如图 1-19 所示。

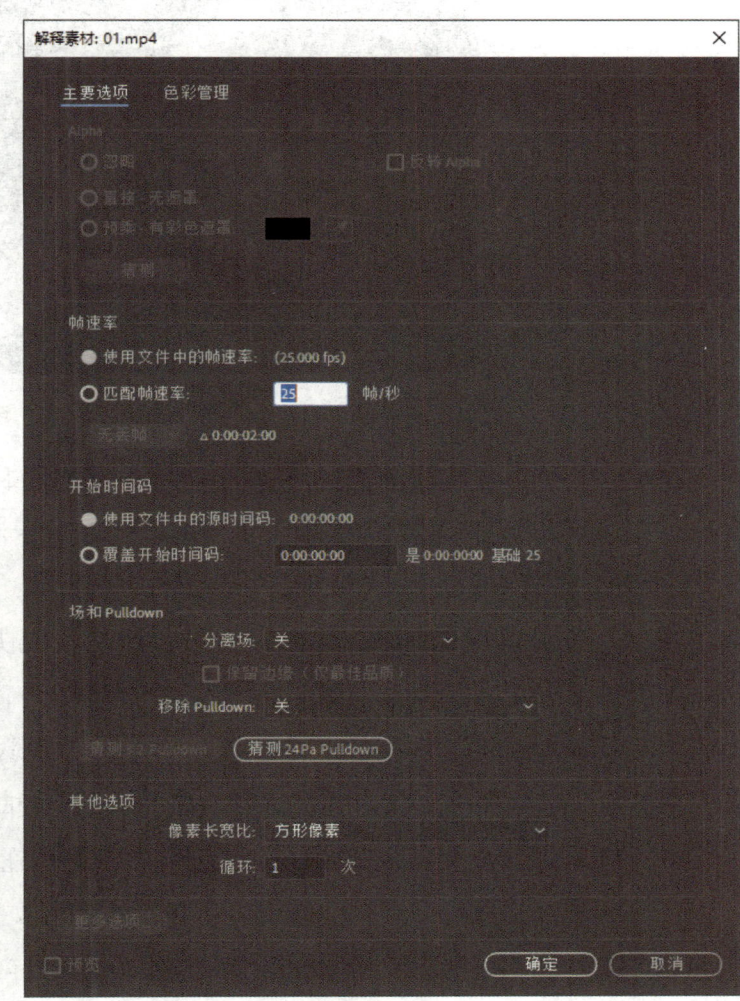

图 1-18 "项目"窗口　　　　图 1-19 "解释素材"对话框

➢ "新建文件夹"按钮:可以将素材放置到不同的文件夹中,以便进行分类管理。

➢ "新建合成"按钮:若将"项目"窗口中的素材拖到该按钮上,则会创建一个与素材大小一致的新合成。

➢ "项目设置"按钮:可以对项目的视频渲染和效果、时间显示样式、颜色、音频、表达式进行设置。

➢ "删除"按钮:当在"项目"窗口中选中素材时,单击该按钮可以删除该素材。

2)"合成"窗口

"合成"窗口位于主界面上方中间的位置，显示正在编辑的合成项目，如图 1-20 所示。"合成"窗口的下方有许多按钮，分别用于设置不同的功能。

图 1-20 "合成"窗口

- "放大率"按钮 **(100%)**：可以设置"合成"窗口的显示比例。
- "分辨率"按钮 **完整**：高分辨率可以显示清晰的画面，低分辨率可以加速显示，但图像质量变差。
- "快速预览"按钮：可以设置"合成"窗口快速预览的质量。
- "切换透明网格"按钮：可以设置"合成"窗口背景透明。
- "切换蒙版和形状路径可见性"按钮：控制蒙版路径是否显示。
- "目标区域观察"按钮：可以在"合成"窗口内绘制一个局部区域观察效果。
- "选择网格和参考线选项"按钮：单击该按钮，在弹出的下拉菜单中对是否显示标尺、参考线、网格、标题/动作安全等进行设置，如图 1-21 所示。
- "显示通道及色彩管理设置"按钮：可以根据需要进行选择设置。
- "重置曝光度"按钮 **+0.0**：设置的曝光数值仅影响视图效果。
- "拍摄快照"和"显示快照"按钮：分别用于拍摄快照和显示快照。
- "预览时间"按钮 **0:00:06:08**：单击该按钮可更改当前时间。

在 AE 2022 中对一个项目进行编辑时，首先要建立一个合成，然后在"合成"窗口中对素材进行编辑加工，最终输出成品。新建一个合成后，在"项目"窗口中出现合成文件，"合成"窗口和时间轴面板也自动打开该文件，这是因为它们是一体的。如果"合成"窗口是关闭状态，则双击"项目"窗口中的合成文件，即可在"合成"窗口中打开该文件。在新建合成时，选择"合成"→"新建合成"命令，在弹出的"合成设置"对话框中进行相关设置，如图 1-22 所示。

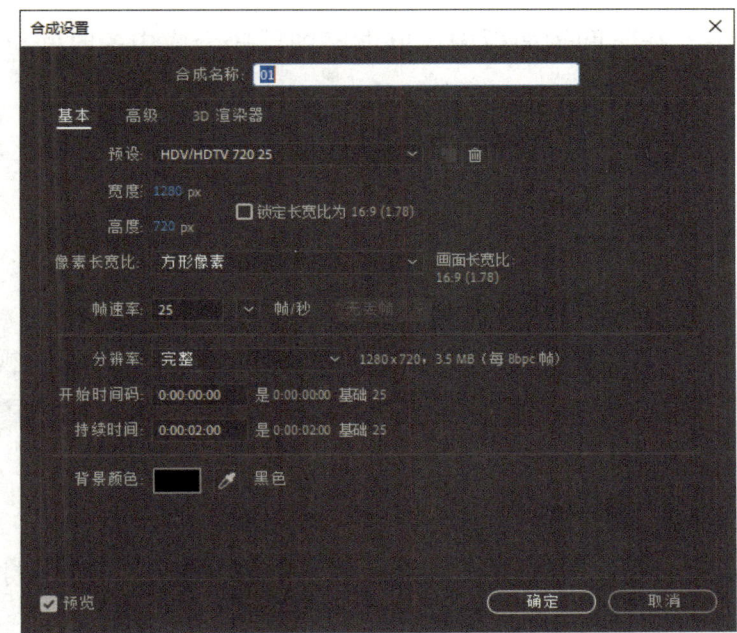

图 1-21 "选择网格和参考线选项"下拉菜单　　　图 1-22 "合成设置"对话框

- 合成名称：新建合成的名称。
- 预设：系统预置了一些影片标准尺寸，可以在该下拉列表中进行选择。若选择"自定义"选项，则可以设置自己需要的尺寸。
- 像素长宽比：可以在该下拉列表中选择影片的画面长宽比选项。
- 分辨率：决定渲染质量。
- 开始时间码：格式为时：分：秒：帧。
- 持续时间：设置该合成的影片时长。

3）时间轴面板

时间轴面板位于主界面的左下方，是以时间为基准对图层进行操作的，如图 1-23 所示。

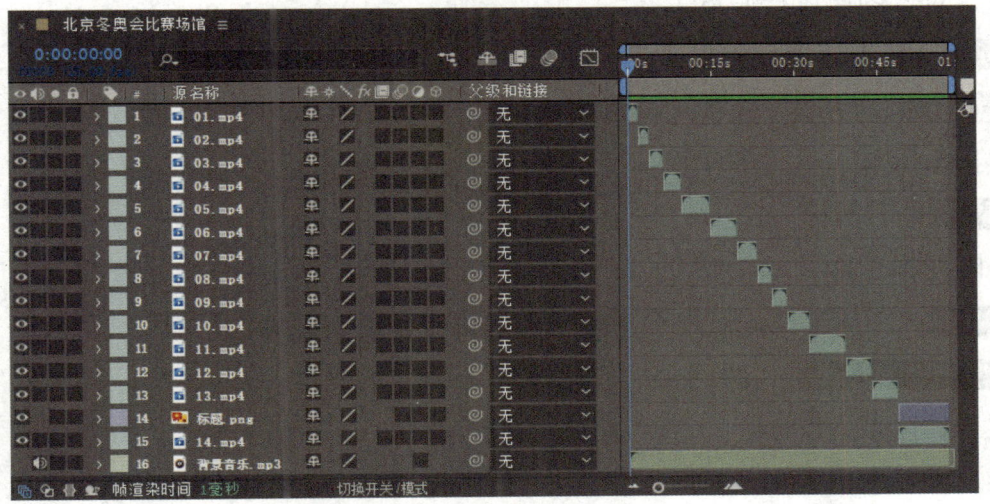

图 1-23　时间轴面板

15

在时间轴面板中可以调整图层在合成中的时间位置、素材长度、叠加方式、渲染范围、合成长度等。

时间轴面板包括 3 个大区域，左侧为控制面板区域，右侧的上方为时间轴区域，右侧下方为层工作区域。

（1）控制面板区域。

- ▶ :当前时间。
- ▶ :每一个图层都对应着这些按钮。"视频"按钮 控制图层的显示或隐藏。"音频"按钮 控制音频是否静音。"独奏"按钮 控制合成中只显示当前层。"锁定"按钮 控制是否锁定图层。
- ▶ :可展开图层属性进行设置。
- ▶ :消隐开关，当开启消隐总开关后，可在时间轴面板中隐藏该图层，但其效果仍在合成中显示。
- ▶ :折叠变换/连续栅格化开关。折叠变换影响合成图层，连续栅格化影响矢量图层。
- ▶ :质量和采样开关，可设为草图质量和最高品质两种类型。
- ▶ :效果开关，可打开或关闭应用于图层的特效。
- ▶ :帧混合开关，可通过加权混合插入帧内容。
- ▶ :运动模糊开关，模拟快门持续时间。
- ▶ :调整图层开关，既应用于此图层的效果，也应用于它之下图层的合成。
- ▶ :3D 图层开关。
- ▶ :混合模式栏，可控制图层之间的混合模式。该栏若不显示，则单击时间轴面板左下角的 按钮使其显示。
- ▶ :保持基础透明度开关。若开启某图层的该开关，则可读取其下面图层的 Alpha 通道信息，对本图层进行遮罩。
- ▶ :轨道遮罩设置栏。
- ▶ :父子关系栏。

（2）时间轴区域。

- ▶ :时间标尺。
- ▶ :时间指示器。
- ▶ :工作区域，可拖动两端的滑块确定预览和渲染的区域。
- ▶ :"时间轴缩放"按钮。

（3）层工作区域。

每个素材均以图层的形式将时间作为基准排列在层工作区域，每个图层均可以设置入点和出点。

4）素材层窗口

双击时间轴面板中的图层，打开素材层窗口。用户可以通过该窗口预览图层内容，设置图层的入点和出点，执行制作蒙版、移动定位点等操作，如图1-24所示。

图1-24　素材层窗口

5）工具箱面板

工具箱面板位于主界面的上方，可以利用相应的工具对合成中的对象进行操作，如移动、缩放、旋转等，同时蒙版的建立和编辑也要依靠工具箱面板来实现，如图1-25所示。

图1-25　工具箱面板

6）工作模式面板

工作模式面板位于主界面的右上方，提供了"默认""学习""标准"等多种工作模式，单击右侧的"折叠"按钮 ，显示出更多工作模式，如图1-26所示。选择不同的工作模式，其工作界面会有所变化，便于不同使用情况下的操作。

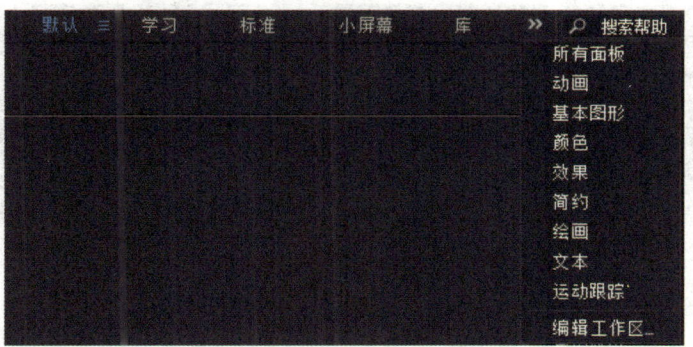

图1-26　工作模式面板

数字影音编辑与合成（After Effects 2022）

7）功能面板区域

功能面板区域位于主界面的右侧，单击不同的面板名称，可显示该面板的内容，利用它们完成相应的功能操作。单击面板右上方的 ≡ 按钮，可弹出相应的菜单命令，以便对面板进行操作，如图 1-27 所示。不同的工作模式显示的功能面板会有所不同。

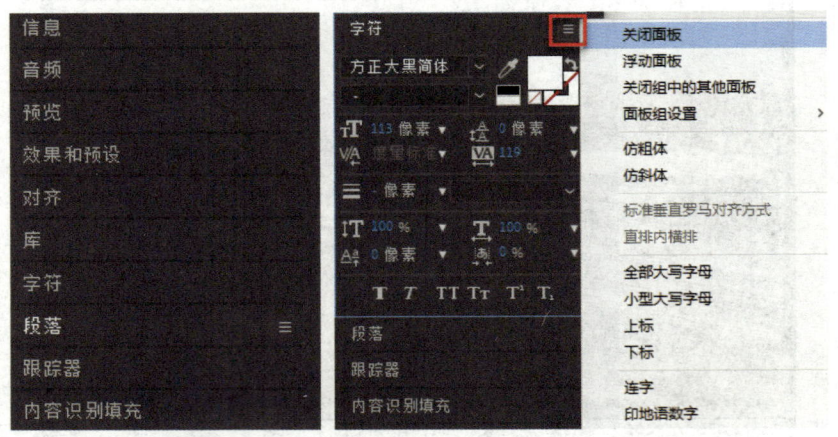

图 1-27 功能面板区域

项目拓展　短片《搞笑熊猫》

该项目通过对背景音乐的节奏转折点进行标记，找出镜头的切换点。将不同的熊猫搞笑视频排列在时间轴面板中，根据标记点调整图层的入点和出点，最终进行渲染输出。《搞笑熊猫》的制作效果如图 1-28 所示。

图 1-28 《搞笑熊猫》的制作效果

操作步骤

（1）启动 AE 2022，在"项目"窗口的空白处双击，导入所有素材，如图 1-29 所示。在菜单栏中选择"文件"→"另存为"→"另存为"命令,将项目文件进行保存,并命名为"搞笑熊猫.aep"。

(2)在菜单栏中选择"合成"→"新建合成"命令,在弹出的"合成设置"对话框中,将"合成名称"设置为"搞笑熊猫","宽度"设置为"1280"px,"高度"设置为"720"px,"像素长宽比"设置为"方形像素","帧速率"设置为"25"帧/秒,"持续时间"设置为31秒21帧,如图1-30所示。单击"确定"按钮,新建一个合成。

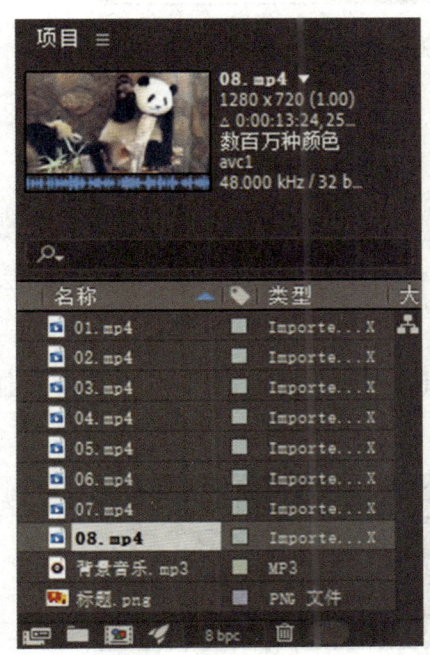
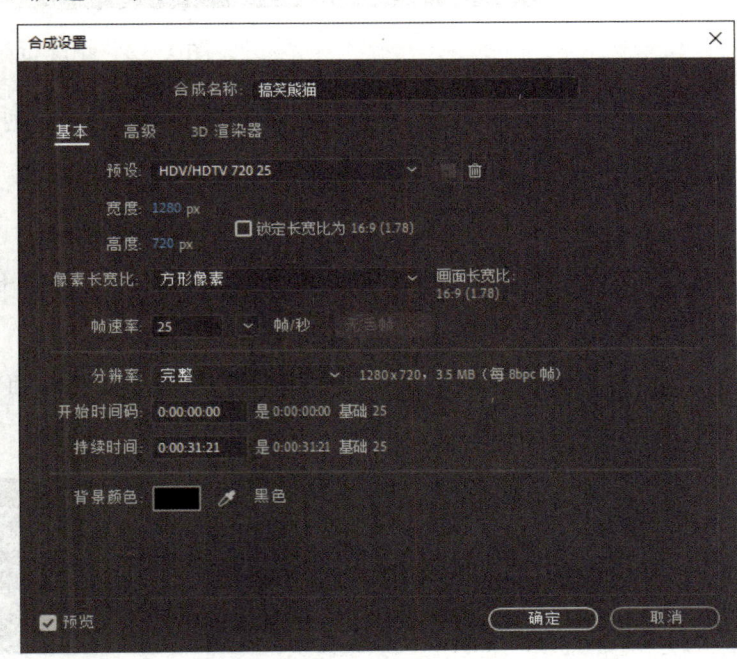

图1-29 在"项目"窗口中导入素材　　　　　图1-30 "合成设置"对话框

(3)在"项目"窗口中将素材"背景音乐.mp3"拖到时间轴面板中,选中该图层,按Space键进行声音测试播放,反复测听几次后,从音乐开始的部分再次进行测试,在听到歌词有转换的地方,分别按下*键,直到音乐播放结束。按Space键停止音乐播放,此时背景音乐图层上出现了多个标记点,这就是按下*键产生的标记点,如图1-31所示。

图1-31 给背景音乐打标记点

这些标记点将作为不同镜头进行切换的位置。读者在操作时,可能标注的标记点会有许多,而且可能标记的位置不在音乐旋律的转折点上,因此可以按住鼠标左键拖动标记点进行左右移动,将其移到准确的转折位置。当需要删除多余的标记点时,可以将鼠标指针移到需要删除的标记点上并右击,在弹出的快捷菜单中选择"删除此标记"命令即可,如图1-32所示。

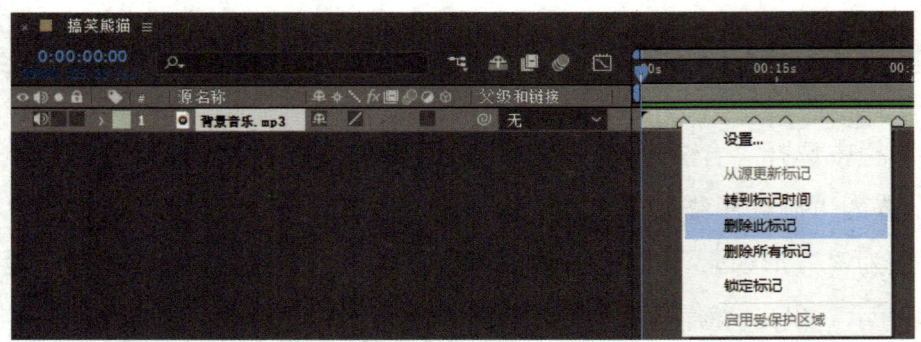

图 1-32　删除标记点

为了便于读者对照操作，本项目中的标记点分别标记在第 4 秒 20 帧、第 8 秒 18 帧、第 12 秒 12 帧、第 16 秒、第 20 秒 17 帧、第 24 秒 17 帧、第 28 秒 11 帧的位置。

（4）在"项目"窗口中将素材"01.mp4"拖到时间轴面板的顶层，将鼠标指针移到该图层的右端，当鼠标指针变为双向箭头时，向左拖动图层的右端到标记点处，这样就将图层的出点移到了标记点上。

由于该素材带有声音，单击该图层左端的"音频"按钮，关闭素材"01.mp4"自带的音频，如图 1-33 所示。

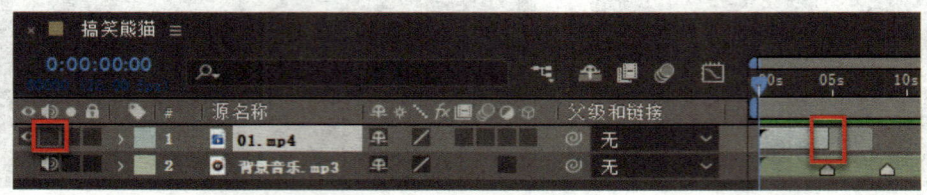

图 1-33　关闭素材"01.mp4"自带的音频

（5）在"项目"窗口中将素材"02.mp4"拖到时间轴面板的顶层，移动时间轴指针观看视频画面，当看到满意的内容时，分别按住鼠标左键移动图层的开始和结束位置到需要的画面位置，从而改变图层的入点和出点。按住鼠标左键移动图层在时间轴上的位置，使其入点对齐前一图层的结尾。调整该图层的出点，使其与下一个标记点对齐。单击该图层左端的"音频"按钮，关闭素材"02.mp4"自带的音频，如图 1-34 所示。

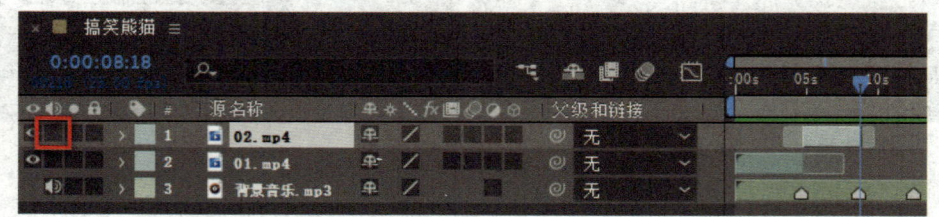

图 1-34　关闭素材"02.mp4"自带的音频

（6）在"项目"窗口中将素材"03.mp4"拖到时间轴面板的顶层，移动时间轴指针观看视频画面，将时间轴指针移到第 2 秒 8 帧的位置，按住鼠标左键移动图层的开始位置到时间轴指针处作为图层入点，按住鼠标左键移动图层在时间轴上的位置，使其入点对齐前一图层的结尾。调整该图层的出点，使其与下一个标记点对齐。单击该图层左端的"音频"按钮，关闭素材"03.mp4"自带的音频，如图 1-35 所示。

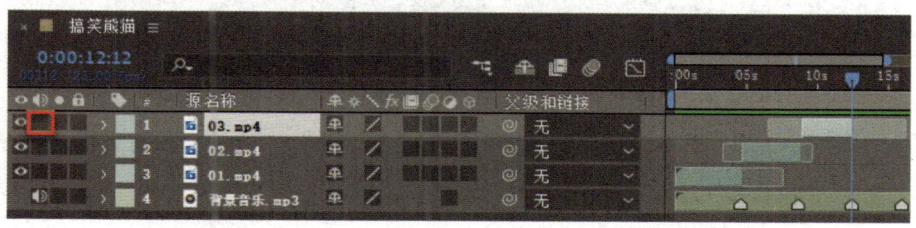

图 1-35　关闭素材"03.mp4"自带的音频

（7）在"项目"窗口中将素材"04.mp4"拖到时间轴面板的顶层，按住鼠标左键移动该图层在时间轴上的位置，使其入点对齐前一图层的结尾。调整该图层的出点，使其与下一个标记点对齐。单击该图层左端的"音频"按钮，关闭素材"04.mp4"自带的音频，如图 1-36 所示。

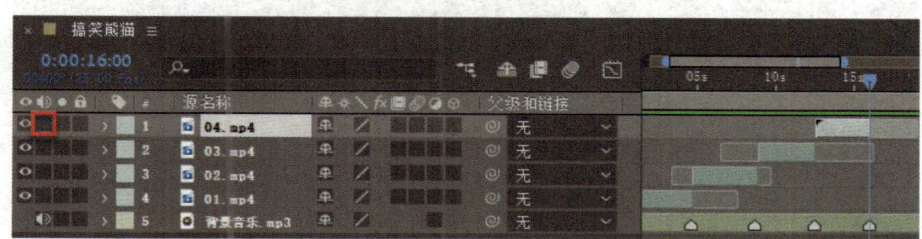

图 1-36　关闭素材"04.mp4"自带的音频

（8）在"项目"窗口中将素材"05.mp4"拖到时间轴面板的顶层，按住鼠标左键移动该图层在时间轴上的位置，使其结束位置对齐下一个标记点。调整该图层的入点，使其对齐前一图层的结尾。单击该图层左端的"音频"按钮，关闭素材"05.mp4"自带的音频，如图 1-37 所示。

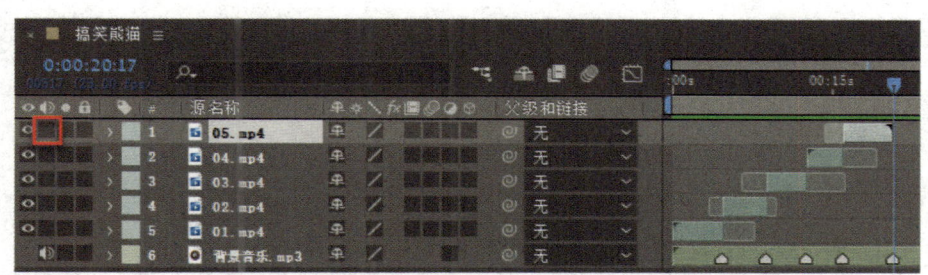

图 1-37　关闭素材"05.mp4"自带的音频

（9）在"项目"窗口中将素材"06.mp4"拖到时间轴面板的顶层，移动时间轴指针观看视频画面，将时间轴指针移到第 20 帧的位置，按住鼠标左键移动图层的开始位置到时间轴指针处作为图层入点，按住鼠标左键移动图层在时间轴上的位置，使其入点对齐前一图层的结尾。调整该图层的出点，使其与下一个标记点对齐。单击该图层左端的"音频"按钮，关闭素材"06.mp4"自带的音频，如图 1-38 所示。

21

图 1-38 关闭素材"06.mp4"自带的音频

（10）在"项目"窗口中将素材"07.mp4"拖到时间轴面板的顶层，按住鼠标左键移动该图层在时间轴上的位置，使其开始位置对齐前一图层的结尾。调整该图层的出点，使其与下一个标记点对齐。单击该图层左端的"音频"按钮 ，关闭素材"07.mp4"自带的音频，如图 1-39 所示。

图 1-39 关闭素材"07.mp4"自带的音频

（11）在"项目"窗口中将素材"08.mp4"拖到时间轴面板的顶层，按住鼠标左键移动该图层在时间轴上的位置，使其开始位置对齐前一图层的结尾。将素材"标题.png"拖到时间轴面板的顶层，将时间轴指针移到第 28 秒 11 帧处，按住鼠标左键移动图层的开始位置到时间轴指针处，从而改变该图层的入点，如图 1-40 所示。至此整个短片制作完成。

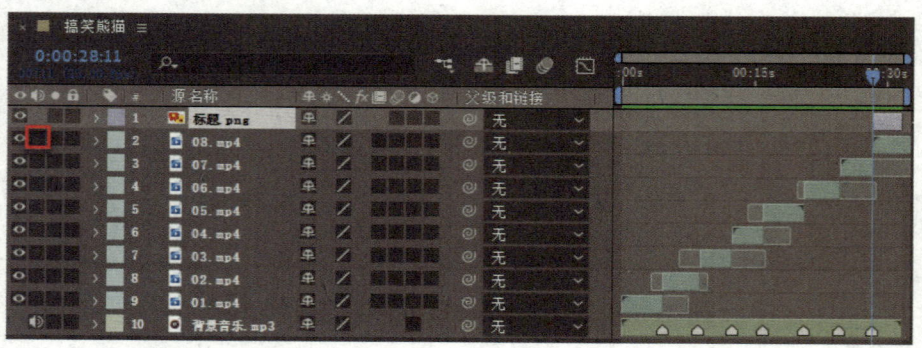

图 1-40 改变图层"08.mp4"和"标题.png"的入点

（12）按 Space 键预览测试制作的效果，若对效果感到满意，则在菜单栏中选择"合成"→"添加到渲染队列"命令，在打开的"渲染队列"面板中选择"输出模块"选项右侧的"高品质"选项，在弹出的"输出模块设置"对话框中，单击"格式"右侧的下拉按钮，将视频输出格式设置为"QuickTime",单击"确定"按钮,返回"渲染队列"面板。选择"输出到"选项右侧的"搞笑熊猫.mov"选项,在弹出的"将影片输出到:"对话框中修改文件的保存路径和文件名称,其他的采用默认设置,单击"保存"按钮,返回"渲染队列"面板。在"渲染队列"面板中,单击"渲染"按钮即可进行渲染,如图1-41所示。渲染结束后,找到渲染的视频文件,在QuickTime、暴风影音等视频播放器中观看制作效果。

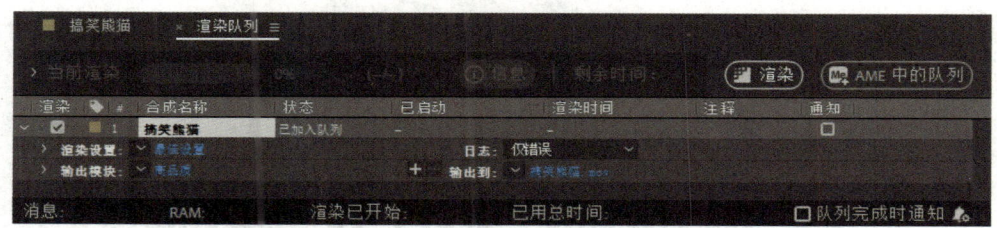

图1-41 "渲染队列"面板

项目评价反馈表

技 能 名 称	配分/分	评 分 要 点	学生自评	小组互评	教师评价
项目初始化设置	2	设置方法正确			
合成的设置	2	设置方法正确,明确参数意义			
制作流程的掌握	2	熟悉各个环节			
标记点的设置	2	能正确设置和编辑			
图层入点、出点的调整	2	调整方法正确			
项目总体评价					

项目二

关键帧动画制作
《交通规则之停车动画》

项目描述

　　丰富的画面动感和节奏感是影视作品的重要表现手法。本项目将重点讲解 AE 2022 的关键帧动画的设置方法和调整技巧。《交通规则之停车动画》的制作效果如图 2-1 所示。

图 2-1 《交通规则之停车动画》的制作效果

学习目标

　　1. 知识目标：掌握在 AE 2022 中通过图层的基本属性来实现关键帧动画的设置方法；掌握沿路径自动转向的设置方法；掌握关键帧变速的设置方法。
　　2. 技能目标：能通过关键帧的设置制作完成简单的二维动画合成。

项目分析

　　该项目通过设置图层的基本属性和编辑关键帧，从而实现二维动画的合成，并且对图层入点和出点的调整、分段预览测试动画、沿路径自动转向、关键帧变速调整进行了全面介绍。

项目实施

　　（1）启动 AE 2022，在菜单栏中选择"合成"→"新建合成"命令，在弹出的"合成设置"对话框中，将"合成名称"设置为"交通规则"，"预设"设置为"自定义"，取消勾选"锁定长宽比为 27∶19（1.42）"复选框，将"宽度"设置为"540"px，"高度"设置为"380"px，"像素长宽比"设置为"方形像素"，"帧速率"设置为"25"帧/秒，"持续时间"设置为 10 秒，"背景颜色"设置为黑色，单击"确定"按钮，如图 2-2 所示。选择"文件"→"另存为"→"另存为"命令，将项目文件保存为"停车动画.aep"。

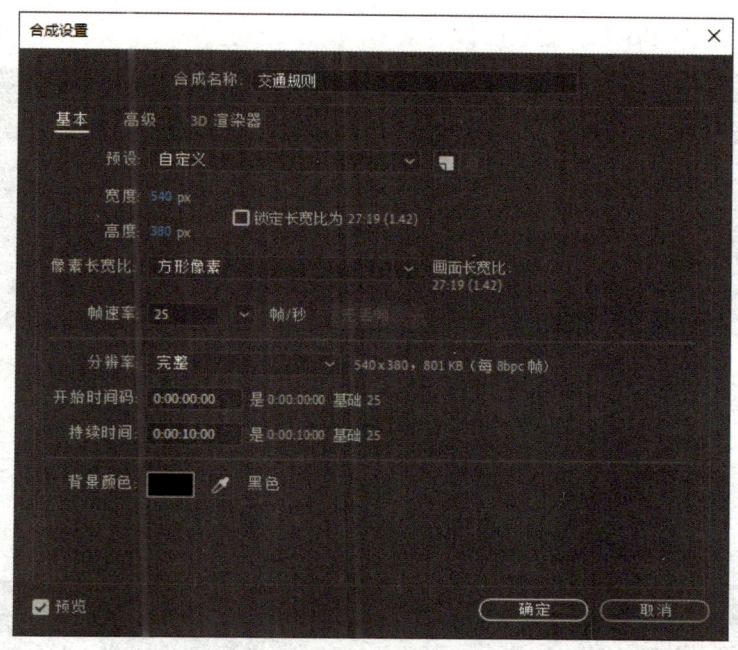

图 2-2 "合成设置"对话框

（2）双击"项目"窗口的空白处，导入所有素材，在导入过程中，系统会弹出有关 Alpha 通道处理的"解释素材：car1.psd"对话框，单击"猜测"按钮由系统判断处理，如图 2-3 所示，单击"确定"按钮即可。在导入素材"符号.psd"时，会弹出"符号.psd"对话框，采用默认设置，如图 2-4 所示，单击"确定"按钮即可。该方式会将 PSD 格式文件中的多个图层进行合并，作为一个素材进行导入。

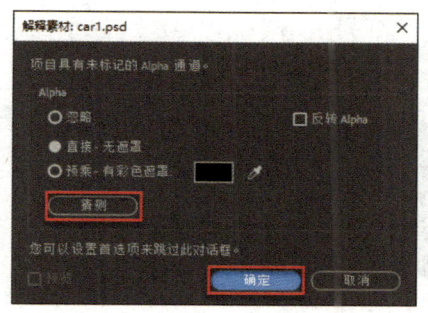

图 2-3 "解释素材"对话框

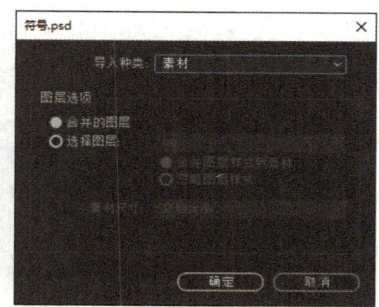

图 2-4 "符号.psd"对话框

（3）将"项目"窗口中的素材"符号.psd"拖到时间轴面板中，并在时间轴面板中展开该图层的属性，将时间轴指针移到最左端，单击"不透明度"属性左侧的钟表按钮，启动关键帧，如图 2-5 所示。

（4）将时间轴指针移到第 10 帧处，单击"不透明度"属性左侧的 ◆ 按钮，则在第 10 帧处添加了该属性的一个关键帧。将时间轴指针移到第 2 秒 15 帧处，单击 ◆ 按钮添加关键帧。将时间轴指针移到第 3 秒处，将"不透明度"属性值设置为"0%"。单击"不透明度"属性左侧的"关键帧跳转"按钮 ◀，让时间轴指针移到最左端关键帧处，将"不透明度"属性值设置为"0%"，如图 2-6 所示。按 Space 键进行预览，观看标题符号淡入淡出的动画效果。

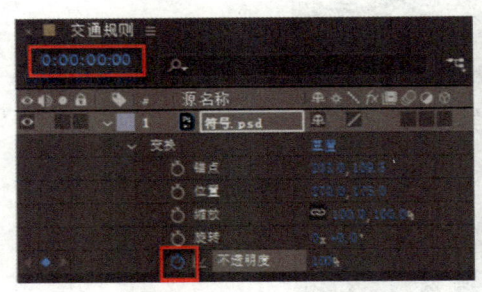

图 2-5　启动关键帧

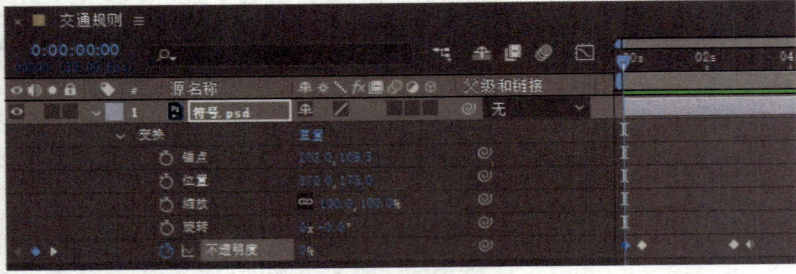

图 2-6　设置"不透明度"属性关键帧

（5）移动时间轴面板底部的缩放滑块 ━━━○━━━▲，使其到最左端，这样就显示出全部时间轴长度。将时间轴指针移到第 3 秒处，选择图层"符号.psd"，按 Alt+]组合键，使该图层的出点移到时间轴指针处，如图 2-7 所示。单击图层的"属性收缩"按钮 ✓，收起展开的图层属性。

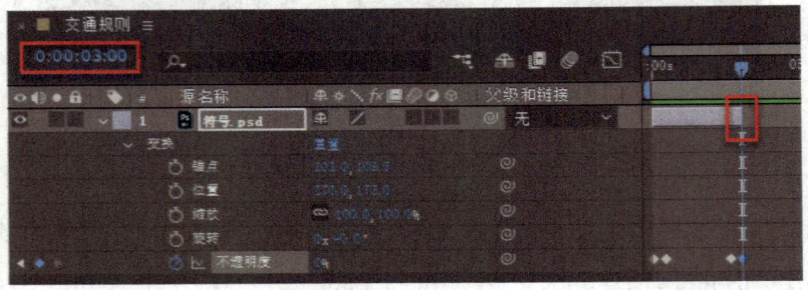

图 2-7　设置图层的出点

（6）在"项目"窗口中将素材"道路.jpg"拖到时间轴面板的底层，按住鼠标左键移动图层的开始位置，将图层入点移到时间轴指针处，与图层"符号.psd"相连接。分别单击时间轴面板中两个图层左侧的"锁定"按钮 🔒 锁定图层，如图 2-8 所示。

图 2-8　调整图层入点并锁定图层

（7）在"项目"窗口中将素材"car1.psd"拖到时间轴面板的顶层，调整该图层的入点到时间轴指针处，使其与图层"符号.psd"相连接。展开其图层属性，将"位置"属性值设置为"328.0，285.0"，"旋转"属性值设置为"0x+155.0°"，让蓝色车停在停车位上，如图 2-9 所示。

收起图层属性。

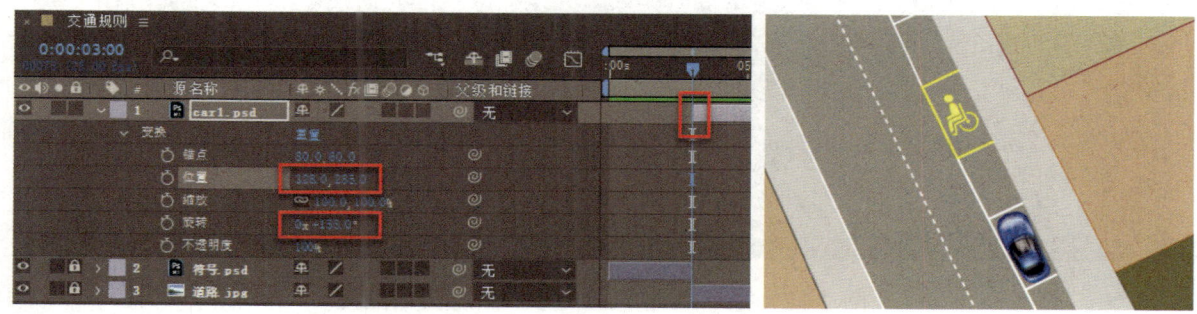

图2-9 调整图层"car1.psd"的属性

（8）在"项目"窗口中将素材"car2.psd"拖到时间轴面板的顶层，调整该图层的入点到时间轴指针处，使其与图层"car1.psd"的入点对齐。展开其图层属性，将"旋转"属性值设置为"0x+155.0°"。调小"合成"窗口的显示比例，使得画面的边缘与窗口边缘留有空白区域。在"合成"窗口中拖动红色车，将其移到行车道路画面下侧的空白区域，如图2-10所示。

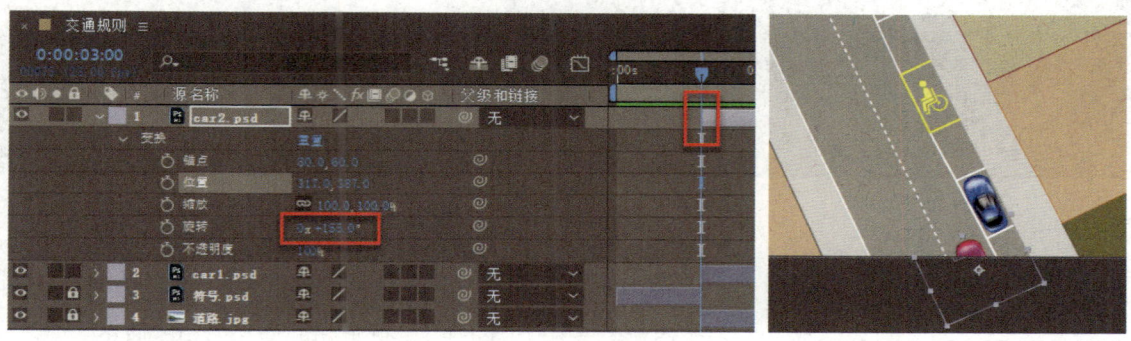

图2-10 调整图层"car2.psd"的属性

（9）将时间轴指针移到第3秒处，单击图层"car2.psd"的"位置"属性左侧的钟表按钮，启动关键帧。将时间轴指针移到第4秒处，在"合成"窗口中将红色车拖到停车位置附近，如图2-11所示。

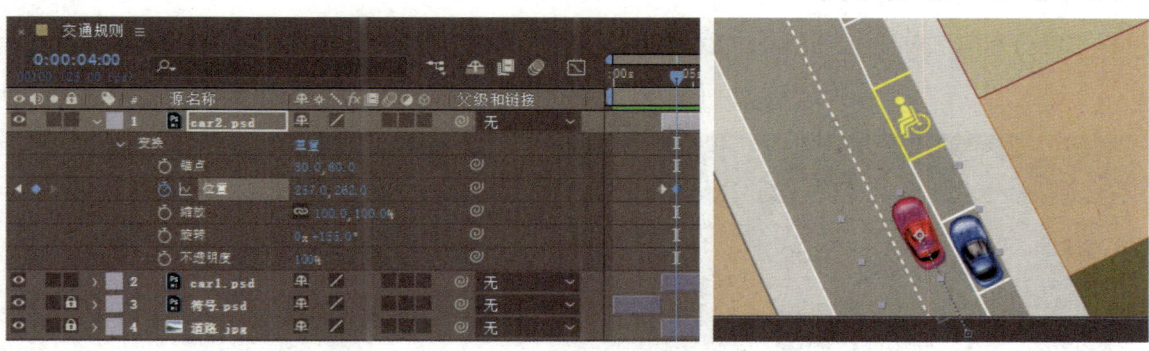

图2-11 调整红色车的位置

（10）将时间轴指针移到第7秒15帧处，在"合成"窗口中拖动红色车进入停车位的初始位置，如图2-12所示。

27

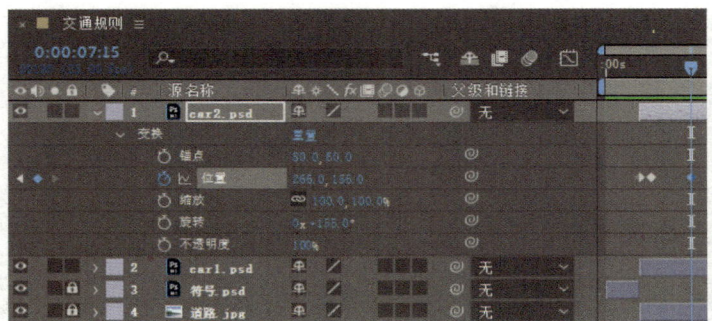

图 2-12 拖动红色车进入停车位的初始位置

（11）将时间轴指针移到第 8 秒 10 帧处，在"合成"窗口中拖动红色车，使其位于停车位中，如图 2-13 所示。这样就完成了红色车进入停车位停车的动画效果的制作。

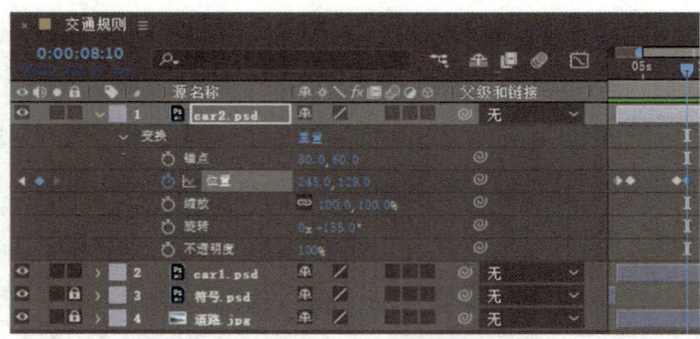

图 2-13 调整红色车进入停车位

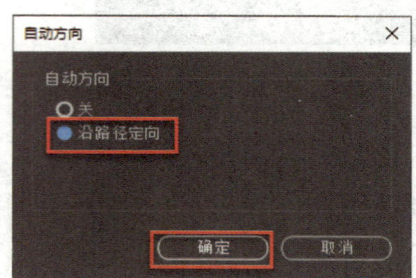

图 2-14 "自动方向"对话框

（12）在拖动时间轴指针，观看红色车的动画效果时会发现，车头在停车过程中没有转向，是不正确的。选中图层"car2.psd"，在菜单栏中选择"图层"→"转换"→"自动定向"命令，在弹出的"自动方向"对话框中选中"沿路径定向"单选按钮，单击"确定"按钮，如图 2-14 所示。

（13）此时再观看动画效果，发现红色车的车头方向有问题，将"旋转"属性值设置为"0x+271.0°"，在拖动时间轴指针观看动画时会发现，车头能随着路径自动转向，如图 2-15 所示。

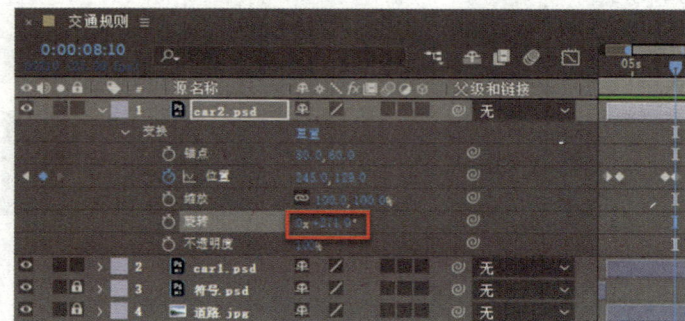

图 2-15 车头随着路径自动转向

（14）在时间轴面板的图层工作区域拖动开始滑块■和结束滑块■，使其包围关键帧区域，只渲染该区域内的效果。按 Space 键进行预览，观看红色车的停车动画会发现，红色车在转弯移动和动画结束时有漂移和晃动甩尾效果。将"合成"窗口的显示比例进行放大，分别单击路径上不同的关键帧会发现，关键帧的切线发生了偏移，从而产生了一些不应该有的动作，如图 2-16 所示。

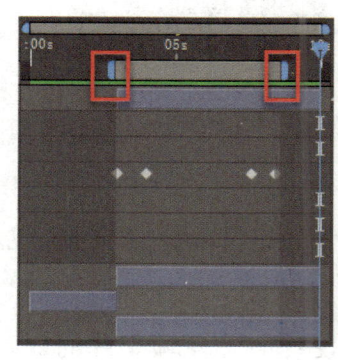

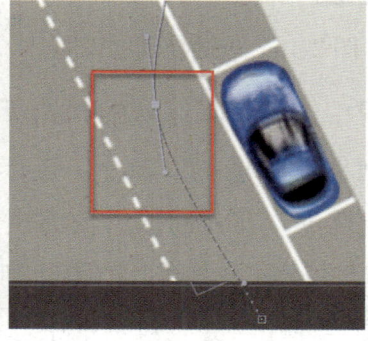

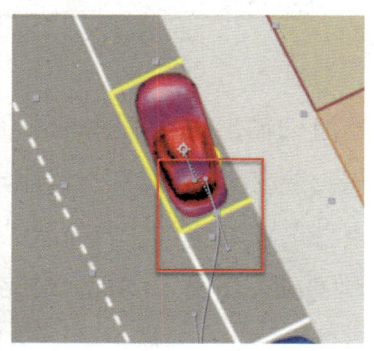

图 2-16　关键帧的切线发生了偏移

在"合成"窗口中，单击转弯前的关键帧，出现该关键帧的切线。单击下侧的切线进行拖动，使其与第 1 个关键帧之间的路径变成直线。分别单击路径上第 3 个、第 4 个关键帧，调整其切线方向，使其在同一条直线上，如图 2-17 所示。

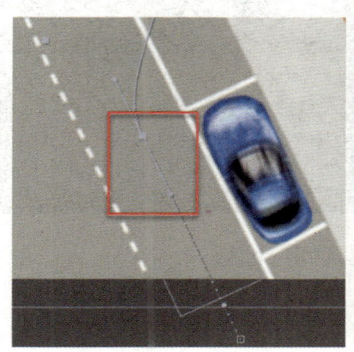

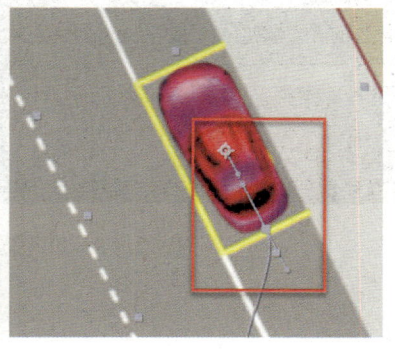

图 2-17　调整关键帧切线方向

💡 提示

> 读者在制作过程中出现的问题可能与本项目不同，只需调整出现问题的关键帧的位置和切线方向即可。

（15）当红色车沿行车道进入画面要转弯停车和最终停车时，车子应该是减速的，而现在动画中车子是匀速的，不符合实际情况，因此需要调整关键帧属性，使其减速。在时间轴上选择第 2 个和最后 1 个关键帧并右击，在弹出的快捷菜单中选择"关键帧辅助"→"缓入"命令，如图 2-18 所示。再次按 Space 键进行预览，红色车动画就有了减速效果。

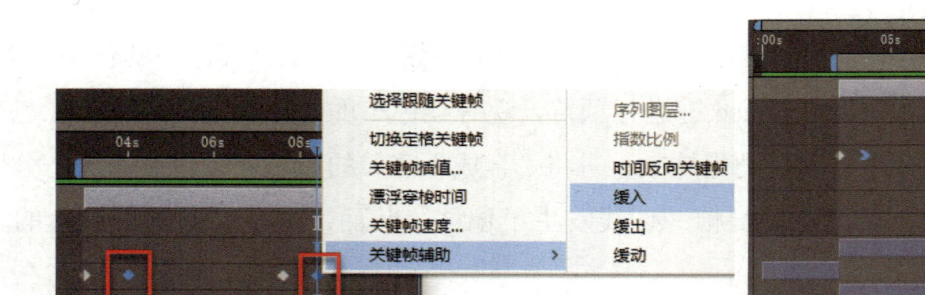

图 2-18　关键帧辅助设置

（16）渲染输出。在时间轴面板中拖动工作区域的开始滑块█和结束滑块█，使其回到时间轴的两端。选择"合成"→"添加到渲染队列"命令，在打开的"渲染队列"面板中，选择"输出模块"选项右侧的"高品质"选项，在弹出的"输出模块设置"对话框中指定渲染的视频格式为"QuickTime"，单击"确定"按钮，返回"渲染队列"面板。选择"输出到"选项右侧的文件名称选项，在弹出的"将影片输出到："对话框中，设置渲染视频文件的保存路径和文件名称，单击"保存"按钮，返回"渲染队列"面板。单击"渲染"按钮即可进行渲染，如图 2-19 所示。渲染结束后，找到渲染的视频文件，在 QuickTime、暴风影音等视频播放器中观看制作效果。

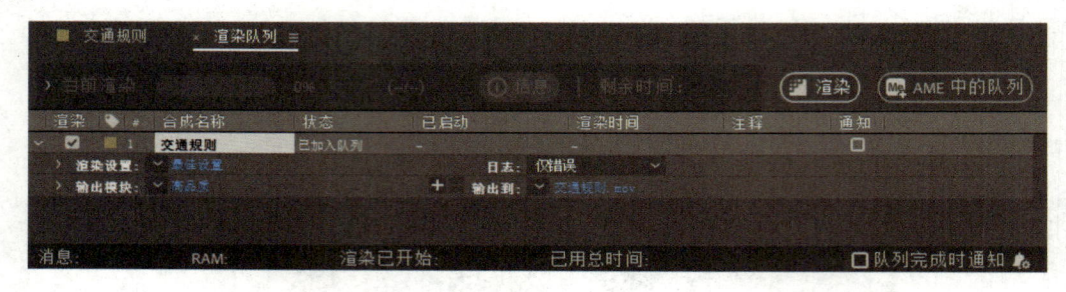

图 2-19　"渲染队列"面板

相关知识

1. 不同类型素材的导入

1）PSD 文件的导入

在导入 PSD 文件时会弹出"解释素材：car1.psd"对话框，如图 2-20 所示。

➢ 忽略：忽视透明信息。

➢ 直接-无遮罩：将透明信息保存在独立的 Alpha 通道中。

➢ 预乘-有彩色遮罩：将透明信息存放在 Alpha、R、G、B 通道中。

➢ 猜测：由系统决定 Alpha 通道类型。

2）多层 PSD 文件的导入

多层 PSD 文件在导入时有 3 个选项，如图 2-21 所示。

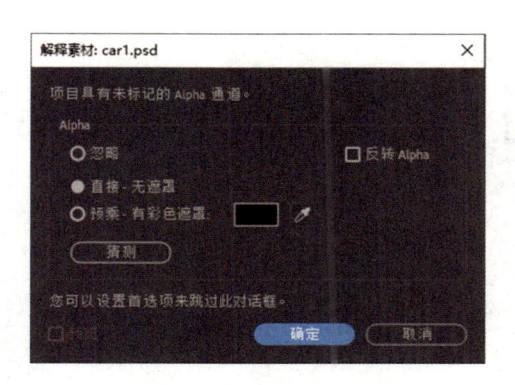

图 2-20 "解释素材：car1.psd" 对话框 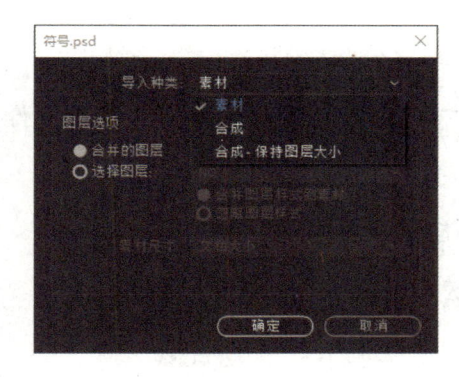　　　　图 2-21　多层 PSD 文件导入对话框

> 素材：它有两个选择，选中"合并的图层"单选按钮可以合并所有图层作为一个素材进行导入，而选中"选择图层"单选按钮可以将想要的单个图层内容导入。
> 合成：将 PSD 文件作为一个合成文件全部导入，该文件中的每个图层均可作为合成内的一个素材层。
> 合成-保持图层大小：将 PSD 文件作为一个合成文件全部导入，该文件中的每个图层均可作为合成内的一个素材层，而且各个图层的大小可独立调整。

3）序列文件的导入

在"导入文件"对话框中选中第一个图片，勾选"Targa 序列"复选框，单击"导入"按钮，即可导入序列图片，如图 2-22 所示。导入的素材将作为一个具有动画效果的文件出现在"项目"窗口中。

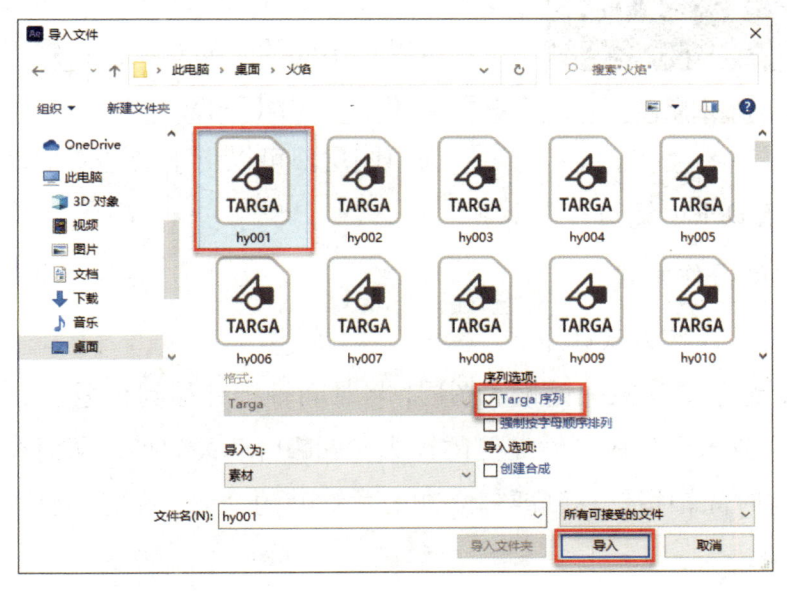

图 2-22 "导入文件"对话框

4）其他格式文件的导入

双击"项目"窗口的空白处，在弹出的"导入文件"对话框中选择要导入的素材，单击"导入"按钮。

2．素材分类管理

单击"项目"窗口底部的"新建文件夹"按钮■，可以建立多个文件夹，以便将素材拖到不同的文件夹中分类管理。

3．层的产生方式

在 AE 2022 中，用户可以通过 5 种方式产生层：利用素材产生层、利用合成产生层、建立纯色层、建立调节层和预合成层。

- 利用素材产生层是将"项目"窗口中导入的素材加入合成中，成为合成的素材层。
- 利用合成产生层是将合成作为一个图层加入另一个合成中，这种方式也被称为合成嵌套。
- 建立纯色层通常是为了在合成中加入背景图层、添加特效、利用蒙版和图层属性建立简单的图形等。
- 建立调节层是为其下方的图层应用效果，而不在该图层中产生效果。
- 预合成层是在合成中将一个或多个图层选中转换为一个合成嵌套层。

4．图层的基本属性

每一个图层都有其固定的基本属性。将素材拖到时间轴面板中，展开该素材层的属性，会发现图层具有锚点、位置、缩放、旋转和不透明度的基本属性。每个属性的左侧有一个钟表按钮可以启动关键帧。启动关键帧后，可以在不同的时间对属性设置不同的参数，从而实现动画效果，如图 2-23 所示。

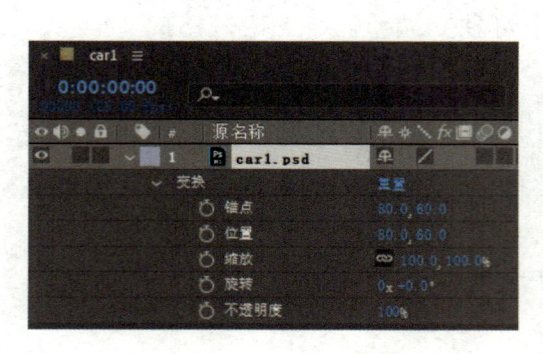

图 2-23　图层的基本属性

选中图层，可以上下或左右拖动改变图层在时间轴上的位置，也可以按 Delete 键进行删除。

5．关键帧常见的操作方式

关键帧常见的几种操作方式如下。

- 添加关键帧：选中要建立关键帧的图层，将时间轴指针移到合适位置，展开图层的属性，通过单击某个或多个相应属性左侧的钟表按钮■启动关键帧，从而在时间轴上出现了关键帧标记。将时间轴指针移到要建立新的关键帧的位置，在时间轴面板的左侧单击■按钮添加关键帧。
- 移动单个关键帧：选中要移动的关键帧，按住鼠标左键，将其拖到目标位置即可。
- 移动多个关键帧：按住 Shift 键同时选择多个关键帧，或者按住鼠标左键同时拖动鼠标框选需要选择的多个关键帧，将其拖到目标位置即可。移动选中的多个关键帧，其相对位置保持不变。

- 复制关键帧：选中要复制的关键帧，选择"编辑"→"复制"命令，将时间轴指针移到目标位置，选择"编辑"→"粘贴"命令，使目标位置显示出复制的关键帧。
- 删除关键帧：选中要删除的关键帧，单击 Delete 键删除即可，或者选择"编辑"→"清除"命令进行删除。

6. 改变关键帧的数值

AE 2022 为用户提供了以下 3 种方式来改变关键帧的数值。

- 选中要编辑的图层，在属性编辑栏中单击，当数值框变为可编辑状态时，在数值框中输入新的数据，在空白区域单击确定。
- 在属性编辑栏中选中要编辑的项目，按住鼠标左键进行拖动，使数值发生变化，在"合成"窗口中观看效果，满意后松开鼠标左键。
- 在属性编辑栏中右击，在弹出的快捷菜单中，选择"编辑值"命令，在弹出的相应属性的对话框中进行设置。编辑的属性不同，弹出的对话框也不同。

7. 自动对齐路径方向

当对图层设置了多个位置关键帧时，图层在移动过程中想要自动沿路径调整自身的方向，可通过以下命令来实现。

选中设置了关键帧的图层，选择"图层"→"变换"→"自动定向"命令，在弹出的"自动方向"对话框中选中"沿路径定向"单选按钮，单击"确定"按钮，如图 2-24 所示。此时再检查图层的初始状态，调整其"旋转"属性值，使其方向为沿路径方向即可。

图 2-24 "自动方向"对话框

项目拓展　合成嵌套关键帧动画《交通规则之超车动画》

该项目可以分解为 3 个任务，主要通过采用合成嵌套技术，将 PSD 文件以"合成-保持图层大小"方式导入，从而制作出更为复杂的关键帧动画。《交通规则之超车动画》的制作效果如图 2-25 所示。

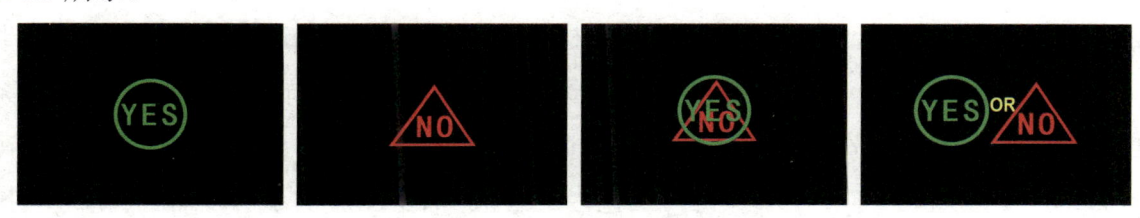

图 2-25 《交通规则之超车动画》的制作效果

图 2-25 《交通规则之超车动画》的制作效果（续）

任务一 制作符号动画片头

（1）启动 AE 2022，选择"合成"→"新建合成"命令，在弹出的"合成设置"对话框中，将"合成名称"设置为"超车动画"，"宽度"设置为"540"px，"高度"设置为"380"px，"像素长宽比"设置为"方形像素"，"帧速率"设置为"25"帧/秒，"持续时间"设置为 7 秒，"背景颜色"设置为黑色，单击"确定"按钮，如图 2-26 所示。选择"文件"→"另存为"→"另存为"命令，将项目文件保存为"超车动画.aep"。

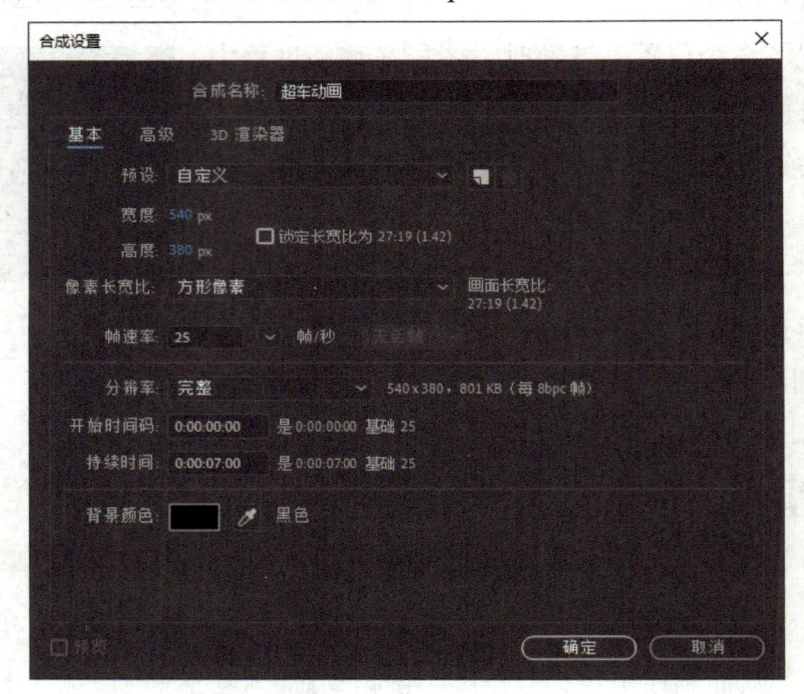

图 2-26 "合成设置"对话框

（2）双击"项目"窗口的空白处，导入素材"道路.jpg""car1.psd""car2.psd"。在导入过程中，系统会出现有关 Alpha 通道处理的"解释素材"对话框，先单击"猜测"按钮由系统判断处理，再单击"确定"按钮。再次双击"项目"窗口的空白处，导入素材"符号"，在弹出的"符号.psd"对话框中将"导入种类"设置为"合成-保持图层大小"，单击"确定"按钮，如图 2-27 所示。"项目"窗口中出现了一个名称为"符号"的合成，如图 2-28 所示。

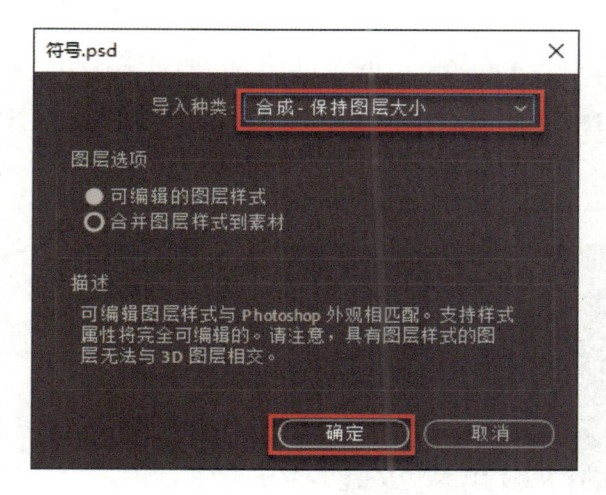

图 2-27 "符号.psd"对话框　　　　图 2-28 导入合成"符号"

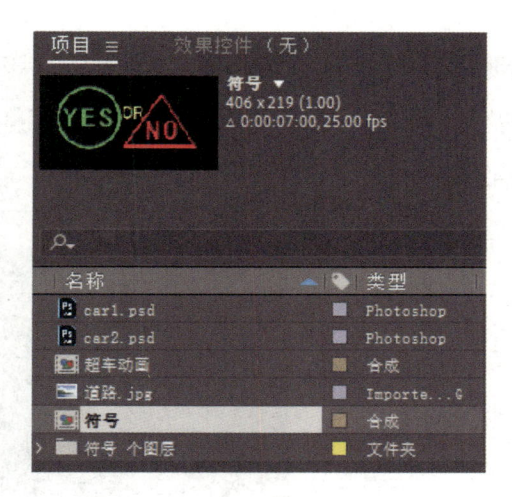

（3）在"项目"窗口中双击合成"符号"，即可在"合成"窗口中打开该合成，在时间轴面板中显示该合成中的3个图层，如图2-29所示。

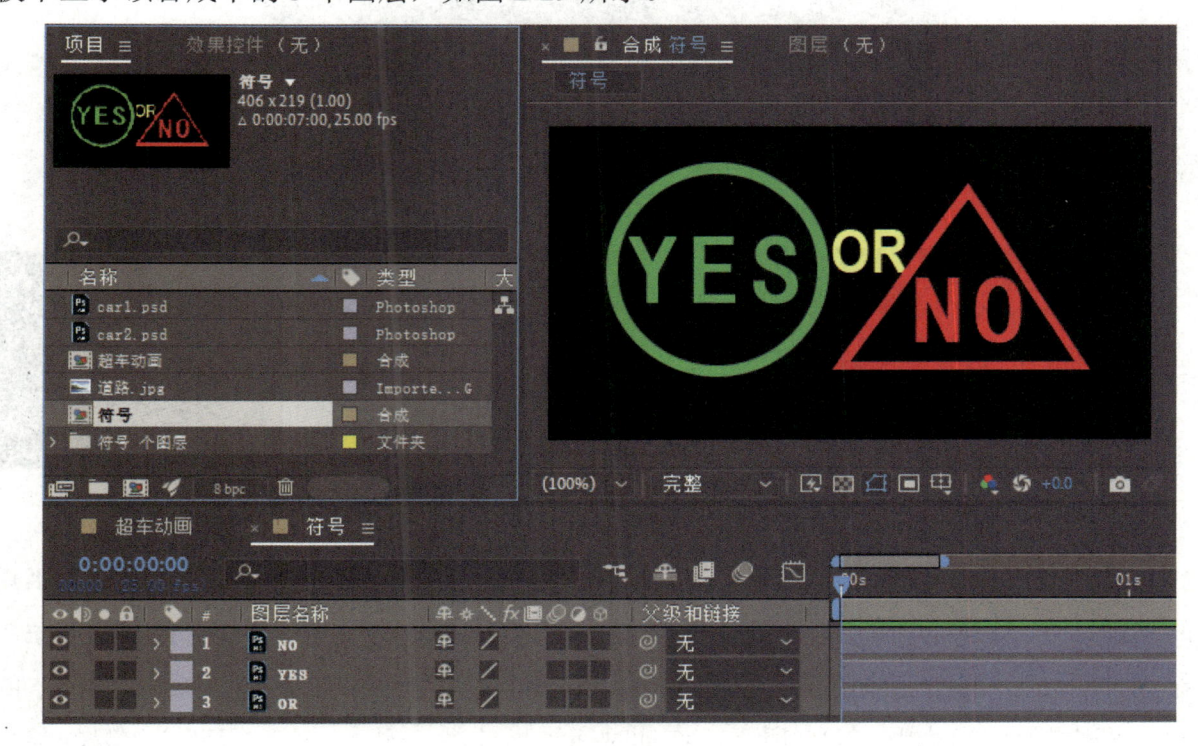

图 2-29 合成"符号"中的内容

（4）此时，合成"符号"的画面尺寸不符合制作要求，需要对其参数进行修改。选择"合成"→"合成设置"命令，在弹出的"合成设置"对话框中将"宽度"设置为"540"px，"高度"设置为"380"px，"持续时间"设置为4秒，单击"确定"按钮，如图2-30所示。

（5）在时间轴面板中按住Shift键，同时选中图层"YES"和"NO"，按Ctrl+D组合键复制这两个图层，上下拖动可以调整图层的排列顺序，如图2-31所示。

（6）保留图层"YES"，单击其他图层左端的"视频"按钮，隐藏这些图层的内容，此时"合成"窗口中只显示符号"YSE",将该图标拖到"合成"窗口的中间位置。单击图层"NO"左端的"视频"按钮恢复显示,将该图标拖到"合成"窗口的中间位置,与符号"YSE"对齐,如图 2-32 所示。

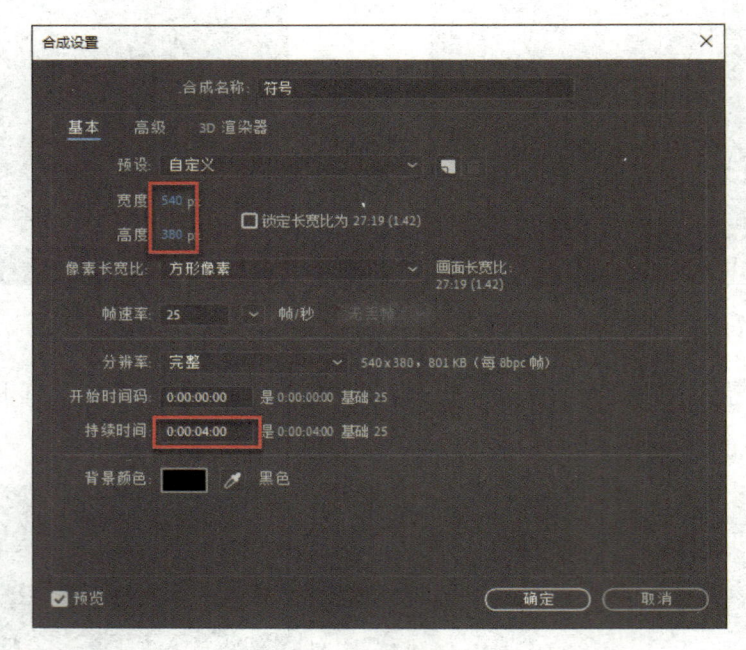

图 2-30 修改合成"符号"的参数

图 2-31 复制和调整图层顺序

图 2-32 调整符号位置进行对齐

（7）将时间轴指针移到第 10 帧处,选中图层"YES",按 Alt+]组合键将该图层的出点移到时间轴指针处。将时间轴指针移到第 20 帧处,选中图层"NO",按 Alt+[组合键将该图层的入点移到时间轴指针处。将时间轴指针移到第 1 秒 5 帧处,按 Alt+]组合键将图层"NO"的出点移到时间轴指针处,如图 2-33 所示。拖动时间轴指针进行测试,会出现两个符号交替显示的效果。

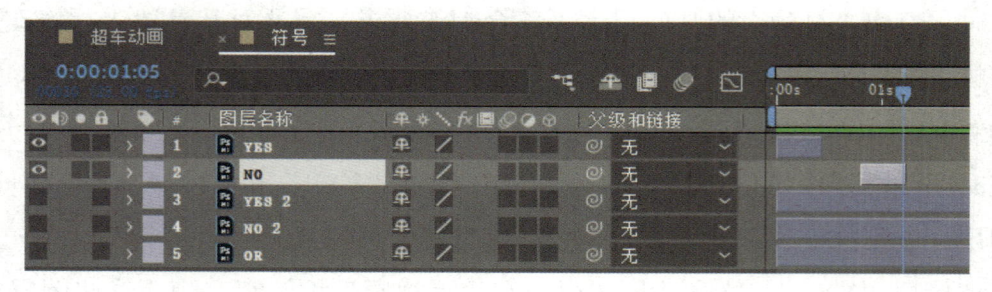

图 2-33 制作两个符号交替显示的效果

（8）恢复图层"YES 2"和"NO 2"的显示，将时间轴指针移到第 1 秒 15 帧处，选中图层"YES 2"和"NO 2"，将鼠标指针移到这两个图层左端的开始位置，当鼠标指针变为双向箭头时，拖动图层的入点到时间轴指针处，如图 2-34 所示。

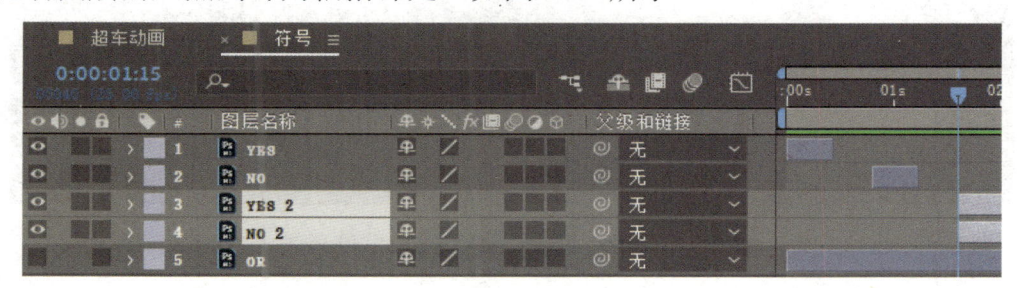

图 2-34 调整两个图层的入点

9）将时间轴指针移到第 2 秒 15 帧处，按 P 键，使两个图层显示"位置"属性，并设置其"位置"属性关键帧，如图 2-35 所示。

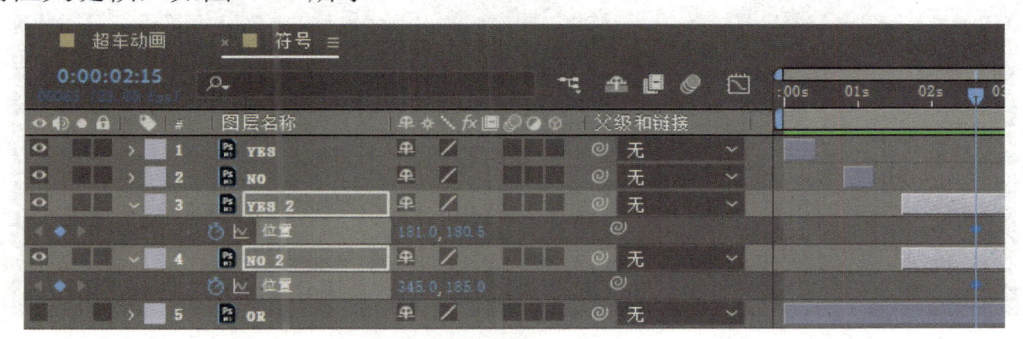

图 2-35 设置两个图层的"位置"属性关键帧

（10）将时间轴指针移到第 1 秒 15 帧处，将两个图层的"位置"属性值都设置为"270.0, 180.5"，使"合成"窗口中的两个符号重叠在一起，这样就完成了两个符号从中间逐渐向两边分散移动动画的制作，如图 2-36 所示。

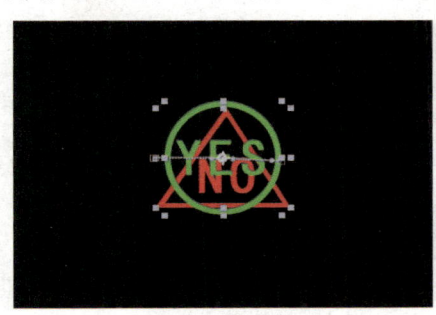

图 2-36 符号分散移动动画的制作

（11）恢复图层"OR"的显示，将鼠标指针移到图层"OR"左端的开始位置，当鼠标指针变为双向箭头时，拖动图层入点对齐到图层"NO 2"的开始位置，按 S 键显示出"缩放"属性，启动"缩放"属性关键帧，将其属性值设置为"0.0, 0.0%"，如图 2-37 所示。

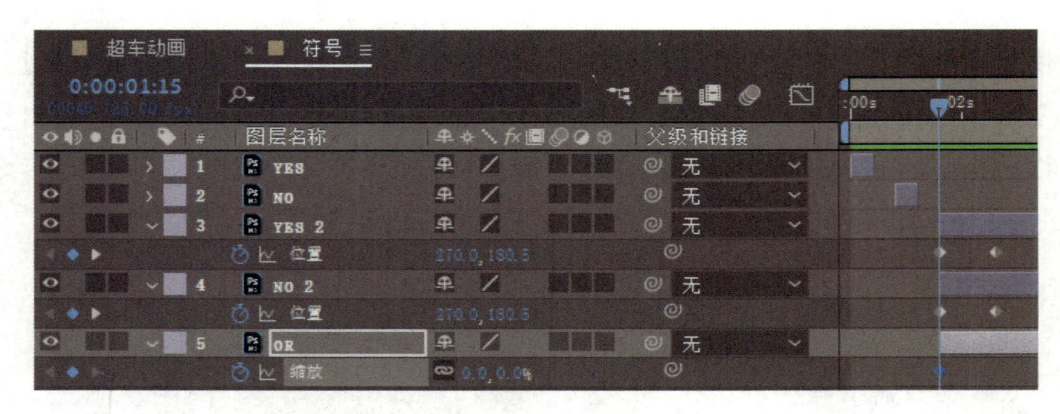

图2-37 设置图层"OR"的"缩放"属性值（1）

（12）将时间轴指针移到第2秒15帧处，将图层"OR"的"缩放"属性值设置为"100.0, 100.0%"，如图2-38所示。

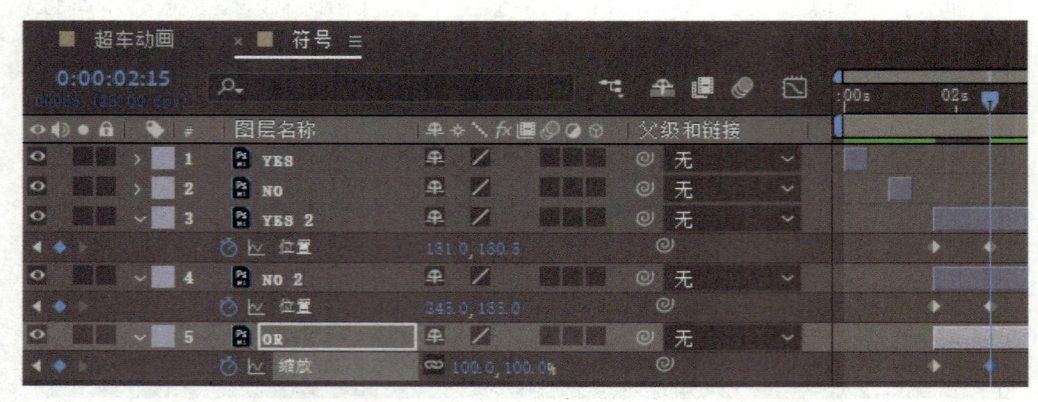

图2-38 设置图层"OR"的"缩放"属性值（2）

（13）按Space键进行预览，观看动画效果是否满意。

任务二 制作蓝色车动画

（1）在时间轴面板中单击"超车动画"合成标签回到该合成中，在"项目"窗口中将合成"符号"拖入时间轴面板中，作为一个素材层实现合成的嵌套，如图2-39所示。

图2-39 进行合成嵌套

（2）在"项目"窗口中将素材"道路.jpg"拖到时间轴面板的底层，将该图层的入点调整到与图层"符号"的末端对齐，分别锁定这两个图层，如图2-40所示。

图 2-40 调整图层并锁定图层

（3）在"项目"窗口中将素材"car1.psd"拖到时间轴面板的顶层，将该图层的入点调整到与图层"符号"的末端对齐。展开该图层的基本属性，将"旋转"属性值设置为"0x+155.0°"，使车头转向道路前进方向。在"合成"窗口中拖动蓝色车，将其拖到行车道路方向画面下侧的空白区域，如图 2-41 所示。

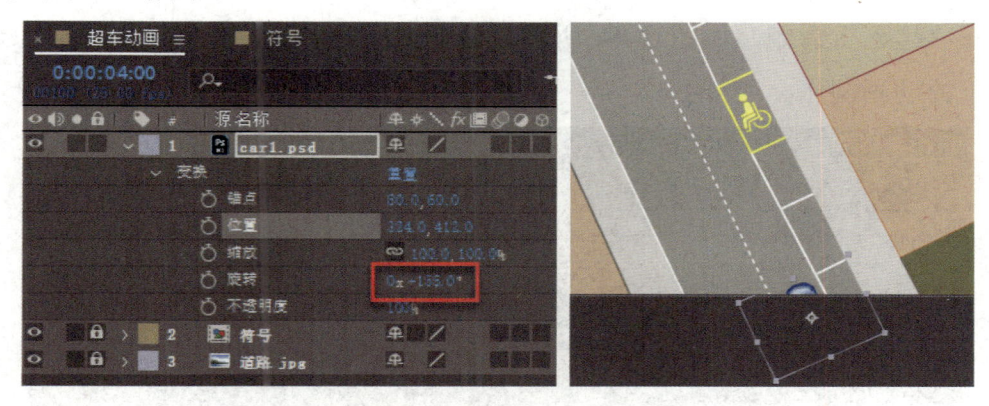

图 2-41 调整图层"car1.psd"的初始状态

（4）将时间轴指针移到第 4 秒处，单击图层"car1.psd"的"位置"属性左侧的钟表按钮，启动关键帧。将时间轴指针移到第 4 秒 15 帧处，在"合成"窗口中将蓝色车拖到如图 2-42 所示的位置。这个位置是超车发生碰撞的位置。

图 2-42 调整图层"car1.psd"的位置

（5）在当前时间轴指针处，启动图层"car1.psd"的"旋转"属性关键帧。将时间轴指针移到第 5 秒 15 帧处，在"合成"窗口中将蓝色车移到如图 2-43 所示位置，将"旋转"属性值修改为"2x+302.0°"。

39

图 2-43 调整蓝色车碰撞后的效果

（6）框选"位置"和"旋转"属性最右端的关键帧并右击，在弹出的快捷菜单中选择"关键帧辅助"→"缓入"命令，如图 2-44 所示。这样就完成了蓝色车发生碰撞后急速旋转、移动并缓缓停下的动画制作。

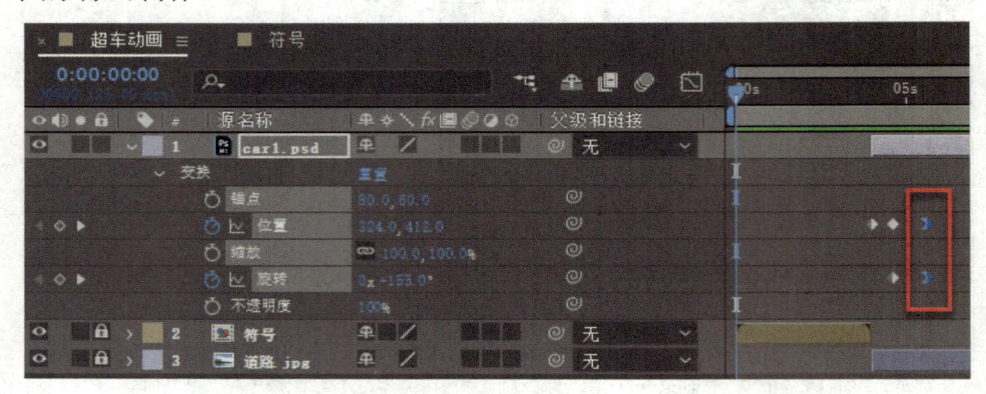

图 2-44 关键帧辅助设置

（7）按 Space 键预览测试动画效果是否满意，若不满意，则可以再次进行微调。

任务三　红色车超车碰撞动画

（1）收起图层"car1.psd"的属性。在"项目"窗口中将素材"car2.psd"拖到时间轴面板的顶层，调整该图层的入点位置，使其与图层"car1.psd"的左端对齐。

（2）展开图层"car2.psd"的属性，将"旋转"属性值设置为"0x+152.0°"，使其车头转向道路前进的方向。将"位置"属性值设置为"245.5,438.5"，使其处于左侧行车道"合成"窗口的下方，如图 2-45 所示。

（3）将时间轴指针移到第 4 秒 5 帧处，单击图层"car2.psd"的"位置"属性左侧的钟表按钮，启动关键帧。

（4）将时间轴指针移到第 4 秒 12 帧处，将"位置"属性值设置为"205.8,320.4"，使红色车处于蓝色车的左前侧，如图 2-46 所示。

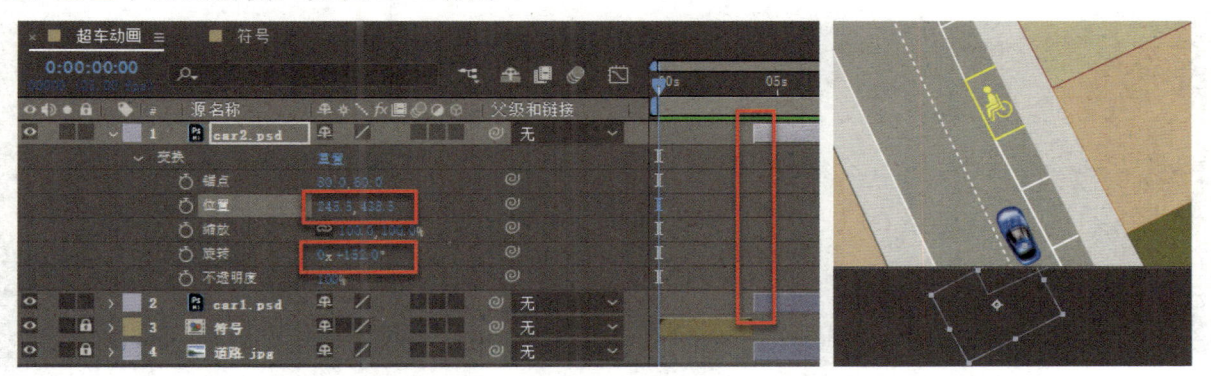

图 2-45 调整图层 "car2.psd" 的属性

图 2-46 调整红色车的位置

（5）单击图层 "car2.psd" 的 "旋转" 属性左侧的钟表按钮，启动关键帧。将时间轴指针移到第 4 秒 15 帧处，将 "位置" 属性值设置为 "217.6, 215.6"，"旋转" 属性值设置为 "188.0°"，使红色车转向蓝色车所在行车道的前面，如图 2-47 所示。在拖动时间轴指针观看时会发现，在超车并道的某瞬间红色车车尾与蓝色车发生了刮蹭。若没有刮蹭出现，则需要重新在第 4 秒 12 帧和 4 秒 15 帧处调整红色车的位置和旋转参数，使其发生碰撞。

图 2-47 调整图层 "car2.psd" 碰撞时的位置和旋转参数

（6）将时间轴指针移到第 4 秒 19 帧处，由于尾部受到刮蹭碰撞，车体受冲力作用会发生旋转和偏移，调整图层 "car2.psd" 的位置和旋转参数，制作出红色车甩尾的动画效果，如图 2-48

所示。

图 2-48 制作红色车甩尾的动画效果

（7）将时间轴指针移到第 4 秒 23 帧处，由于车体甩尾后会发生猛打方向盘进行矫正的动作，因此需要调整图层"car2.psd"的位置和旋转参数，制作红色车甩尾后又过度矫正反向甩回的效果，如图 2-49 所示。

图 2-49 制作红色车过度矫正反向甩回的效果

（8）将时间轴指针移到第 5 秒 4 帧处，调整图层"car2.psd"的位置和旋转参数，让红色车尾巴再小幅度甩回去，制作红色车车体来回晃动的效果，如图 2-50 所示。

图 2-50 制作红色车车体来回晃动的效果

（9）将时间轴指针移到第 5 秒 21 帧处，调整图层"car2.psd"的位置和旋转参数，制作红色车平稳停下的效果，如图 2-51 所示。

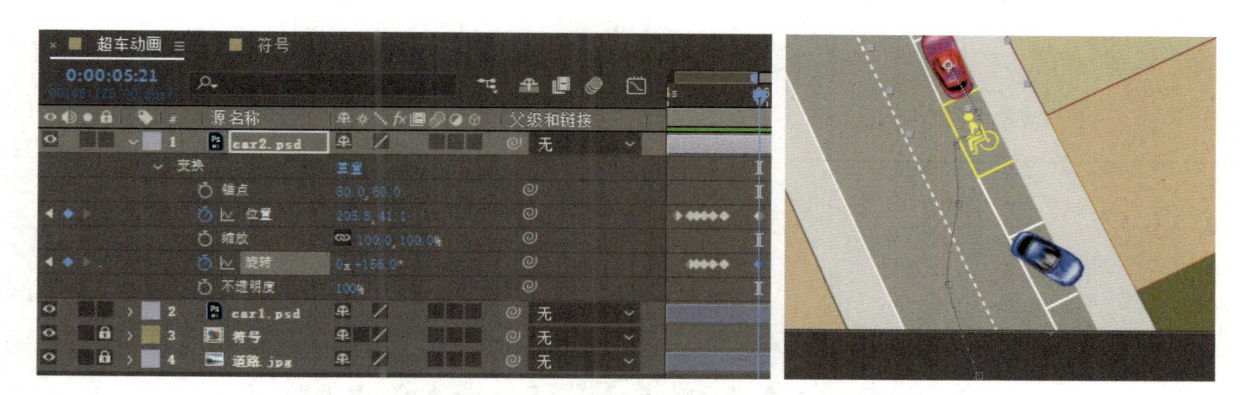

图 2-51 制作红色车平稳停下的效果

（10）按 Space 键预览测试动画效果是否满意，重点关注两车碰撞后的动作和节奏，若效果不理想，则微调"位置"和"旋转"关键帧属性值，直到满意为止。

（11）渲染输出。选择"合成"→"添加到渲染队列"命令，在"渲染队列"面板中，选择"输出模块"选项右侧的"高品质"选项，在弹出的"输出模块设置"对话框中指定渲染的视频格式为"QuickTime"，单击"确定"按钮，返回"渲染队列"面板。选择"输出到"右侧的文件名称选项，在弹出的"将影片输出到："对话框中，设置渲染视频文件的保存路径和文件名称，单击"保存"按钮，返回"渲染队列"面板。单击"渲染"按钮，即可进行渲染，如图 2-52 所示。渲染结束后，找到渲染的视频文件，在 QuickTime、暴风影音等视频播放器中观看制作效果。

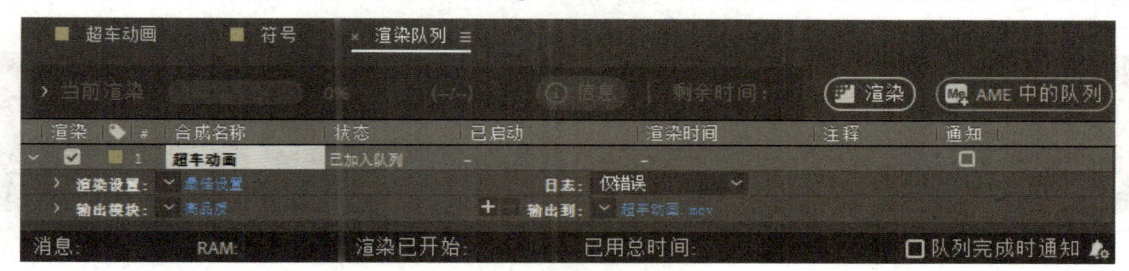

图 2-52 "渲染队列"面板

项目评价反馈表

技 能 名 称	配分/分	评 分 要 点	学生自评	小组互评	教师评价
关键帧动画设置	2	设置方法正确			
路径方向的自动调整	2	命令使用正确			
动画路径曲线的调整	2	路径节点及节点切线的调整方法正确			
关键帧变速	2	设置方法正确			
以合成的方式导入 PSD 格式文件	2	导入方式设置正确			
项目总体评价					

项目三

复杂关键帧动画制作
《新春拜年短视频》

项目描述

在影视动画制作中，更为复杂和精彩的视觉效果需要多种素材元素配合多种制作技巧才能得以实现。本项目将重点讲解复杂关键帧动画的设置方法和技巧。《新春拜年短视频》的制作效果如图3-1所示。

图3-1 《新春拜年短视频》的制作效果

学习目标

1. **知识目标**：掌握父子关系的使用方法；掌握通过AE 2022改变素材轴心点的方法；掌握合成嵌套的使用方法。
2. **技能目标**：能通过多种制作技巧制作复杂关键帧动画。

项目分析

该项目首先导入素材，建立空对象与相关图层的父子关系，通过制作空对象动画来控制相关图层的动画；然后调整中国结的轴心点制作左右随机摇摆晃动的动画；最后制作关门、虎年图案、拜年文字的动画，并通过"预合成"命令制作嵌套的合成动画。

项目实施

（1）启动AE 2022，双击"项目"窗口的空白处，将所有素材导入，其中在导入素材"转

项目三　复杂关键帧动画制作《新春拜年短视频》

轮"时，在弹出的"转轮.PSD"对话框中，将"导入种类"设置为"合成-保持图层大小"，单击"确定"按钮，如图3-2所示。

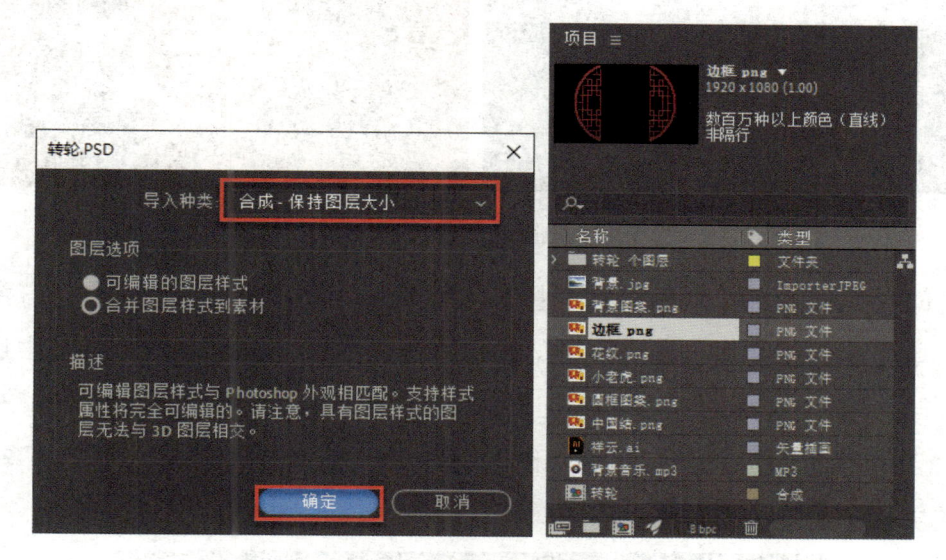

图3-2　导入所有素材

（2）选择"合成"→"新建合成"命令，在弹出的"合成设置"对话框中，将"合成名称"设置为"总合成"，"宽度"设置为"1920" px，"高度"设置为"1080" px，"像素长宽比"设置为"方形像素"，"帧速率"设置为"25"帧/秒，"持续时间"设置为8秒18帧，如图3-3所示。

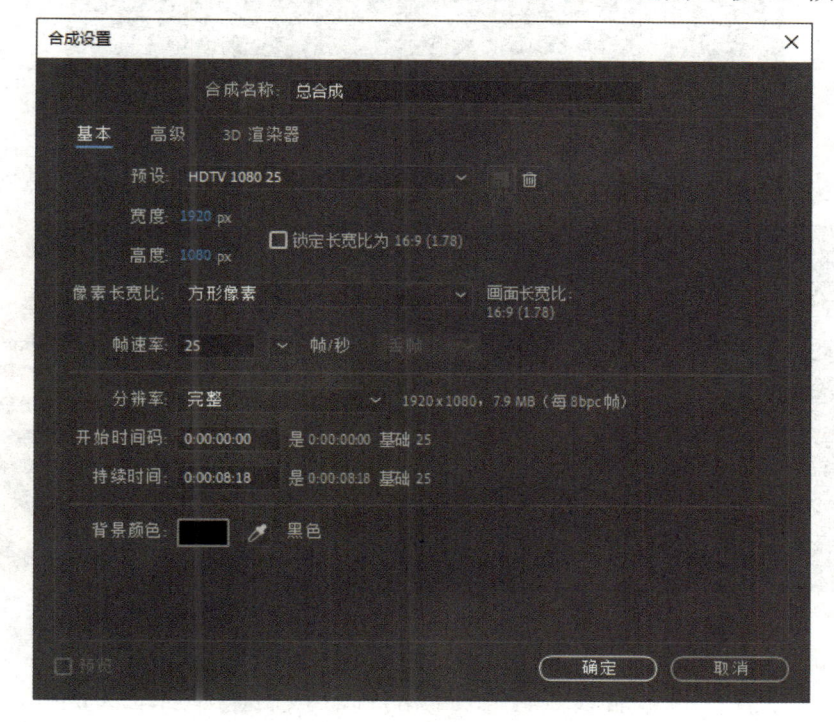

图3-3　"合成设置"对话框

（3）在"项目"窗口中将相关素材拖到时间轴面板中，调整图层的上下排列顺序，如图3-4所示。

45

图 3-4　调整图层的上下排列顺序

（4）将时间轴指针移到第 0 帧处，选择"图层"→"新建"→"空对象"命令，新建一个空对象图层。单击图层"边框.png"的"父级和链接"下拉按钮，在下拉菜单中选择"空 1"命令，这样图层"空 1"与图层"边框.png"建立了父子关系，"边框.png"为子对象，会随着父对象"空 1"进行变换。依据相同的操作方法，将图层"花纹.png""背景图案.png"的父对象都设置为图层"空 1"，如图 3-5 所示。

图 3-5　建立图层的父子关系

（5）展开图层"空 1"的属性，将"缩放"属性值设置为"224.0,224.0%"，如图 3-6 所示。

图 3-6　设置图层"空 1"的"缩放"属性值（1）

（6）单击图层"空 1"的"缩放"属性左侧的钟表按钮 ⏲，启动关键帧。将时间轴指针移到第 1 秒 13 帧处，将"缩放"属性值设置为"190.0,190.0%"，如图 3-7 所示。将时间轴指针移到第 2 秒 9 帧处，将"缩放"属性值设置为"26.0,26.0%"，如图 3-8 所示。制作出背景画面有节奏感的缩小动画。

图3-7 设置图层"空1"的"缩放"属性值（2）

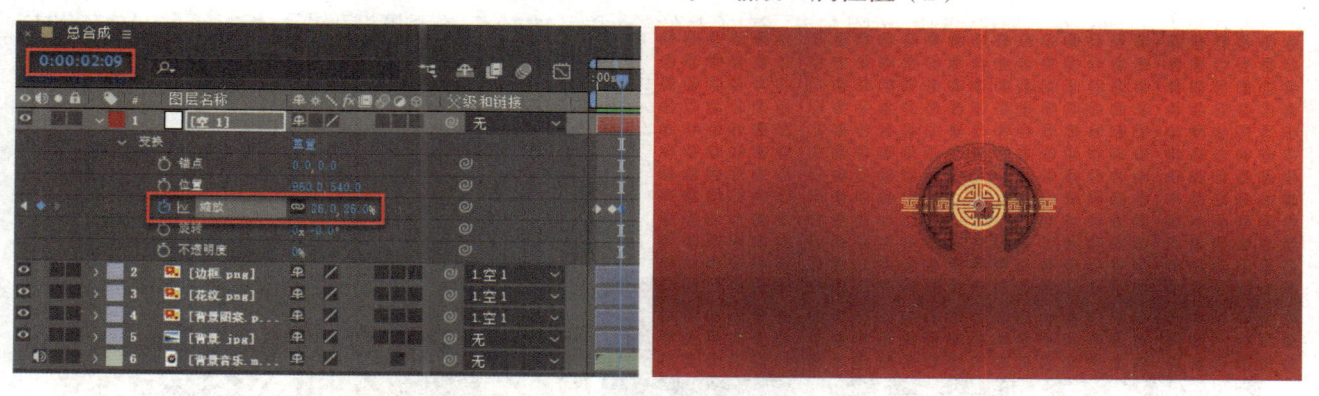

图3-8 设置图层"空1"的"缩放"属性值（3）

（7）双击"项目"窗口的空白处导入合成的素材"转轮"，在时间轴面板和"合成"窗口中显示出合成"转轮"的内容。单击"合成"窗口底部的"切换透明网格"按钮，使得合成背景透明，便于观看效果，如图3-9所示。

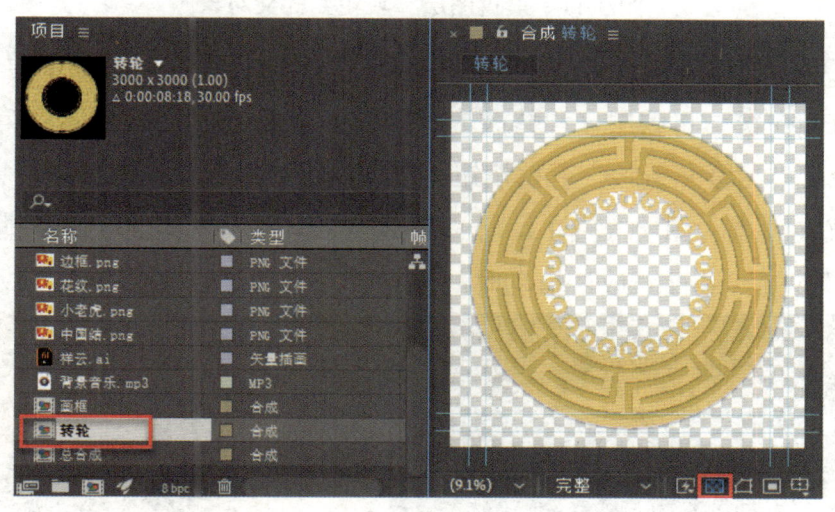

图3-9 单击"切换透明网格"按钮

（8）在时间轴面板中按住Shift键，同时选中图层"内圈"和"外框图案"，按R键显示出"旋转"属性，将图层"内圈"的"旋转"属性值设置为"1x+0.0°"，图层"外框图案"的"旋转"属性值设置为"-1x+0.0°"。将时间轴指针移到第0帧处，单击这两个图层的"旋转"属

性左侧的钟表按钮 ⏱，启动关键帧。将时间轴指针移到最右端，将这两个图层的"旋转"属性值设置为"0x+0.0°"，制作出内圈和外框相向旋转的效果，如图3-10所示。

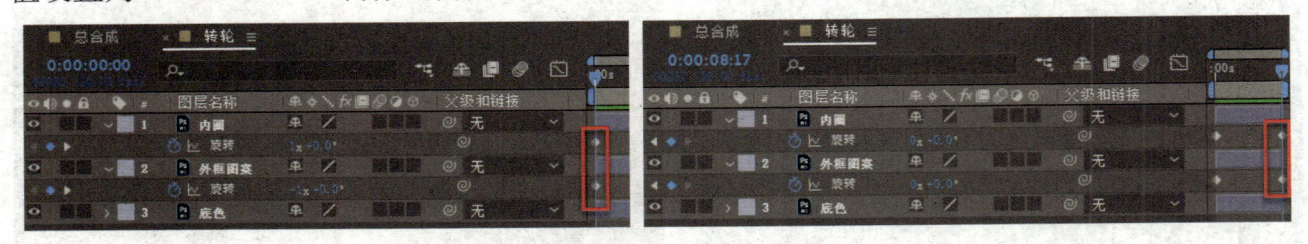

图3-10　制作内圈和外框相向旋转的效果

（9）切回"总合成"，将"项目"窗口中的合成"转轮"拖到时间轴面板中，放置在图层"空1"的下面，拖动时间轴指针到第2秒处，单击图层"转轮"的"父级和链接"下拉按钮，在下拉菜单中选择"空1"命令，这样图层"转轮"的父对象就被设置为图层"空1"，于是图层"转轮"与其他子对象基于当前的相对位置，跟随父对象"空1"进行缩放，拖动时间轴指针观看效果，如图3-11所示。

图3-11　设置图层"转轮"的父对象

（10）将"项目"窗口中的合成"转轮"拖到时间轴面板中，放置在图层"空1"的下面。选中该图层，按Enter键，将图层名称修改为"转轮1"。拖动时间轴指针到第2秒5帧处，单击图层"转轮1"的"父级和链接"下拉按钮，在下拉菜单中选择"空1"命令，这样图层"转轮1"的父对象就被设置为图层"空1"，于是图层"转轮1"与其他子对象基于当前的相对位置，跟随父对象"空1"进行缩放，拖动时间轴指针观看效果，如图3-12所示。

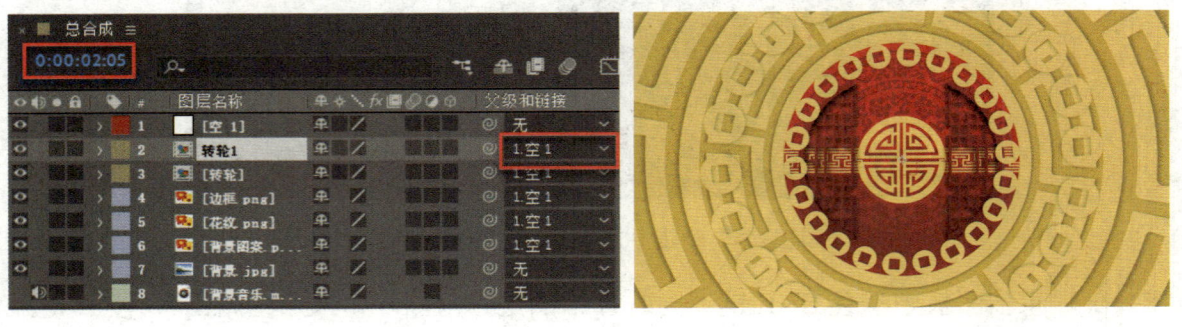

图3-12　设置图层"转轮1"的父对象

（11）将"项目"窗口中的合成"转轮"拖到时间轴面板中，放置在图层"空1"的下面。

选中该图层，按 Enter 键，将图层名称修改为"转轮 2"。拖动时间轴指针到第 2 秒 9 帧处，单击图层"转轮 2"的"父级和链接"下拉按钮，在下拉菜单中选择"空 1"命令，这样图层"转轮 2"的父对象就被设置为图层"空 1"，于是图层"转轮 2"与其他子对象基于当前的相对位置，跟随父对象"空 1"进行缩放，拖动时间轴指针观看效果，如图 3-13 所示。

图 3-13 设置图层"转轮 2"的父对象

（12）将"项目"窗口中的素材"中国结.png"拖到时间轴面板中，放置在图层"空 1"的下面。展开该图层的属性，将"缩放"属性值设置为"40.0, 40.0%"，"位置"属性值设置为"144.0, 531.0"，使中国结位于"合成"窗口的左侧，如图 3-14 所示。

图 3-14 设置图层"中国结.png"的属性值

（13）此时中国结的轴心点在图片中心，需要将其移到拉绳的顶部。选中图层"中国结.png"，在工具箱中选择向后平移（锚点）工具，在"合成"窗口中按住鼠标左键拖动中国结的轴心点到拉绳的顶部，如图 3-15 所示。

（14）下面制作中国结左右摇摆晃动的动画。展开图层"中国结.png"的属性，将时间轴指针移到第 2 秒处，将"旋转"属性值设置为"0x-8.0°"，使中国结转向左侧。单击"旋转"属性左侧的钟表按钮，启动关键帧。将时间轴指

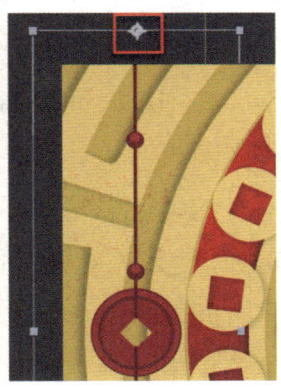

图 3-15 调整中国结的轴心点位置

49

针移到第 3 秒处，将"旋转"属性值设置为"0x+8.0°"，使中国结转向右侧。将时间轴指针移到第 4 秒，将"旋转"属性值设置为"0x-8.0°"，使中国结转向左侧。将时间轴指针移到第 5 秒，将"旋转"属性值设置为"0x+8.0°"，使中国结转向右侧，如图 3-16 所示。

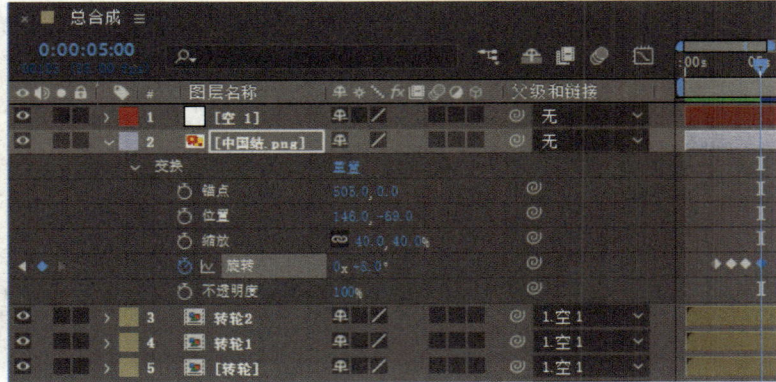

图 3-16　制作中国结左右摇摆晃动的动画

（15）下面制作多个中国结左右随机摇摆晃动的动画。选中图层"中国结.png"，按 Ctrl+D 组合键复制 3 个中国结图层，分别选中相应图层，按 Enter 键，将图层名称依次修改为"中国结 1""中国结 2""中国结 3""中国结 4"。选中这 4 个中国结图层，按 P 键显示出"位置"属性，按 Shift+S 组合键添加"缩放"属性。分别设置这 4 个中国结图层的"位置"属性和"缩放"属性，使其大小不一排列在"合成"窗口中，如图 3-17 所示。

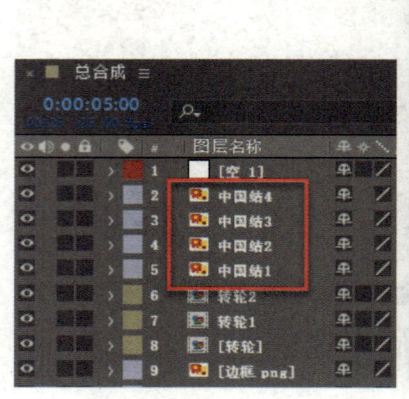

图 3-17　复制、排列中国结

在拖动时间轴指针观看中国结动画时会发现，这 4 个中国结动作完全一致，需要将动作调整得随机一点。选中这 4 个中国结图层，按 U 键显示出设置了关键帧的"旋转"属性，此时所有的关键帧是对齐排列的。分别选中每个中国结图层的 4 个关键帧，向左或向右整体移动关键帧，使其关键帧的位置在时间轴上错开，拖动时间轴指针观看此时中国结的动作就不一致了。将时间轴指针移到第 2 秒 9 帧处，分别单击 4 个中国结图层的"父级和链接"下拉按钮，在下拉菜单中选择"空 1"命令，与图层"空 1"建立父子关系，如图 3-18 所示。拖动时间轴指针观看动画效果。

50

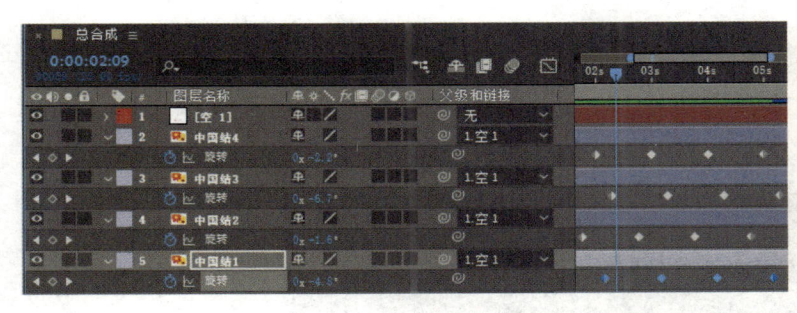

图 3-18 调整中国结动作并设置父子关系

（16）在"项目"窗口中将素材"背景.jpg"分两次拖到时间轴面板的顶层，分别选中其图层，按 Enter 键，将图层名称修改为"左门""右门"。选中这两个图层，按 P 键显示出"位置"属性，将"左门"的"位置"属性值设置为"0.0, 540.0"，"右门"的"位置"属性值设置为"1920.0, 540.0"，让两个门在"合成"窗口的中间位置并拢，如图 3-19 所示。

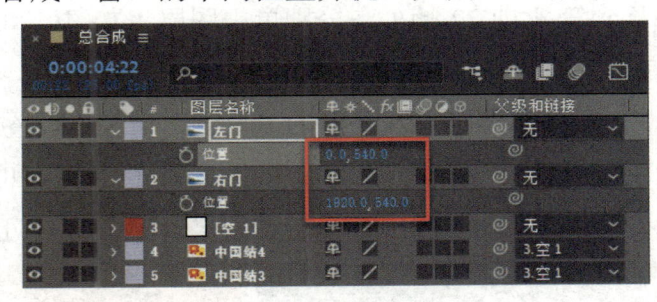

图 3-19 调整图层"左门""右门"的"位置"属性

（17）在"项目"窗口中将素材"祥云.ai"分 5 次拖到时间轴面板的顶层，分别选中祥云图层，按 Enter 键，将图层名称依次修改为"祥云 1""祥云 2""祥云 3""祥云 4""祥云 5"。选中这 5 个祥云图层，按 P 键显示出"位置"属性，按 Shift+S 组合键添加"缩放"属性。分别设置祥云图层的"位置"属性和"缩放"属性，如图 3-20 所示。

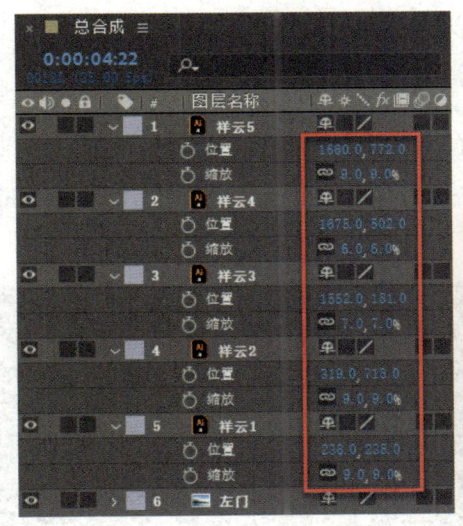

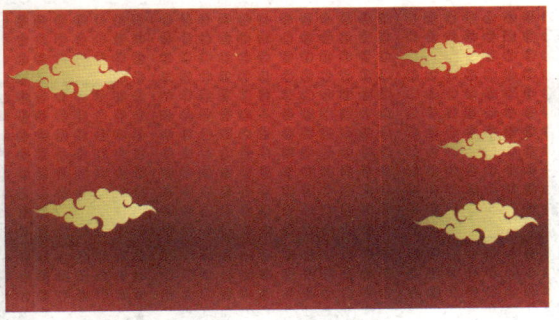

图 3-20 设置祥云图层的"位置"属性和"缩放"属性

（18）将时间轴指针移到第 4 秒 22 帧处，分别单击左侧两个祥云图层的"父级和链接"下

51

拉按钮，在下拉菜单中选择"左门"命令，将图层"左门"设为它们的父对象。依据相同的操作方法，将右侧3个祥云图层的父对象设置为图层"右门"，这样祥云就会跟随两个门进行运动，如图3-21所示。

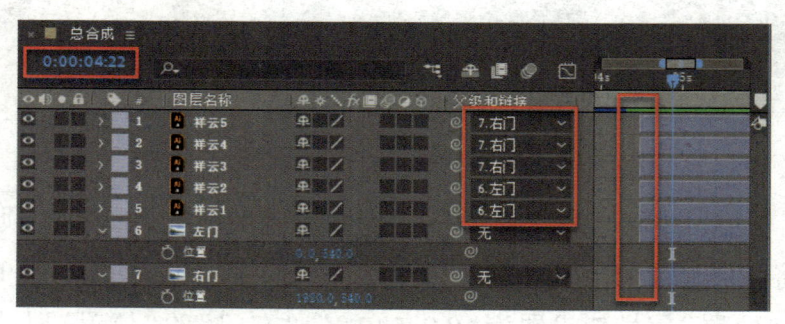

图3-21 设置祥云图层的父对象

（19）将时间轴指针移到第4秒22帧处，分别单击图层"左门"和"右门"的"位置"属性左侧的钟表按钮，启动关键帧。将时间轴指针移到第4秒12帧处，将图层"左门"的"位置"属性值设置为"-960,540.0"，图层"右门"的"位置"属性值设置为"2880.0,540.0"，使两个门移到"合成"窗口左右两侧。在时间轴面板中将5个祥云图层和两个门图层的入点移到时间轴指针处，如图3-22所示。拖动时间轴指针能看到祥云随着左右门进行关门的动画。

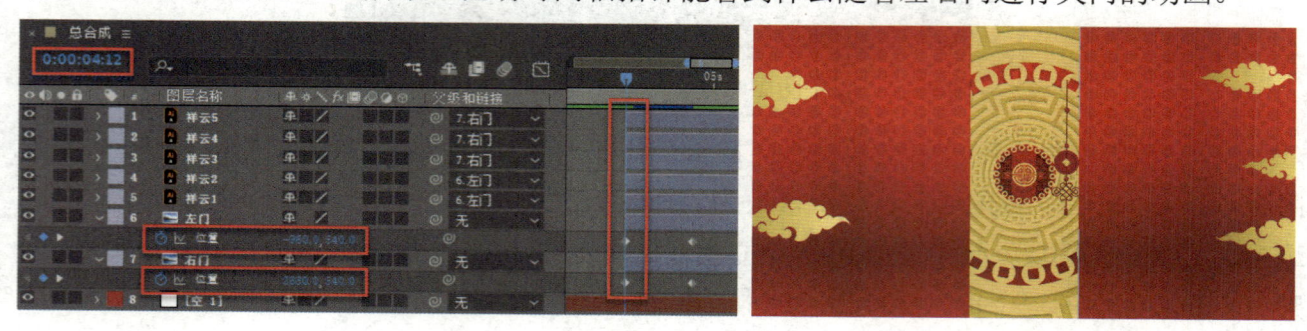

图3-22 制作关门的动画

（20）选中图层"空1"，按S键显示出"缩放"属性，将时间轴指针移到第4秒12帧处，单击"缩放"属性左端的"添加关键帧"按钮，在时间轴上添加关键帧。将时间轴指针移到第4秒22帧处，将"缩放"属性值设置为"12.0,12.0%"，如图3-23所示。拖动时间轴指针能看到关门的同时，门内的画面也在缩小。

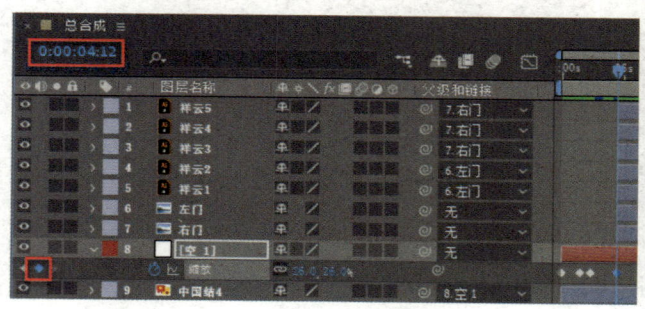

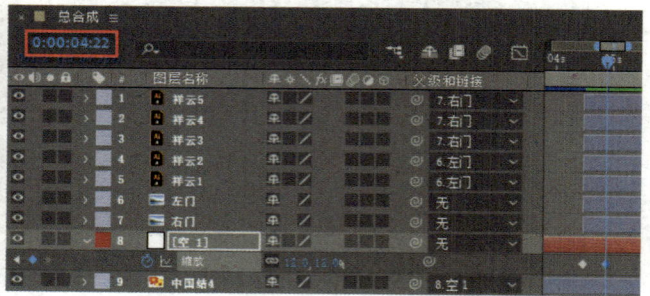

图3-23 设置图层"空1"的"缩放"属性

（21）在"项目"窗口中将素材"画框图案.png"和"小老虎.png"拖到时间轴面板的顶层，选中这两个图层，按 P 键显示出"位置"属性，按 Shift+S 组合键添加"缩放"属性，将"位置"属性值设置为"960.0, 451.0"，"缩放"属性值设置为"24.0, 24.0%"。将时间轴指针移到第 4 秒 22 帧处，将这两个图层的入点移到时间轴指针处，如图 3-24 所示。

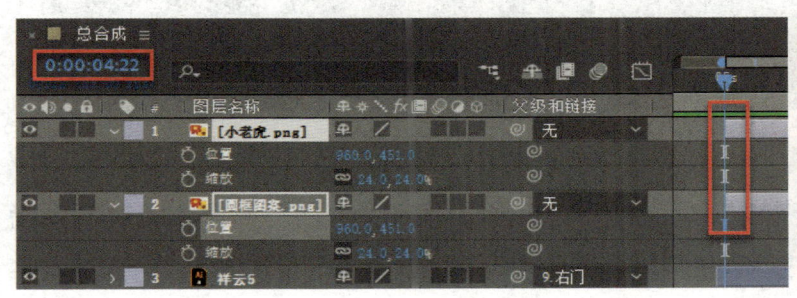

图 3-24 设置两个图层的属性和入点

（22）选中图层"画框图案.png"和"小老虎.png"，选择"图层"→"预合成"命令，在弹出的"预合成"对话框中将"新合成名称"设置为"圆框旋转动画"，选中"将所有属性移动到新合成"单选按钮，勾选"打开新合成"复选框，单击"确定"按钮。于是这两个图层合并成一个嵌套的合成图层，同时自动打开了新合成"圆框旋转动画"。在合成"圆框旋转动画"中，选中图层"圆框图案.png"，按 R 键显示出"旋转"属性，将时间轴指针移到第 4 秒 22 帧处，单击"旋转"属性左侧的钟表按钮，启动关键帧。将时间轴指针移到最右端，将"旋转"属性值设置为"1x+0.0°"，如图 3-25 所示。拖动时间轴指针能看到圆框图案在旋转。

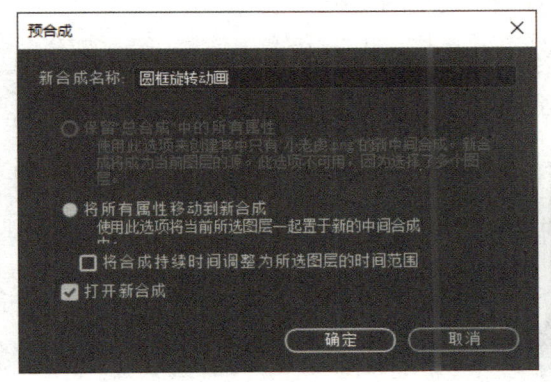

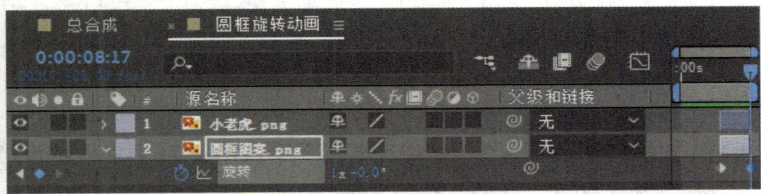

图 3-25 在新合成中制作旋转动画

（23）在时间轴面板中切回"总合成"，选择工具箱中的文字工具，在"合成"窗口中单击，出现文本输入光标，输入文字"虎年大吉 新春快乐"，选中所有文字，在"字符"面板中将字体设置为"黑体"，字号设置为"100 像素"，单击填充颜色色块，在弹出的"文本颜色"对话框中，将颜色设置为黄色 RGB（229, 198, 112），如图 3-26 所示。

53

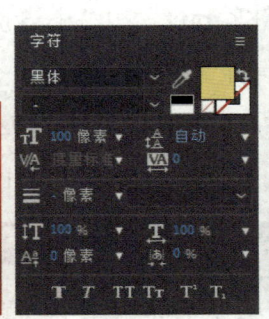

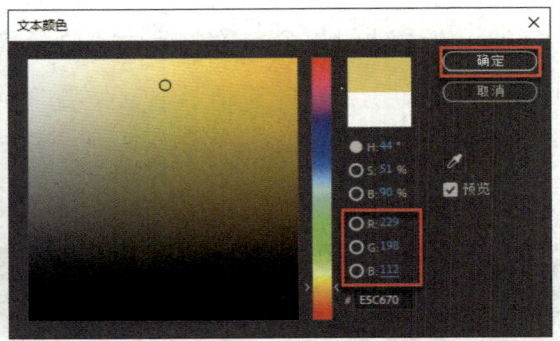

图 3-26　输入并设置文字

（24）选中文字图层和"圆框旋转动画"图层，按 P 键显示出"位置"属性。将时间轴指针移到第 5 秒 3 帧处，分别单击两个图层的"位置"属性左侧的钟表按钮，启动关键帧。将时间轴指针移到第 4 秒 22 帧处，分别调整两个图层的"位置"属性值，让文字移到"合成"窗口底部的外侧，圆框和小老虎图案移到"合成"窗口顶部的外侧，在时间轴面板中将它们的图层入点移到时间轴指针处，如图 3-27 所示。于是制作出它们从上下位置落到画面中的动画。

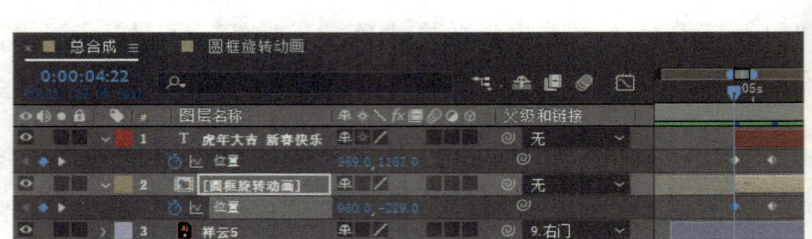

图 3-27　制作文字图层和"圆框旋转动画"图层的动画

（25）在拖动时间轴指针观看动画效果时会发现，祥云显得比较僵硬，需要为它们制作缓缓移动的动画。选中 5 个祥云图层，按 P 键显示出"位置"属性。将时间轴指针移到第 4 秒 12 帧处，分别单击它们的"位置"属性左侧的钟表按钮，启动关键帧。将时间轴指针移到最右端，分别调整 5 个祥云图层的"位置"属性值，让祥云向"合成"窗口中心水平移动很小的距离，制作出缓缓移动的动画，如图 3-28 所示。

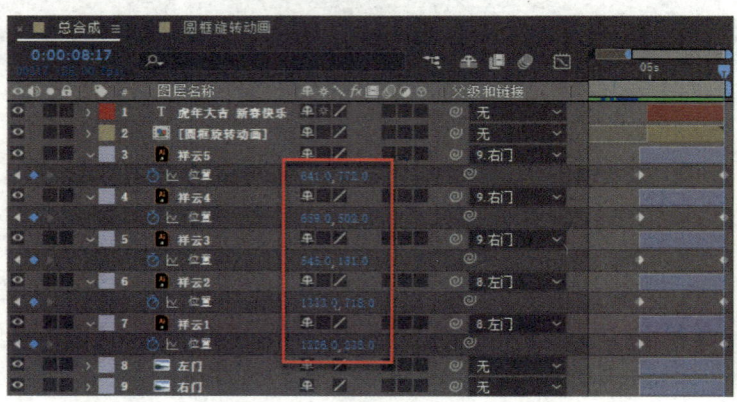

图 3-28　制作祥云缓缓移动的动画

（26）按 Space 键进行预览测试，若效果满意，选择"合成"→"添加到渲染队列"命令，在"渲染队列"面板中，选择"输出模块"选项右侧的"高品质"选项，在弹出的"输出模块设置"对话框中指定渲染的视频格式为"QuickTime"，单击"确定"按钮，返回"渲染队列"面板。选择"输出到"选项右侧的文件名称选项，在弹出的"将影片输出到："对话框中，设置渲染视频文件的保存路径和文件名称，单击"保存"按钮，返回"渲染队列"面板。单击"渲染"按钮即可进行渲染，如图 3-29 所示。渲染结束后，找到渲染的视频文件，可以在 QuickTime、暴风影音等视频播放器中观看制作效果。

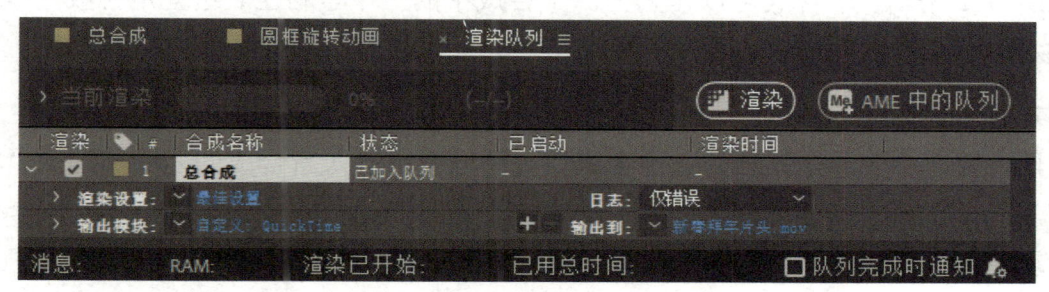

图 3-29　进行渲染设置

相关知识

1. 父子关系

在影视合成中，有时需要让一个素材跟随另一个素材进行各种变换。通过建立父子关系，只需要改变父亲的属性，儿子的属性就会发生同步变化。

建立父子关系的方法是将父素材和子素材分别拖到时间轴面板中，单击时间轴面板中子图层的"父级和链接"下拉按钮，指定相应的图层为父图层，这样子图层就会随着父图层进行变换，如图 3-30 所示。

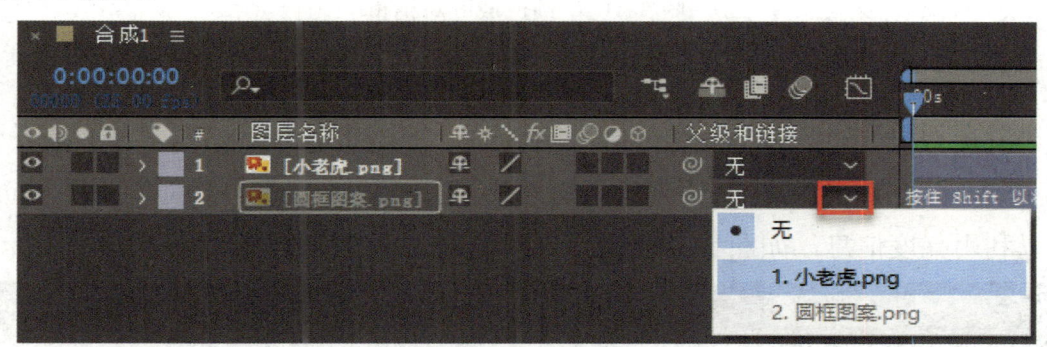

图 3-30　设置父子关系

2. 设置对象的轴心点

轴心点是对象进行旋转或缩放等设置的坐标中心。随着轴心点位置的变化，对象的运动状态也发生变化。在 AE 2022 中，用户可以通过数字方式和手动方式改变对象的轴心点。

（1）以数字方式改变轴心点，适用于需要精确对位的动画。当用户需要将一个对象的轴心点和另一个对象的某个位置进行精准对齐时，可以采用这种方式。用户需要对"锚点"属性进行设置。

（2）以手动方式改变轴心点，其优点是可以随时在"合成"窗口中观看效果。选择工具箱中的向后平移（锚点）工具，在"合成"窗口中按住鼠标左键拖动即可改变素材的轴心点。

3．合成的嵌套

在 AE 2022 中，一个合成可以作为另一个合成中的一个素材层，这就是合成的嵌套。它方便对多个动画对象进行整体控制。

实现合成的嵌套还可以使用另外一个方法。在一个合成中选中需要合并的图层，选择"图层"→"预合成"命令，在弹出的"预合成"对话框中，输入新合成的名称，选中"将所有属性移动到新合成"单选按钮，单击"确定"按钮，如图 3-31 所示。这样一来，这些图层将合并成一个合成图层出现在时间轴面板中。

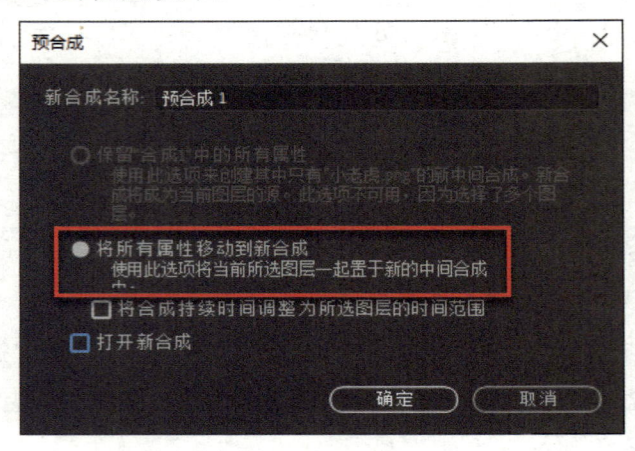

图 3-31 "预合成"对话框

4．轨道遮罩

轨道遮罩是利用上一个图层的黑白信息控制下一个图层的显示区域。其操作方法是单击下面图层的 TrkMat 控制栏的下拉按钮，指定为上一图层的遮罩形式，既可以利用 Alpha 通道信息，也可以利用亮度信息，如图 3-32 所示。具体应用参看项目拓展部分。

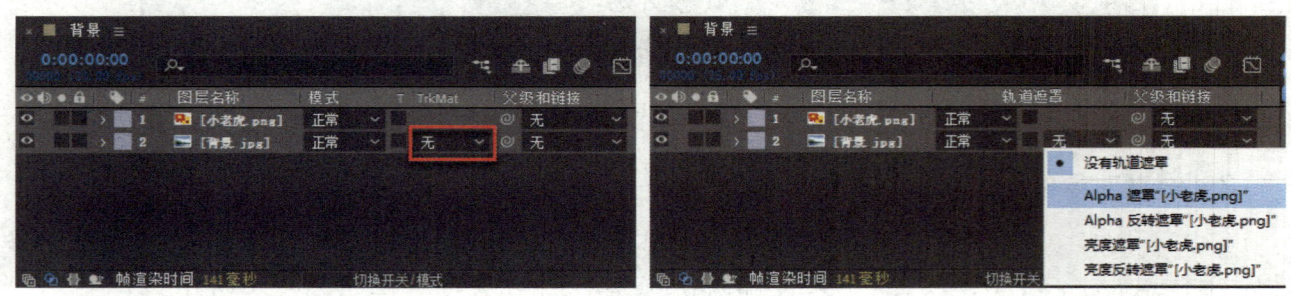

图 3-32 轨道遮罩的操作方法

项目三　复杂关键帧动画制作《新春拜年短视频》

项目拓展　复杂关键帧动画《海鲜厨房》

该项目首先是制作多图层关键帧动画，然后利用合成的嵌套实现不同的旋转效果，接着利用轴心点的改变制作跟进压缩动画，最后通过轨道遮罩技术实现画面的转场。《海鲜厨房》的制作效果如图3-33所示。

图3-33　《海鲜厨房》的制作效果

任务一　多图层的同步动画设置

（1）启动AE 2022，双击"项目"窗口的空白处，将所有的素材导入进来，将项目文件保存为"海鲜厨房.aep"。

（2）按Ctrl+N组合键新建合成，命名为"分镜一"，将"宽度"设置为"720"px，"高度"设置为"576"px，"像素长宽比"设置为"方形像素"，"帧速率"设置为"25"帧/秒，"持续时间"设置为13秒，"背景颜色"设置为白色，单击"确定"按钮，如图3-34所示。

（3）将素材"菜1.jpg""菜2.jpg""菜3.jpg""菜4.jpg"拖到时间轴面板中形成4个图层，按Ctrl+A组合键全部选中，按S键显示出"缩放"属性，将4个图层的"缩放"属性值均

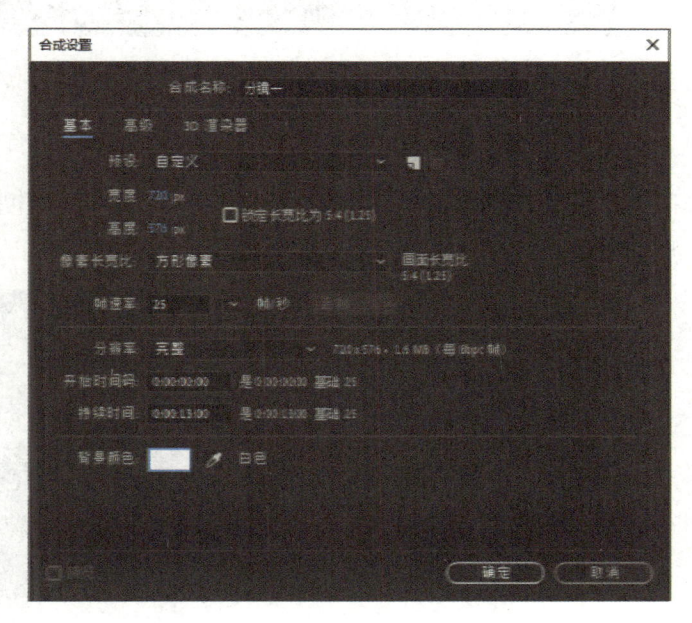

图3-34　"合成设置"对话框

57

设置为"26.0, 26.0%"。按 Shift+P 组合键添加"位置"属性，改变"位置"属性值，或者在"合成"窗口中分别拖动各图片的位置，如图 3-35 所示。

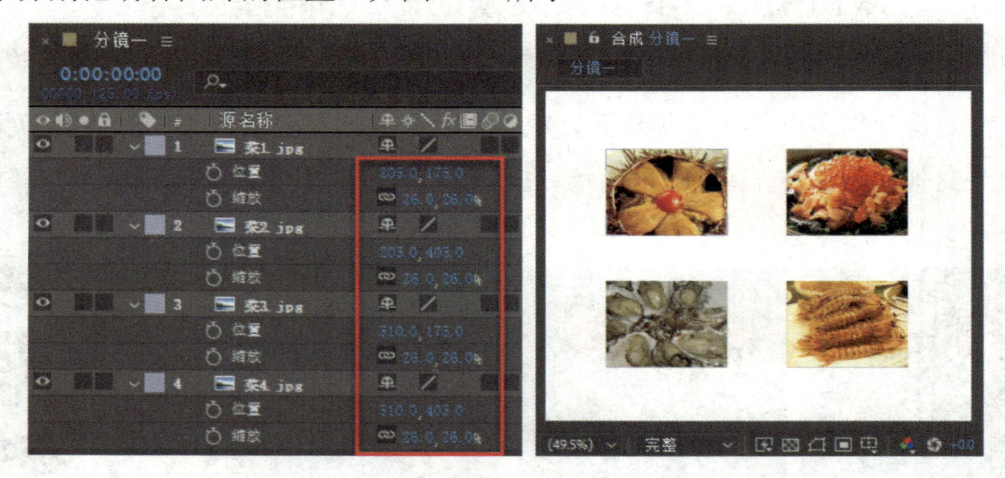

图 3-35 调整图片的大小和位置

（4）将时间轴指针移到第 2 秒处，选中所有图层，按 P 键，所有图层显示出"位置"属性，单击"位置"属性左侧的钟表按钮，启动关键帧。将时间轴指针移到第 0 帧处，分别将 4 张图片沿水平和垂直方向拖到画面外，制作 4 张图片由画面外交叉移动到画面中的动画，如图 3-36 所示。

图 3-36 制作 4 张图片由画面外交叉移动到画面中的动画

（5）将时间轴指针移到第 2 秒处，选中所有图层，按 R 键展开"旋转"属性，单击"旋转"属性左侧的钟表按钮，启动关键帧。将时间轴指针移到第 4 秒处，将 4 个图层的"旋转"属性值均设置为"1x+0.0°"，如图 3-37 所示。

图 3-37 设置素材的"旋转"属性

任务二 合成嵌套

（1）按 Ctrl+N 组合键新建合成"分镜二"，将"宽度"设置为"720"px，"高度"设置为"576"px，"像素长宽比"设置为"方形像素"，"帧速率"设置为"25"帧/秒，"持续时间"设置为12秒10帧，"背景颜色"设置为白色，单击"确定"按钮，如图3-38所示。

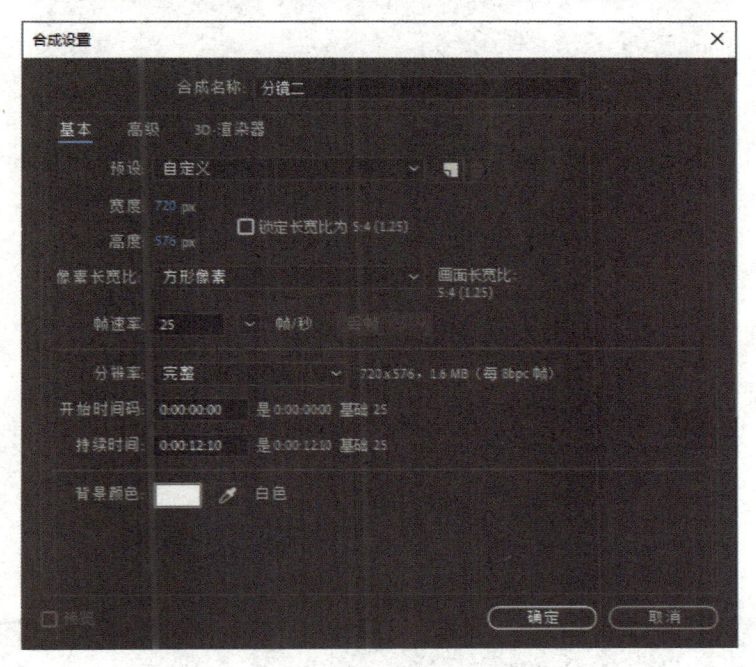

图3-38 "合成设置"对话框

（2）在"项目"窗口中将合成"分镜一"拖到时间轴面板中作为一个素材层，从而实现合成的嵌套。在"项目"窗口中将素材"海水.mp4"拖到时间轴面板的底层，选中图层"海水.mp4"，按S键展开"缩放"属性，将"缩放"属性值设置为"244.0，244.0%"，使画面充满屏幕，如图3-39所示。

图3-39 设置图层"海水.mp4"的大小

（3）此时会发现图层"海水.mp4"在时间轴上的长度比较短，需要进行延长。在"项目"窗口中右击素材"海水.mp4"，在弹出的快捷菜单中选择"解释素材"→"主要"命令，在弹出的"解释素材：海水.mp4"对话框中，将"循环"设置为"4次"，单击"确定"按钮。在时间轴面板中将图层"海水.mp4"的出点移到最右端，如图3-40所示。

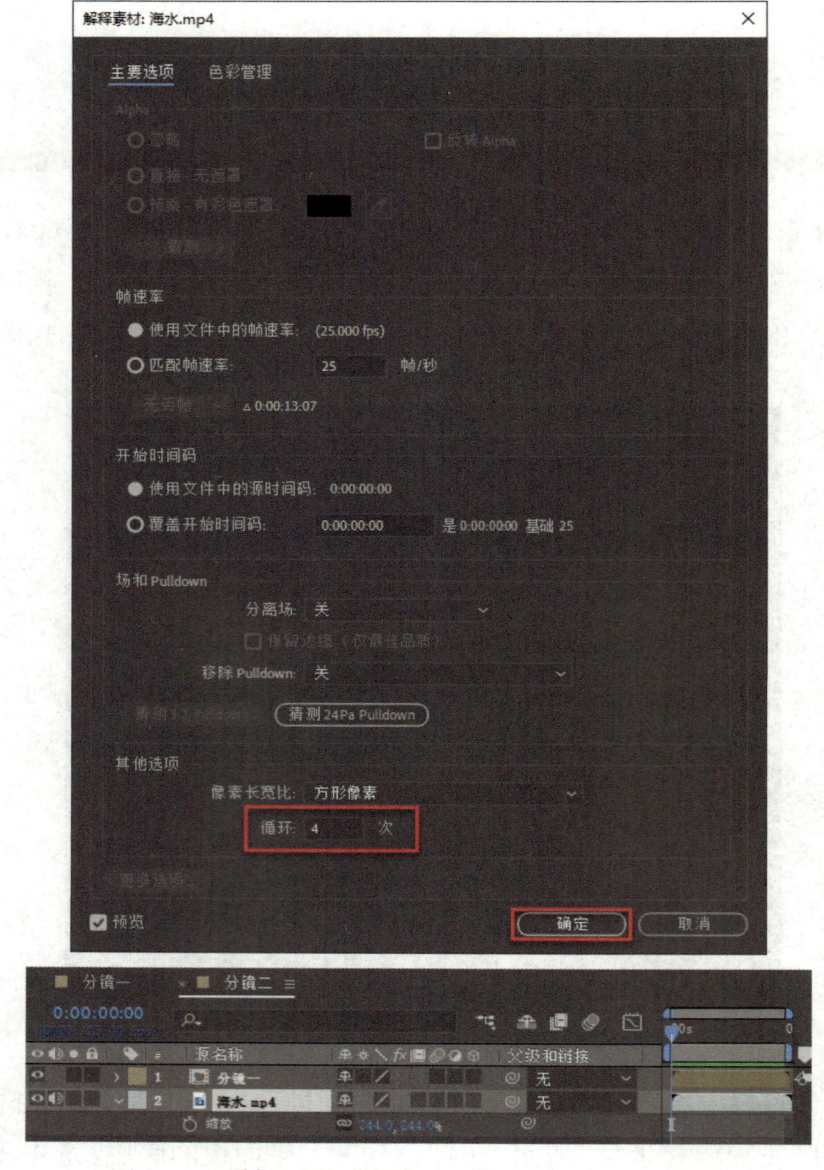

图 3-40 延长图层"海水.mp4"在时间轴上的长度

（4）将时间轴指针移到第 4 秒处，选中图层"分镜一"，按 R 键展开"旋转"属性，单击"旋转"属性左侧的钟表按钮，启动关键帧。将时间轴指针移到第 5 秒 18 帧处，将"旋转"属性值设置为"1x+0.0°"，这样就制作出 4 张图片围绕同一个中心点做旋转的动画，如图 3-41 所示。

图 3-41 制作嵌套的合成图层的旋转动画

任务三　制作画面跟进压缩动画

（1）将素材"菜5.jpg""菜6.jpg""菜7.jpg""菜8.jpg"拖到时间轴面板的顶层，选中这4个图层，按S键展开"缩放"属性，单击"约束比例"按钮 解除长宽比的锁定，将它们的"缩放"属性的 X 轴数值均设置为92%，这样就使得图片的宽度与"合成"窗口的宽度一致。锁定图层"分镜一"和"海水.mp4"，如图3-42所示。

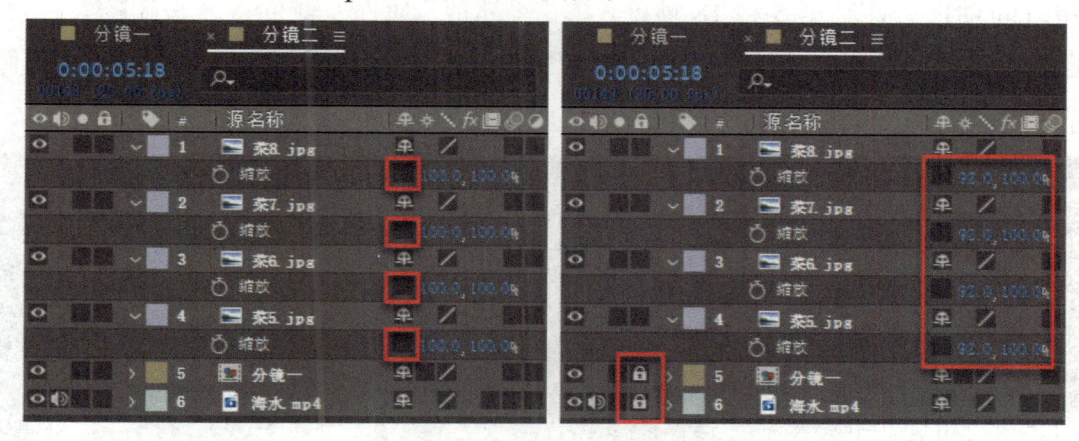

图3-42　调整4个图层的"缩放"属性

（2）隐藏图层"菜6.jpg""菜7.jpg""菜8.jpg"，选中图层"菜5.jpg"，在工具箱中选择向后平移（锚点）工具 ，在"合成"窗口的画面中心将该图层的轴心点移到"合成"窗口的左侧，如图3-43所示。

图3-43　改变图层"菜5.jpg"的轴心点位置

使用相同的操作方法，分别将图层"菜6.jpg""菜7.jpg""菜8.jpg"的轴心点移到"合成"窗口的左侧，如图3-44所示。

图 3-44 改变图层"菜 6.jpg""菜 7.jpg""菜 8.jpg"的轴心点位置

（3）隐藏图层"菜 6.jpg""菜 7.jpg""菜 8.jpg"，只显示图层"菜 5.jpg"。选中图层"菜 5.jpg"，将时间轴指针移到第 5 秒 18 帧处，单击"缩放"属性左侧的钟表按钮 ，启动关键帧。将时间轴指针移到第 6 秒 3 帧处，将"缩放"属性的 X 轴数值设置为 23%，制作出画面从右向左进行压缩的动画，如图 3-45 所示。

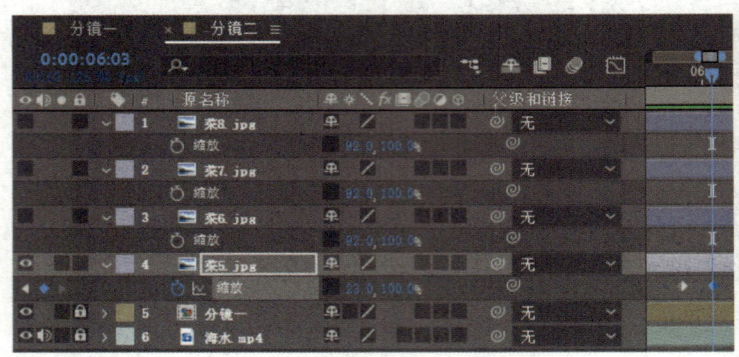

图 3-45 制作图层"菜 5.jpg"的画面压缩的动画

（4）将时间轴指针移到第 5 秒 18 帧处，选中图层"菜 5.jpg""菜 6.jpg""菜 7.jpg""菜 8.jpg"，按 Alt+[组合键将这些图层的入点移到时间轴指针处，如图 3-46 所示。

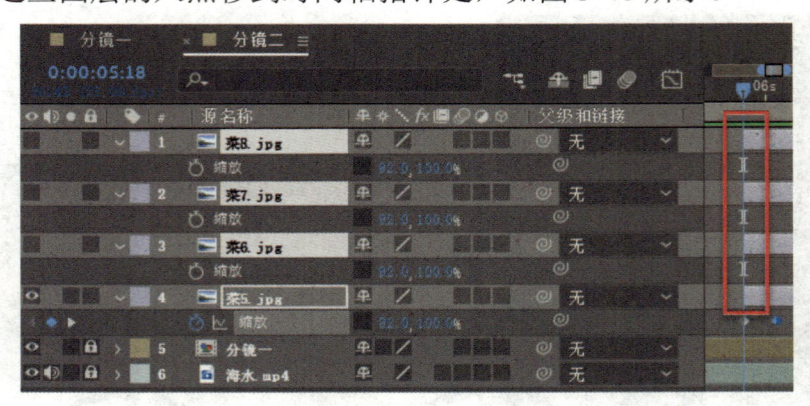

图 3-46 设置 4 个图层的入点

（5）恢复图层"菜 6.jpg"的显示状态，展开图层"菜 6.jpg"的属性，将"合成"窗口的显示比例调小，使得能够看到"合成"窗口以外的区域。将时间轴指针移到第 5 秒 18 帧处，调整该图层"位置"属性的 X 轴数值，使得该图层的画面移到"合成"窗口的右侧，并与图层"菜 5.jpg"画面右端相连接，如图 3-47 所示。

项目三 复杂关键帧动画制作《新春拜年短视频》

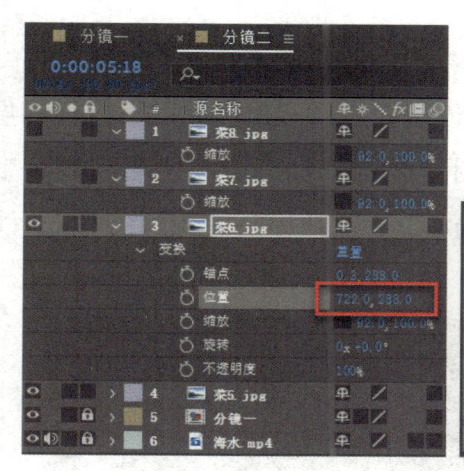

图 3-47 调整图层"菜 6.jpg"的位置

（6）单击图层"菜 6.jpg"的"位置"属性左侧的钟表按钮■，启动关键帧。将时间轴指针移到第 6 秒 3 帧处，调整"位置"属性的 X 轴数值，使得该图层画面与图层"菜 5.jpg"画面右侧相连接，如图 3-48 所示。拖动时间轴指针观看图片压缩及跟进动画是否符合要求，并根据实际情况进行微调，直到效果满意为止。

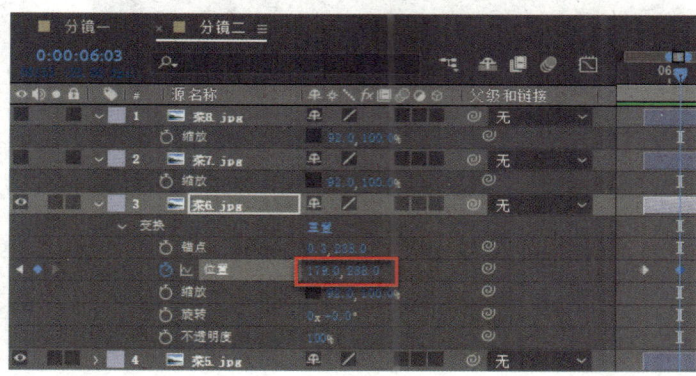

图 3-48 设置图层"菜 6.jpg"的位置动画

（7）将时间轴指针移到第 6 秒 3 帧处，单击图层"菜 6.jpg"的"缩放"属性左侧的钟表按钮■，启动关键帧。将时间轴指针移到第 6 秒 13 帧处，将"缩放"属性的 X 轴数值设置为 23%，制作出图层"菜 6.jpg"位置跟进并被压缩的动画，如图 3-49 所示。

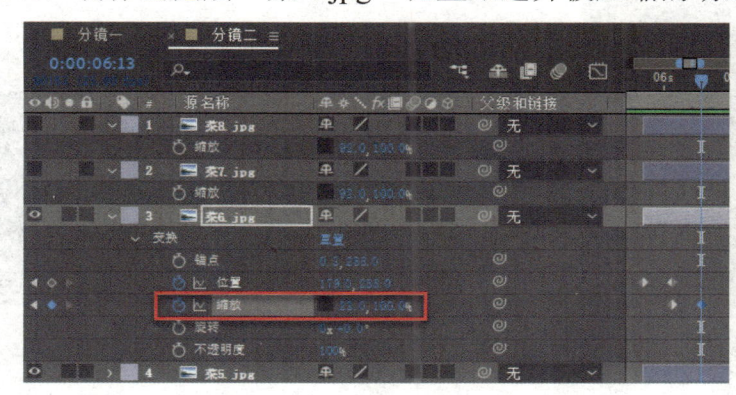

图 3-49 制作图层"菜 6.jpg"的跟进压缩动画

（8）将时间轴指针移到第 5 秒 18 帧处，选中图层"菜 6.jpg"的"变换"选项，按 Ctrl+C 组合键进行属性复制。选中图层"菜 7.jpg"，按 Ctrl+V 组合键进行属性粘贴。这样图层"菜 6.jpg"的"变换"选项下的所有属性都被复制粘贴到图层"菜 7.jpg"上，使图层"菜 7.jpg"有了相同的跟进压缩动画。恢复图层"菜 7.jpg"的显示状态，将时间轴指针移到第 6 秒 3 帧处，拖动图层"菜 7.jpg"整体向右移动，使得其入点到时间轴指针处，如图 3-50 所示。

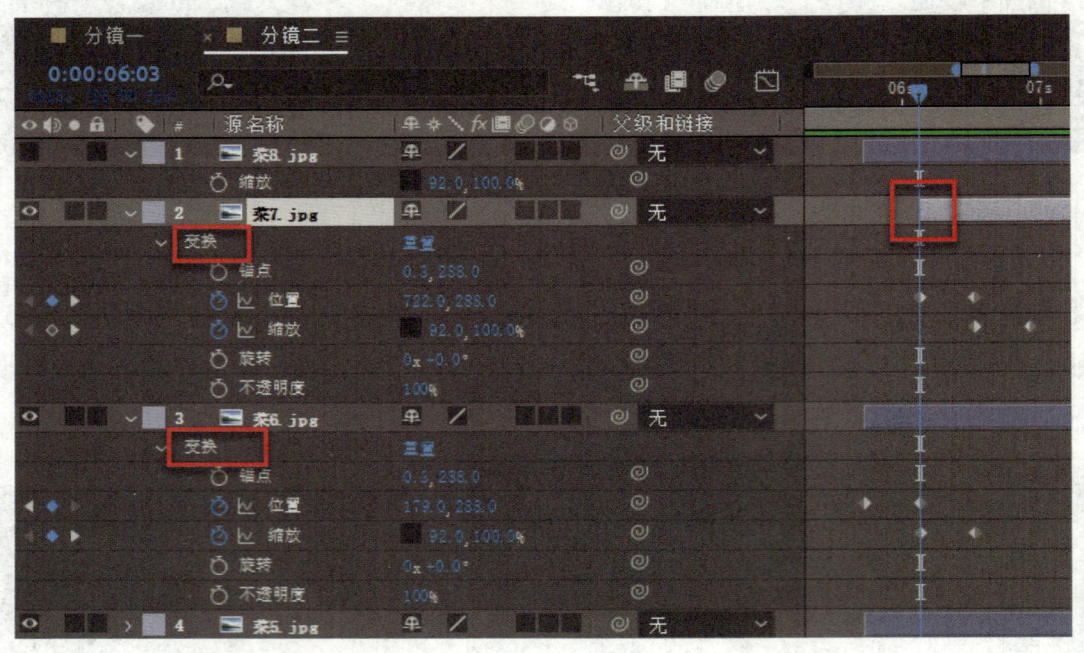

图 3-50　复制图层属性并调整图层"菜 7.jpg"的入点

（9）此时拖动时间轴指针会发现，图层"菜 7.jpg"跟进压缩动画的时间节奏正确，但移动位置有问题，与图层"菜 6.jpg"的位置重叠，需要进行调整。将时间轴指针移到第 6 秒 3 帧处，框选图层"菜 7.jpg"的"位置"属性的两个关键帧，将鼠标指针移到"位置"属性的 X 轴数值上，按住鼠标左键拖动改变数值，同时观看"合成"窗口，让该图片画面左侧与图层"菜 6.jpg"画面右侧相连接，如图 3-51 所示。拖动时间轴指针观看动画效果是否正确。

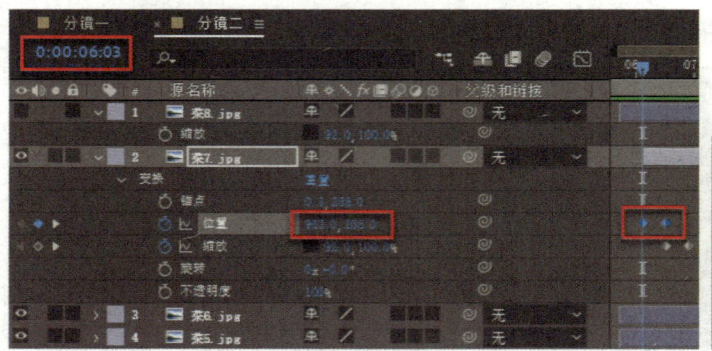

图 3-51　调整图层"菜 7.jpg"的"位置"属性

> **注意**
>
> 当选中图层的某个属性的两个关键帧，并将鼠标指针移到该属性数值上按住鼠标左键拖动改变数值时，两个关键帧会同时增加（或减少）相同的数值。利用这个方法可以对关键帧动画进行整体调整。

（10）恢复图层"菜8.jpg"的显示，展开图层"菜8.jpg"的属性。将时间轴指针移到第6秒13帧处，将图层"菜8.jpg"的入点调整到时间轴指针处。选中图层"菜7.jpg"的"变换"选项，按Ctrl+C组合键进行属性复制。选中图层"菜8.jpg"，按Ctrl+V组合键进行属性粘贴，如图3-52所示。这样就将跟进压缩动画复制到图层"菜8.jpg"上。

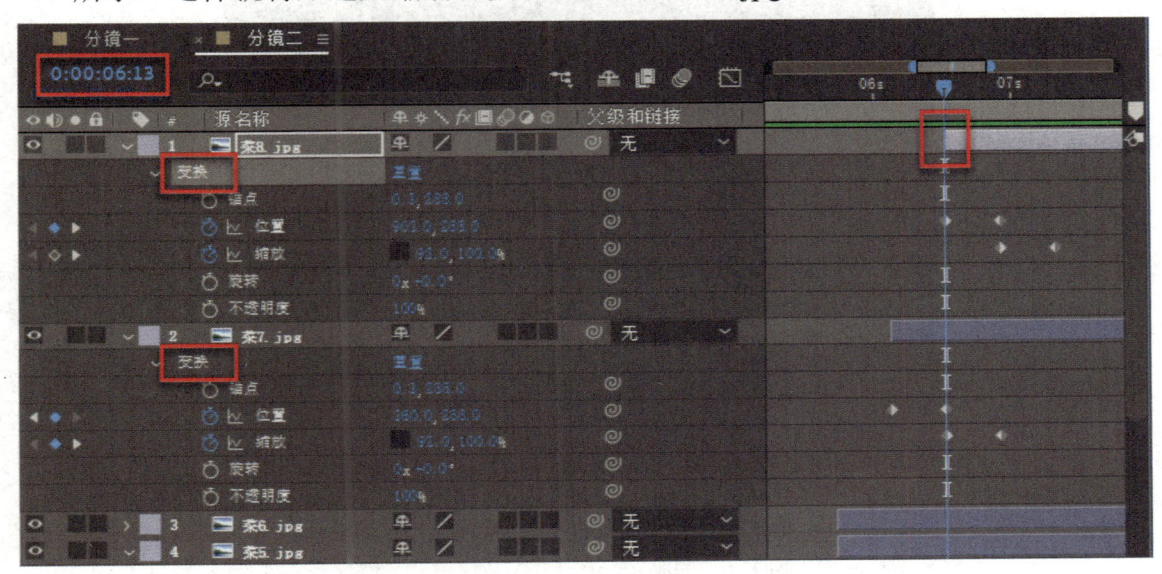

图3-52　将图层"菜7.jpg"的属性复制粘贴到图层"菜8.jpg"上

（11）框选图层"菜8.jpg"的"位置"属性的两个关键帧，在"位置"属性的 X 轴数值上按住鼠标左键拖动改变数值，同时观看"合成"窗口，让该图层画面左侧与图层"菜7.jpg"画面右侧相连接，如图3-53所示。拖动时间轴指针观看动画效果是否正确。

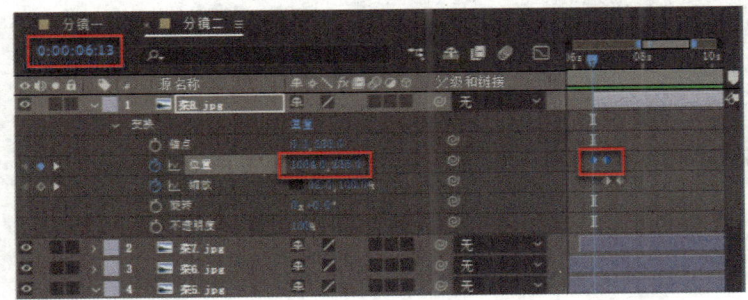

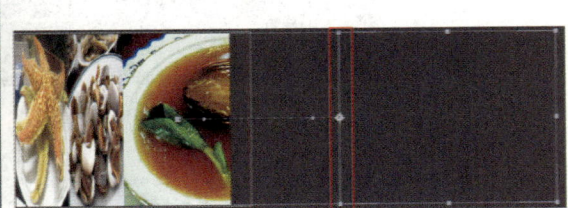

图3-53　调整图层"菜8.jpg"的"位置"属性

任务四　添加轨迹遮罩

（1）按 Ctrl+N 组合键新建合成"标题"，将"宽度"设置为"720"px，"高度"设置为"576"px，"像素长宽比"设置为"方形像素"，"帧速率"设置为"25"帧/秒，"持续时间"设置为 5 秒 10 帧，"背景颜色"设置为白色，单击"确定"按钮，如图 3-54 所示。

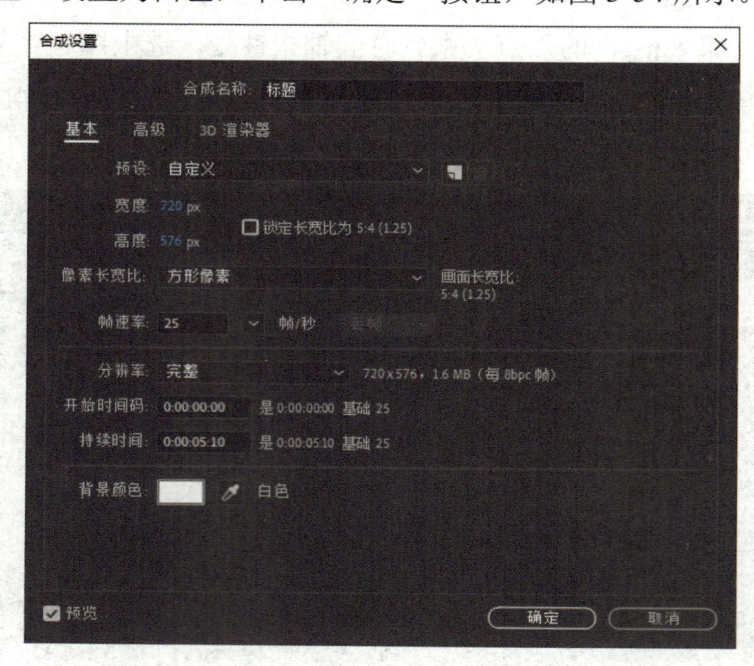

图 3-54　"合成设置"对话框

（2）在"项目"窗口中将素材"标题.psd"和"餐桌.jpg"拖到时间轴面板中，选中图层"餐桌.jpg"，按 S 键展开"缩放"属性，将"缩放"属性值设置为"207.0, 207.0%"，使得画面充满屏幕，如图 3-55 所示。

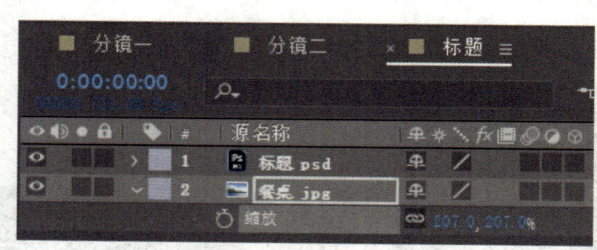

图 3-55　调整图层"餐桌.jpg"的"缩放"属性

（3）切换到合成"分镜二"，在"项目"窗口中将素材"TrackMatte.mp4"、合成"标题"和素材"Track02.wav"拖到时间轴面板中，用于轨迹遮罩的"TrackMatte.mp4"放在顶层，背景音乐"Track02.wav"放在底层。选中图层"TrackMatte.mp4"，按 S 键展开"缩放"属性，将"缩放"属性值设置为"187.0, 187.0%",使其画面满屏。将时间轴指针移到第 7 秒 9 帧处,选中图层"TrackMatte.mp4"和"标题",将其整体向右移动,使图层入点在时间轴指针处,如图 3-56 所示。

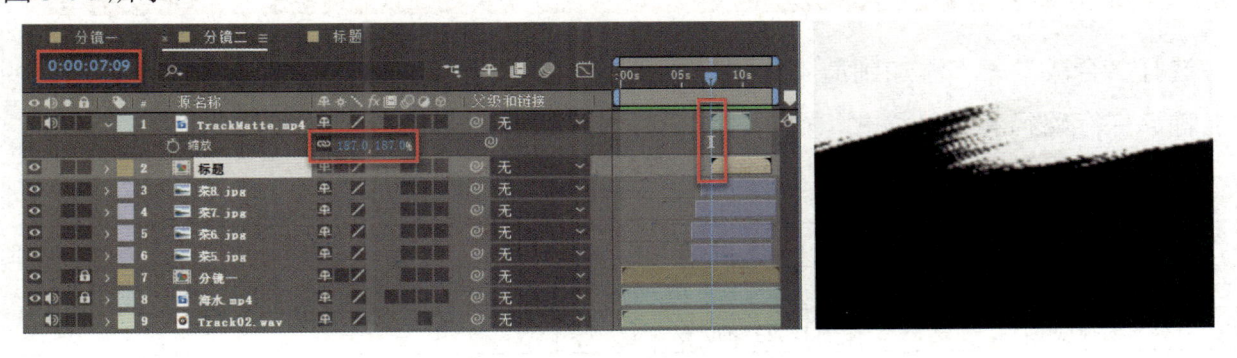

图 3-56　在时间轴面板中排列素材

(4)选中图层"标题",按 Ctrl+D 组合键复制该图层,将图层"标题"的入点与图层"TrackMatte.mp4"的出点对齐,如图 3-57 所示。

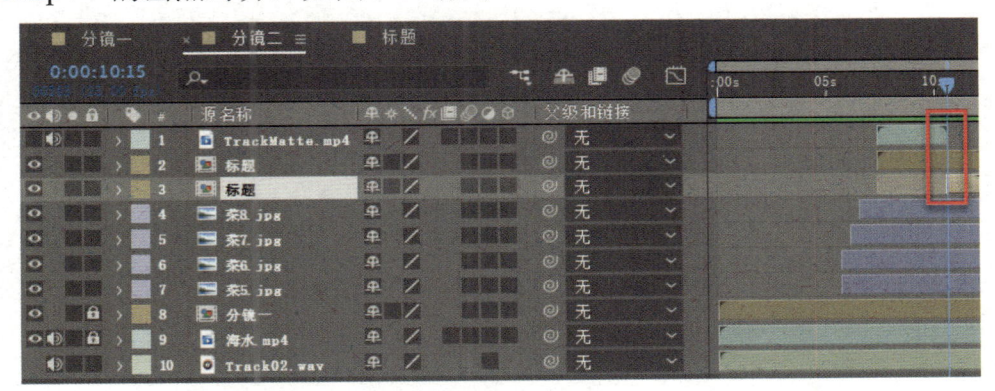

图 3-57　复制图层"标题"并调整图层入点

(5)单击时间轴面板左下角的第 2 个按钮，时间轴面板中显示出轨道遮罩控制栏。单击图层"标题"的轨道遮罩(TrkMat)控制栏的下拉按钮,在弹出的下拉列表中选择"亮度遮罩'TrackMatte.mp4'"选项,如图 3-58 所示。利用亮度信息进行遮罩,从而制作笔刷刷过的转场效果,其画面效果如图 3-59 所示。

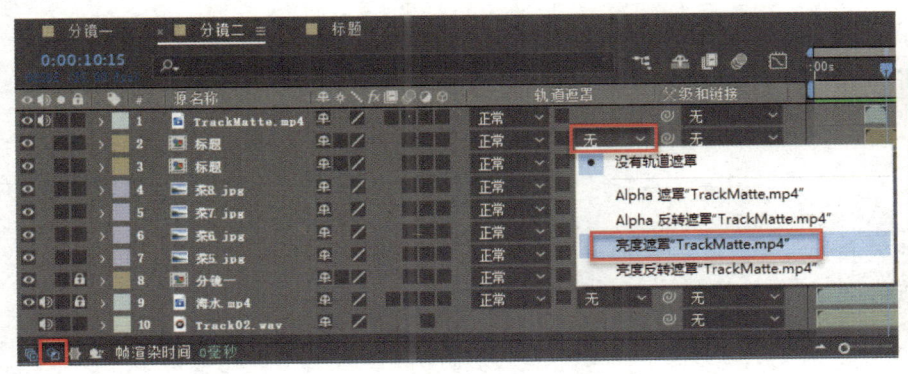

图 3-58　设置轨道遮罩的参数　　　　图 3-59　轨道遮罩的画面效果

任务五　渲染输出

选择"合成"→"添加到渲染队列"命令，在打开的"渲染队列"面板中，指定渲染的文件名称、保存路径和渲染格式，单击"渲染"按钮进行渲染输出。

项目评价反馈表

技 能 名 称	配分/分	评 分 要 点	学 生 自 评	小 组 互 评	教 师 评 价
父子关系	2	掌握设置的方法			
设置对象的轴心点	2	掌握设置的方法			
合成的嵌套	2	掌握设置的方法			
轨道遮罩	2	掌握设置的方法			
项目总体评价					

项目四

三维图层的合成《家居摆件》

项目描述

AE 2022 不仅具有二维动画合成功能，其三维空间的动画合成功能也非常强大。本项目将展示 5 款家居摆件，并通过展开与折叠 5 张家居摆件的图片来讲解 AE 三维图层动画合成的制作方法和技巧。《家居摆件》的制作效果如图 4-1 所示。

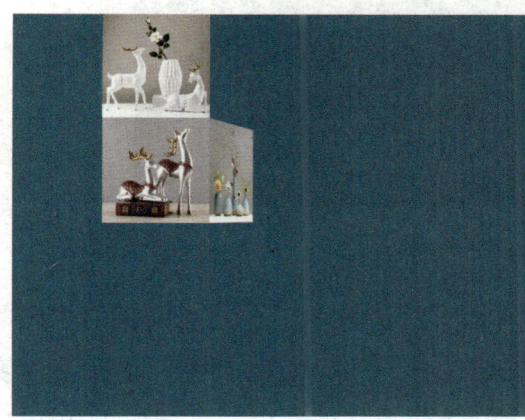

图 4-1 《家居摆件》的制作效果

学习目标

1. 知识目标：掌握 AE 三维图层的属性设置方法；掌握空对象的使用方法。
2. 技能目标：能通过对三维图层的属性设置，实现关键帧动画的制作。

项目分析

该项目首先将 5 张家居摆件的图片进行排列；然后确定各图片折叠的轴，改变其锚点的位置，通过对三维属性关键帧动画的制作，完成折叠图片的动画；最后通过反转动画，完成创意产品的展开、折叠动画。

项目实施

（1）按 Ctrl+N 组合键新建合成，将"宽度"设置为"720"px，"高度"设置为"576"px，"像素长宽比"设置为"方形像素"，"帧速率"设置为"25"帧/秒，"持续时间"设置为 5 秒，"背景颜色"设置为深青色 RGB（0, 114, 130），单击"确定"按钮，如图 4-2 所示。

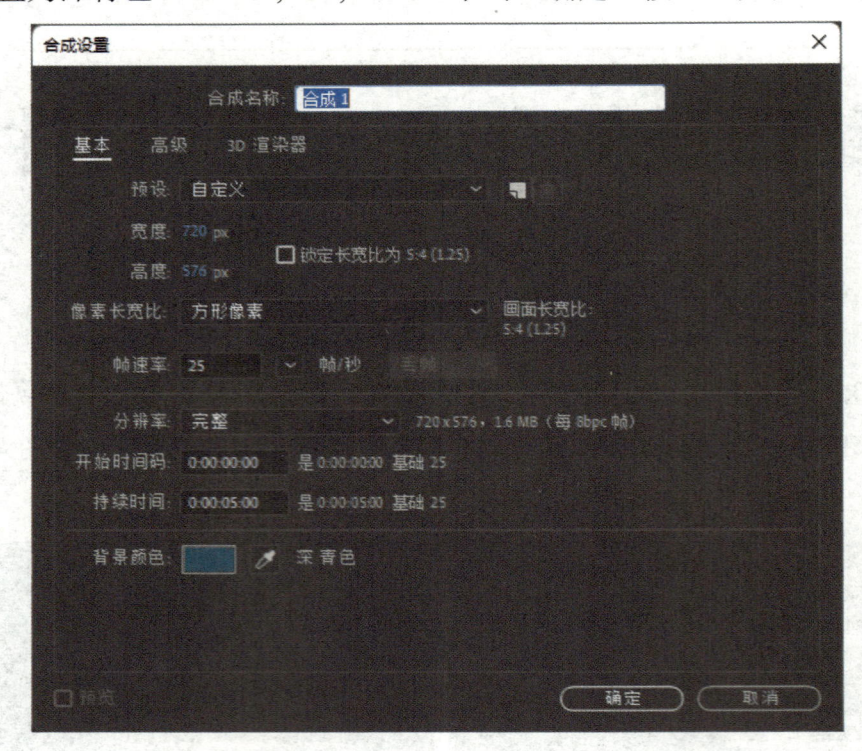

图 4-2 "合成设置"对话框

（2）双击"项目"窗口的空白处，导入 5 张家居摆件图片，并拖到时间轴面板中。在"项目"窗口中，通过单击不同的图片可以观察到，这些图片的大小都是 150 像素×150 像素，此处可以利用"位置"属性值来调整 5 张图片的位置。其"位置"属性值及排列效果如图 4-3 所示。

图 4-3 5 张图片的"位置"属性值及排列效果

图4-3　5张图片的"位置"属性值及排列效果（续）

（3）选中5个图层，单击"三维开关"按钮，将图层变为三维图层，如图4-4所示。

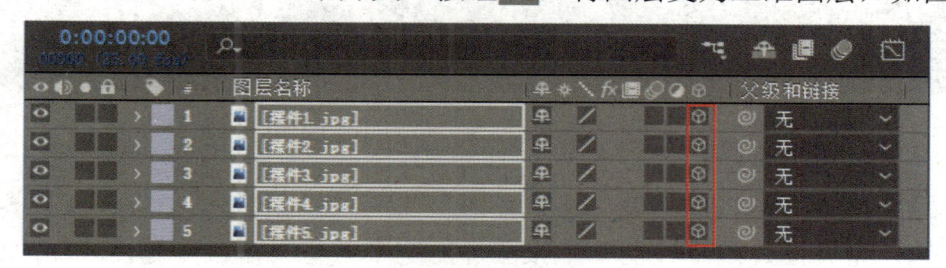

图4-4　将图层变为三维图层

（4）改变各图片的锚点位置。展开图层"摆件5.jpg"的属性，将"锚点"属性的X轴数值改为0，此时图片的轴心点移到图片左侧，整张图片向右移动了半张图片的宽度。将"位置"属性的X轴数值减去半张图片宽度75变为425，此时图片回到原位置，但其轴心点位于图片的左侧，如图4-5所示。

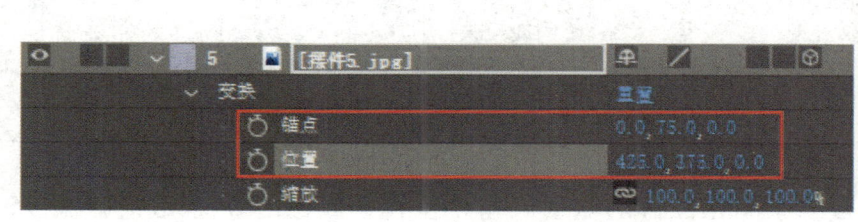

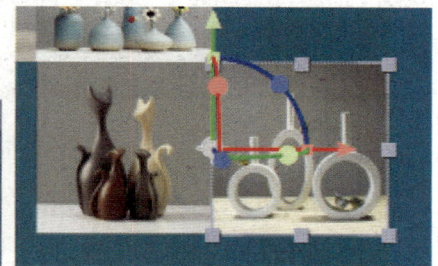

图4-5　设置图层"摆件5.jpg"的属性

（5）展开图层"摆件4.jpg"的属性，将"锚点"属性的Y轴数值改为0，此时图片轴心点移到图片的上侧，整张图片向下移动了半张图片宽度。将"位置"属性的Y轴数值减去75变为300，此时图片回到原位置，但其轴心点位于图片的上侧，如图4-6所示。

（6）展开图层"摆件3.jpg"的属性，将"锚点"属性的X轴数值改为0，此时图片轴心点移到图片的左侧，整张图片向右移动了半张图片宽度。将"位置"属性的X轴数值减去75变为275，此时图片回到原位置，但其轴心点位于图片的左侧，如图4-7所示。

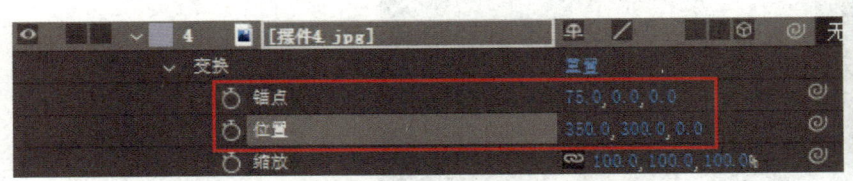

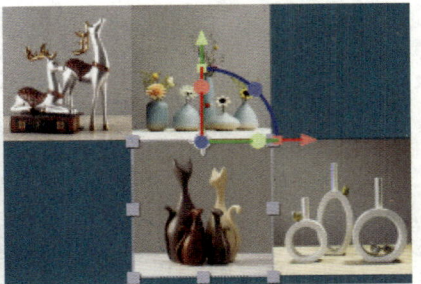

图4-6 设置图层"摆件4.jpg"的属性

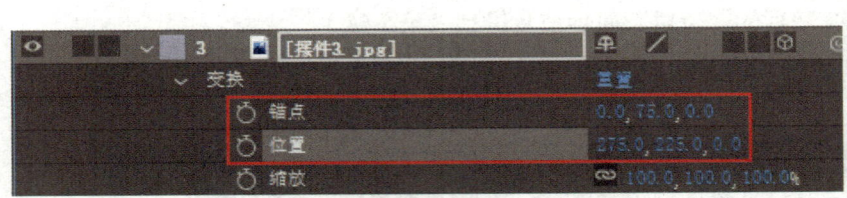

图4-7 设置图层"摆件3.jpg"的属性

（7）展开图层"摆件2.jpg"的属性，将"锚点"属性的Y轴数值改为0，此时图片轴心点移到图片的上侧，整张图片向下移动了半张图片的宽度。将"位置"属性的Y轴数值减去75变为150，此时图片回到原位置，但其轴心点位于图片的上侧，如图4-8所示。

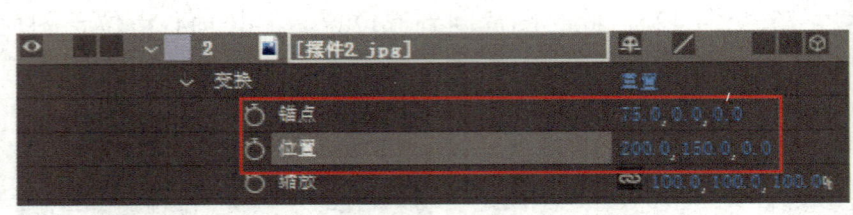

图4-8 设置图层"摆件2.jpg"的属性

（8）展开图层"摆件1.jpg"的属性，将"锚点"属性的Y轴数值改为0，此时图片轴心点移到图片的上侧，整张图片向下移动了半张图片的宽度。将"位置"属性的Y轴数值减去75变为0，此时图片回到原位置，但其轴心点位于图片的上侧，如图4-9所示。

图4-9 设置图层"摆件1.jpg"的属性

（9）此时5张图片的轴心点位置如图4-10所示。

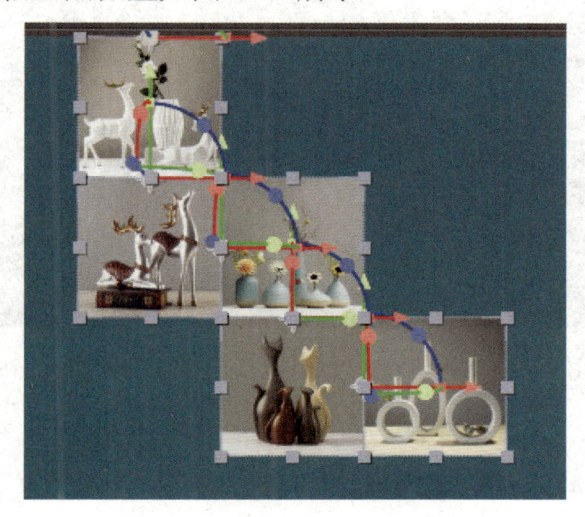

图 4-10 5张图片的轴心点位置

（10）制作图片的折叠动画。先选择图层"摆件5.jpg"，按R键展开它的"旋转"属性，将时间轴指针移到第0帧处，启动"Y轴旋转"属性关键帧；再将时间轴指针移到第10帧处，将"Y轴旋转"属性值设置为"0x-170.0°"。先将时间轴指针移到第6帧处，启动"不透明度"属性关键帧，再将时间轴指针移到第8帧处，将"不透明度"属性值设置为"0%"，制作图片"摆件5.jpg"向后折叠的动画，如图4-11所示。

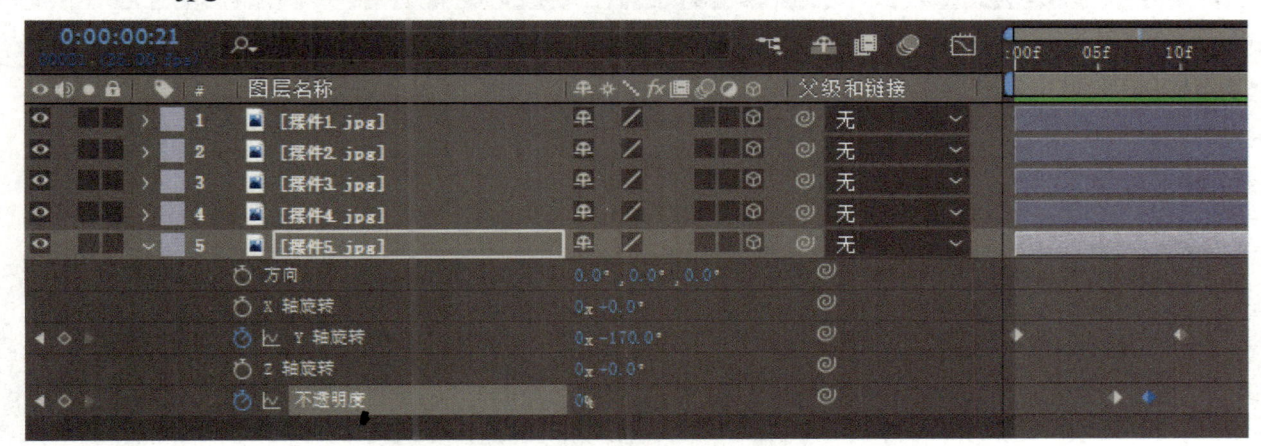

图 4-11 制作图片"摆件5.jpg"向后折叠的动画

（11）先选择图层"摆件4.jpg"，按R键展开它的"旋转"属性，将时间轴指针移到第10帧处，启动"X轴旋转"属性关键帧；再将时间轴指针移到第20帧处，将"X轴旋转"属性值设置为"0x+170.0°"。先将时间轴指针移到第16帧处，启动"不透明度"属性关键帧，再将时间轴指针移到第18帧处，将"不透明度"属性值设置为"0%"，制作图片"摆件4.jpg"向后折叠的动画，如图4-12所示。

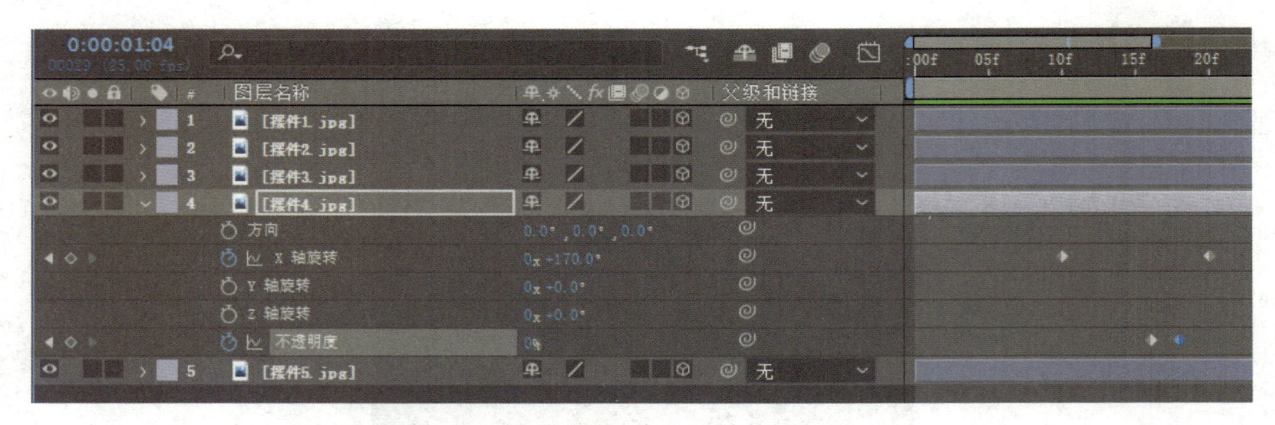

图 4-12 制作图片"摆件 4.jpg"向后折叠的动画

（12）依照步骤（10）、（11）的操作方法，制作出图片"摆件 3.jpg""摆件 2.jpg""摆件 1.jpg"的折叠动画，如图 4-13～图 4-15 所示。

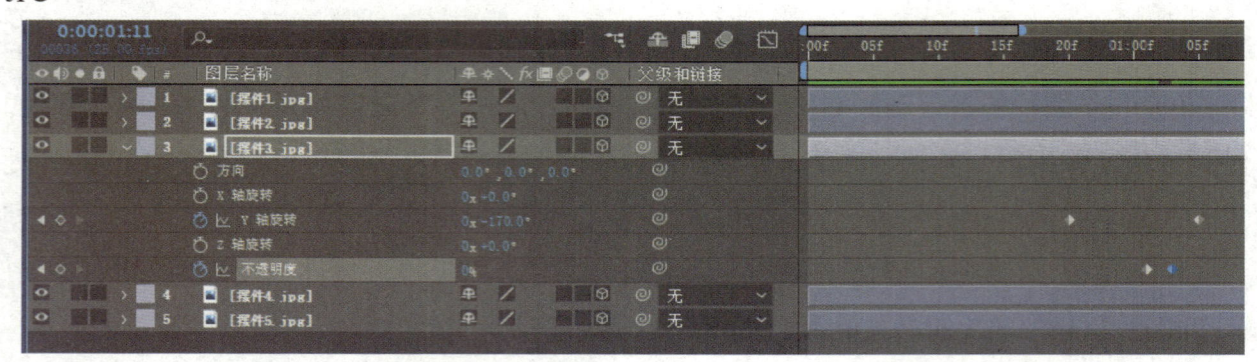

图 4-13 制作图片"摆件 3.jpg"的折叠动画

图 4-14 制作图片"摆件 2.jpg"的折叠动画

图 4-15 制作图片"摆件 1.jpg"的折叠动画

（13）按 Ctrl+N 组合键新建合成"家居摆件"，将"宽度"设置为"720"px，"高度"设置为"576"px，"像素长宽比"设置为"方形像素"，"帧速率"设置为"25"帧/秒，"持续时间"设置为 5 秒，"背景颜色"设置为深青色 RGB（0, 114, 130），如图 4-16 所示。

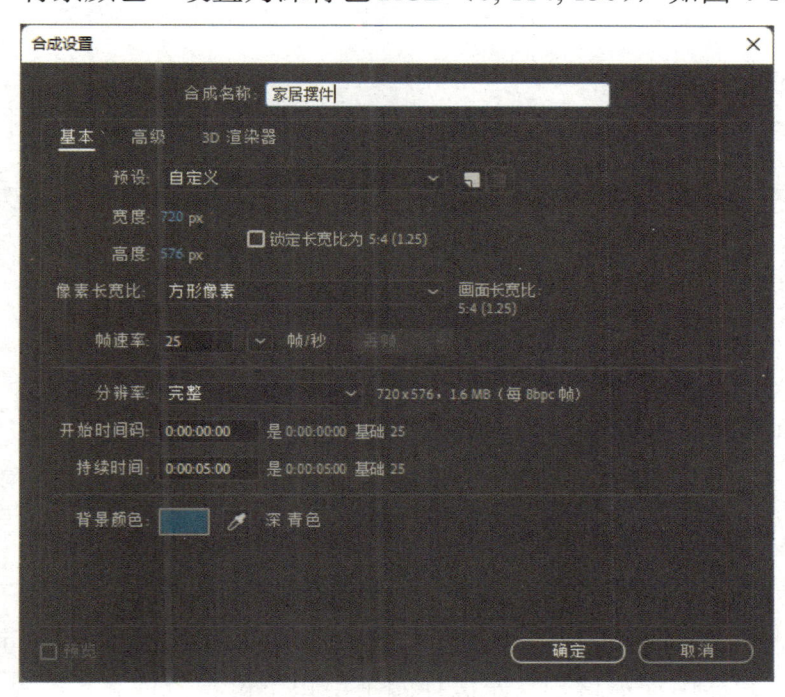

图 4-16 设置合成"家居摆件"的参数

（14）在"项目"窗口中将素材"合成 1"拖入合成"家居摆件"的时间轴面板中，选中图层"合成 1"，按 Ctrl+Alt+R 组合键，反转图层，使该图层反向播放。将时间轴指针移到第 3 秒处，按住鼠标左键拖动图层的开始位置，将图层入点移到时间轴指针处，使图层"合成 1"保留了 3~5 秒的有效动画区域。将时间轴指针移到第 0 帧，按[键，使图层"合成 1"整体移到左端，将图层入点与时间轴指针对齐。在"项目"窗口中将素材"合成 1"拖到时间轴面板的底层，将时间轴指针移到第 2 秒处，选中底层的图层"合成 1"，按[键，使该图层整体右移，将图层入点与时间轴指针对齐，如图 4-17 所示。

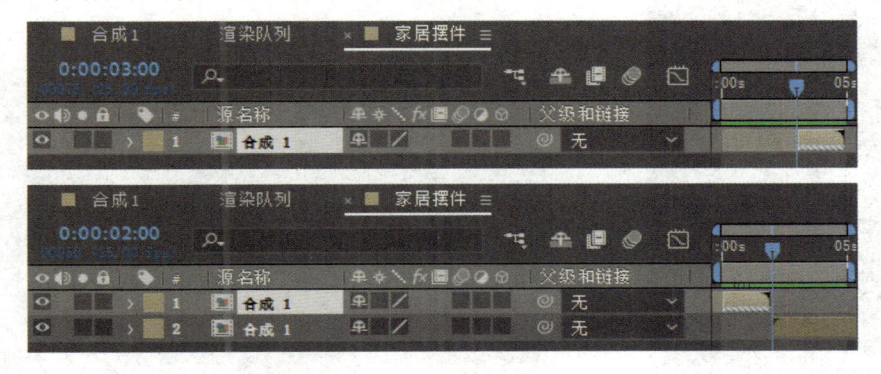

图 4-17 调整图层的入点

（15）按 Space 键进行预览测试，将时间轴右侧的渲染区域滑块拖到第 4 秒处，选择"合成"→"添加到渲染队列"命令，在打开的"渲染队列"面板中，指定渲染的文件名称、保存路径和渲染格式，单击"渲染"按钮进行渲染输出。

相关知识

1. 三维空间的概念

现实世界是由 X、Y、Z 三个轴构成的三维立体空间，所有的物体都是三维对象，这是因为其具有质量，在对它进行旋转或者改变观察视角时，所观察的内容将有所不同。

2. 四种三维视图

在"合成"窗口中单击窗口底部的 活动摄像机 下拉按钮，可以看到多种视图的观察方式，如图 4-18 所示。

视图的观察方式如下。

- 活动摄像机（默认）视图：可以对 3D 对象进行操作，相当于所有摄像机的总控制台。
- 摄像机视图：相当于用户扛着一架摄像机在进行拍摄。如果需要在三维空间中进行特效合成，则最后输出的影片都是摄像机视图中所显示的影片。
- 六视图：包含立方体的六个面，使用户可以从不同角度观察三维空间中的对象。
- 自定义视图：不使用任何透视。在该视图中用户可以直观地看到对象在三维空间中的位置，而不受因透视而产生的其他影响。

3. 三维图层的属性

时间轴面板中有一列三维开关，每一个图层都有一个"三维开关"按钮。当单击图层的"三维开关"按钮 时，图层就会转为三维图层，图层的属性也会发生变化，不仅会增加 Z 轴的数据，还具有其材质属性，如图 4-19 所示。

图 4-18　视图的观察方式　　　　　　图 4-19　图层的三维属性

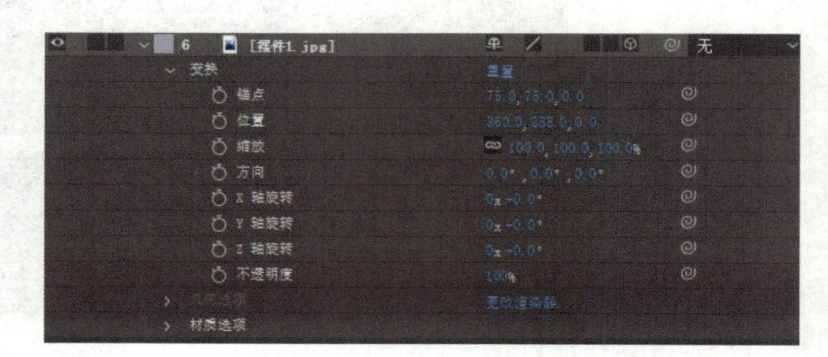

项目拓展 三维动画《蝴蝶图册》

本项目利用三维图层的合成功能制作蝴蝶翻动图册的效果,利用空对象完成整体角度的旋转。《蝴蝶图册》的制作效果如图 4-20 所示。

图 4-20 《蝴蝶图册》的制作效果

(1) 按 Ctrl+N 组合键新建合成,将"宽度"设置为"720"px,"高度"设置为"576"px,"像素长宽比"设置为"方形像素","帧速率"设置为"25"帧/秒,"持续时间"设置为 5 秒,"背景颜色"设置为黑色,如图 4-21 所示。

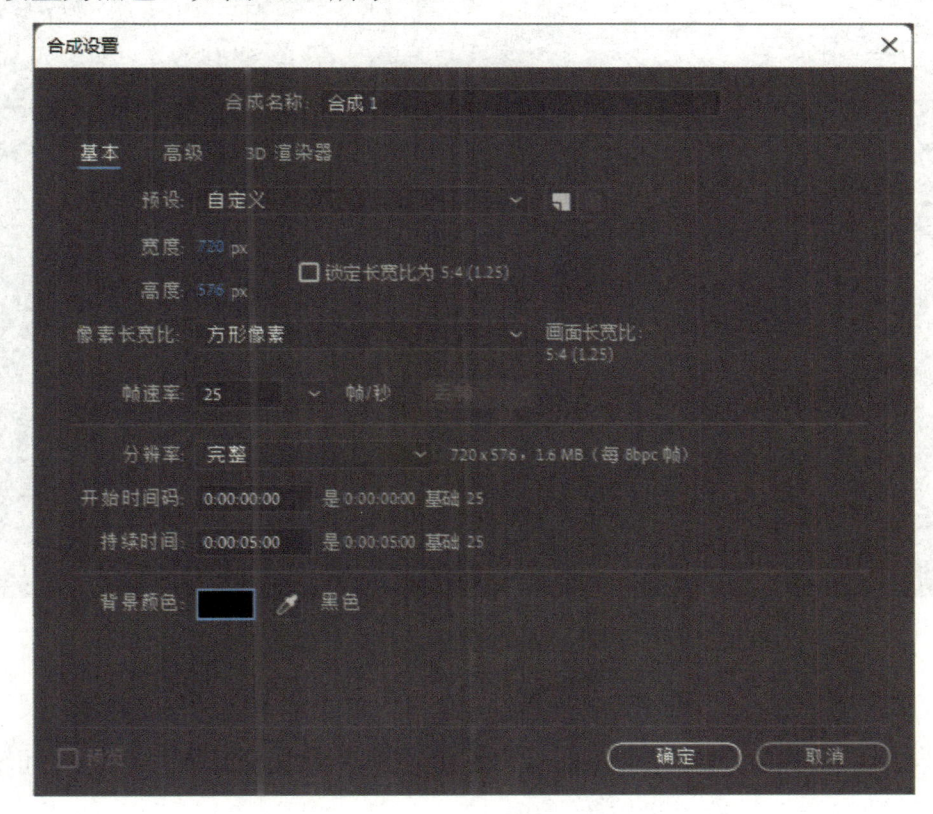

图 4-21 "合成设置"对话框

(2)双击"项目"窗口的空白处,导入所有图片素材,并将它们拖到时间轴面板中,调整图层的上下排列顺序,如图 4-22 所示。

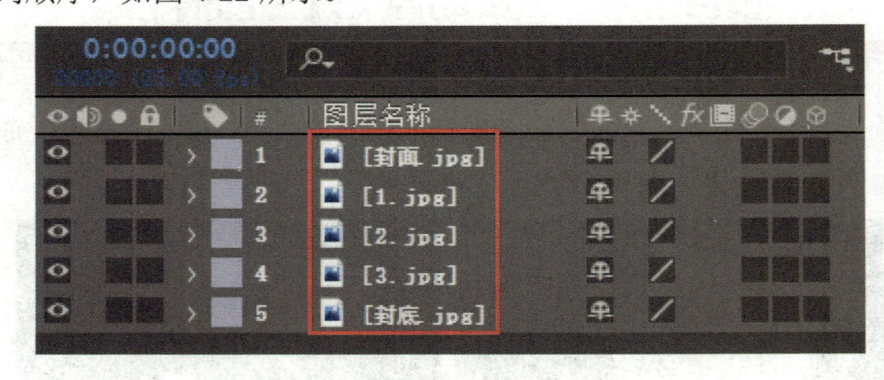

图 4-22 调整图层的上下排列顺序

(3)选中这 5 个图层,单击"三维开关"按钮,将图层变为三维图层。

(4)调整 5 张图片的轴心点。选中所有图层,按 P 键展开"位置"属性,按 Shift+A 组合键添加"锚点"属性,先将所有图层的"锚点"属性的 Y 轴数值设置为 0,再将所有图层的"位置"属性的 Y 轴数值设置为 240,如图 4-23 所示。

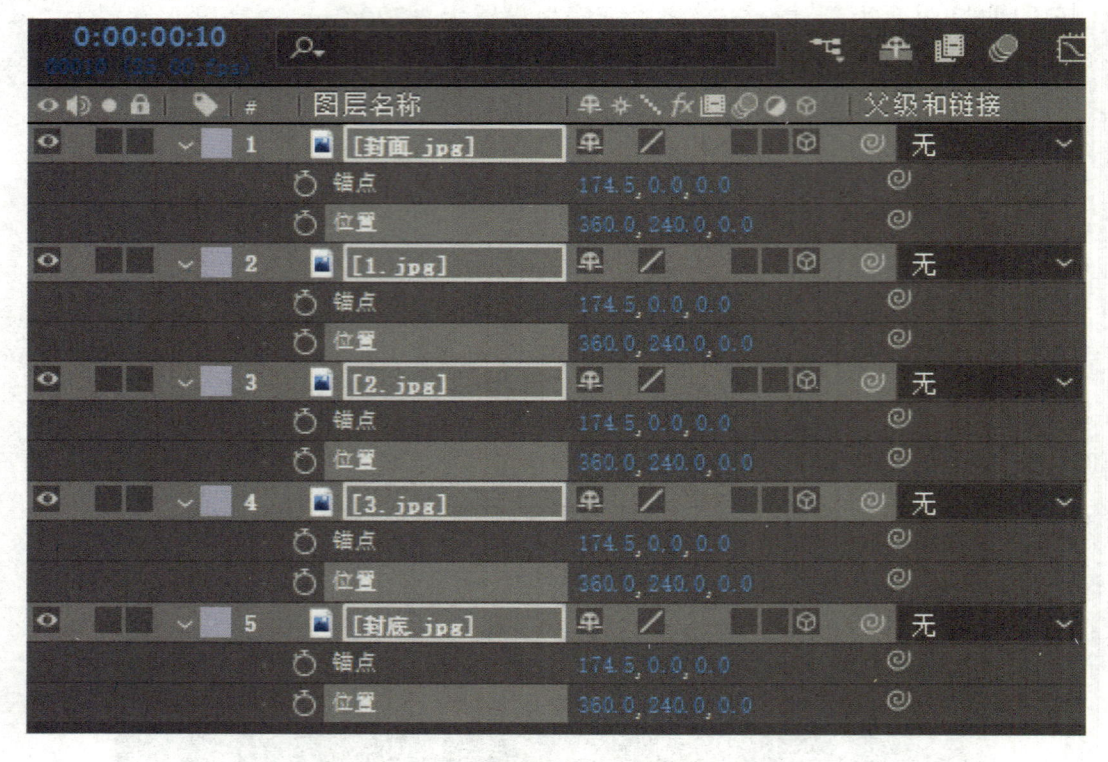

图 4-23 设置所有图层的属性值

(5)制作图层"封面.jpg"的关键帧动画。选中图层"封面.jpg",按 R 键展开"旋转"属性,先将时间轴指针移到第 0 帧处,启动"X 轴旋转"属性关键帧,再将时间轴指针移到第 10 帧处,将"X 轴旋转"属性值设置为"0x-130.0°",如图 4-24 所示。

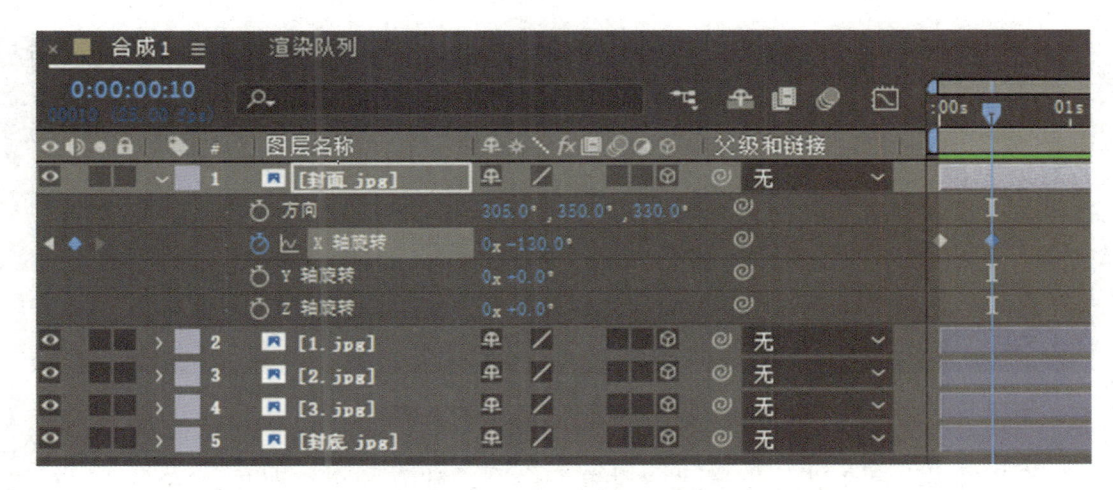

图 4-24 制作图层"封面.jpg"的关键帧动画

（6）选中图层"1.jpg"，按 R 键展开"旋转"属性，先将时间轴指针移到第 15 帧处，启动"X 轴旋转"属性关键帧，再将时间轴指针移到第 1 秒处，将"X 轴旋转"属性值设置为"0x-125.0°"，如图 4-25 所示。

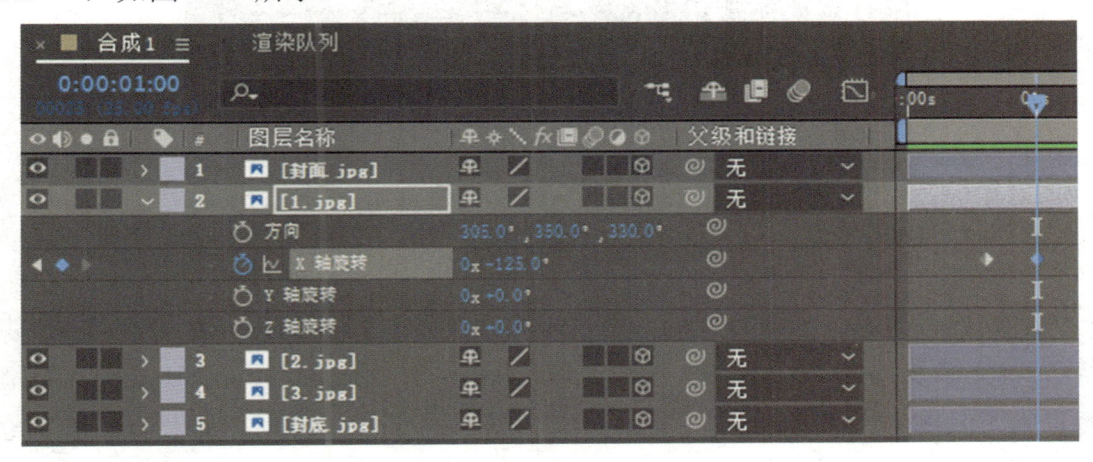

图 4-25 制作图层"1.jpg"的关键帧动画

（7）依照步骤（5）、（6）的方法，制作图层"2.jpg"和图层"3.jpg"的关键帧动画，如图 4-26 和图 4-27 所示。图层"封底.jpg"不做动画。

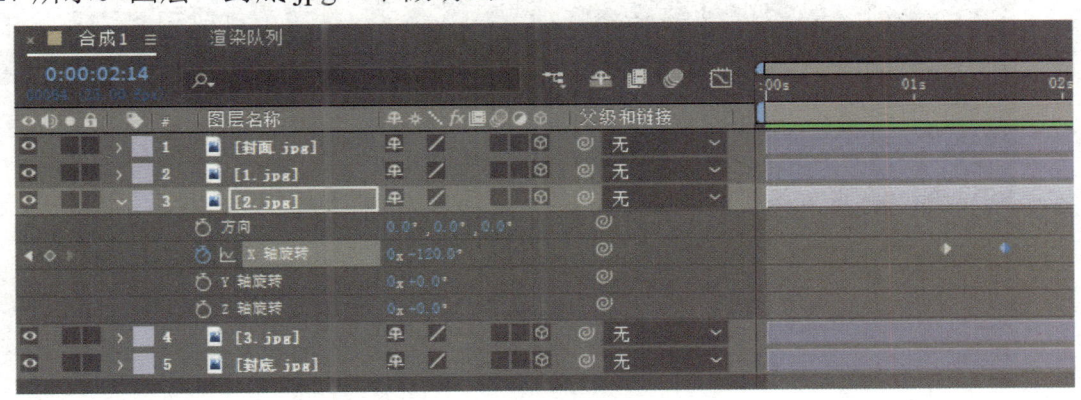

图 4-26 制作图层"2.jpg"的关键帧动画

图 4-27 制作图层"3.jpg"的关键帧动画

（8）选择"图层"→"新建"→"空对象"命令，建立一个空对象，将该图层转为 3D 图层，建立图层"封面.jpg""1.jpg""2.jpg""3.jpg""封底.jpg"与空对象之间的父子关系，其中空对象为父层，如图 4-28 所示。

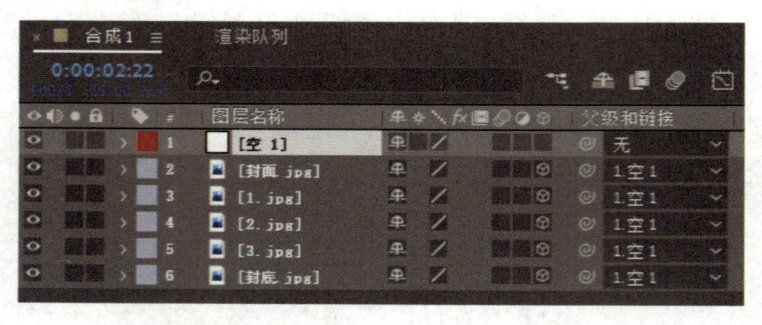

图 4-28 建立图层间的父子关系

（9）选中图层"空 1"，展开图层的属性，将"位置"属性值设置为"360.0, 340.0, 0.0"，"X 轴旋转"属性值设置为"0x-55.0°"，"Y 轴旋转"属性值设置为"0x-10.0°"，"Z 轴旋转"属性值设置为"0x-50.0°"，使图层在视图中有一定透视角度，将时间轴指针移到第 0 帧处，启动"Z 轴旋转"属性关键帧。将时间轴指针移到第 2 秒 5 帧处，将"Z 轴旋转"属性值设置为"0x-30.0°"，如图 4-29 所示。

图 4-29 设置图层"空 1"的关键帧动画

（10）将时间轴右上角的渲染区域滑块■拖到第 3 秒处，此时渲染范围为 0～3 秒。按 Space 键进行预览测试，若效果满意，则选择"合成"→"添加到渲染队列"命令，在打开的"渲染队列"面板中，指定渲染的文件名称、保存路径和渲染格式，单击"渲染"按钮进行渲染输出。

项目评价反馈表

技 能 名 称	配分/分	评 分 要 点	学 生 自 评	小 组 互 评	教 师 评 价
三维图层的属性设置	2	掌握设置的方法			
空对象的运动	2	掌握设置的方法			
改变轴心点	2	掌握设置的方法			
项目总体评价					

项目五

摄像机动画《参观画展》

项目描述

在 AE 2022 中,不仅可以将二维图层转换为三维图层,还可以将图层搭建成三维立体空间,甚至可以添加摄像机。通过制作摄像机动画,以便在三维空间中模拟真实的摄像机效果。本项目将通过摄像机动画的制作,模拟参观画展视角的改变,并详细讲解 AE 2022 摄像机动画的设置方法和技巧。《参观画展》的制作效果如图 5-1 所示。

图 5-1 《参观画展》的制作效果

学习目标

1. **知识目标**:掌握三维场景的搭建方法和多视图观察物体的方法;掌握在 AE 2022 中添加摄像机的方法;掌握摄像机视图控制工具的使用方法。

2. **技能目标**:能利用摄像机关键帧建立摄像机动画。

项目分析

该项目首先将素材依次导入 AE 2022 中,转换为三维图层,并在三维空间中进行搭建成为展厅;然后通过添加摄像机和设置摄像机的属性来完成建立参观画展视角的摄像机动画。

项目实施

（1）按 Ctrl+N 组合键新建合成，将"宽度"设置为"720"px，"高度"设置为"576"px，"像素长宽比"设置为"方形像素"，"帧速率"设置为"25"帧/秒，"持续时间"设置为 5 秒，单击"确定"按钮，如图 5-2 所示。

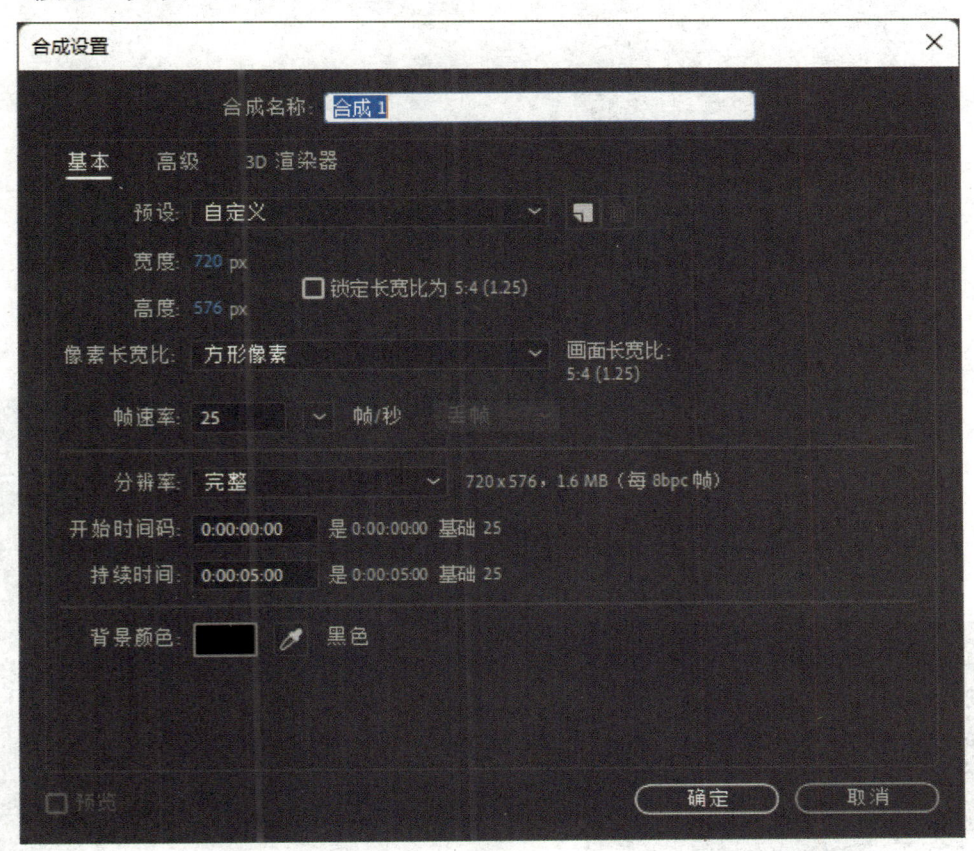

图 5-2 "合成设置"对话框

（2）双击"项目"窗口的空白处，导入素材"墙面 1.jpg"和"墙面 2.jpg"。

（3）搭建三维场景。将素材"墙面 1.jpg"和"墙面 2.jpg"拖到时间轴面板中，开启三维图层开关。单击"合成"窗口底部中间的 活动摄像__ 下拉按钮，切换到"顶部"视图。选中图层"墙面 1.jpg"，按 R 键展开"旋转"属性，将"Y 轴旋转"属性值设置为"0x-45.0°"，"位置"属性值设置为"187.0, 288.0, 0.0"。选中图层"墙面 2.jpg"，按 R 键展开"旋转"属性，将"Y 轴旋转"属性值设置为"0x+45.0°"，"位置"属性值设置为"540.0, 288.0, 0.0"，如图 5-3 所示。"顶部"视图状态如图 5-4 所示。

（4）选择"图层"→"新建"→"纯色"命令，在"纯色设置"对话框中将名称设置为"灰色 纯色 1"，"颜色"设置为灰色，单击"确定"按钮，如图 5-5 所示。使用同样的方法，新建一个纯色层作为地面，名称为"灰色 纯色 2"。

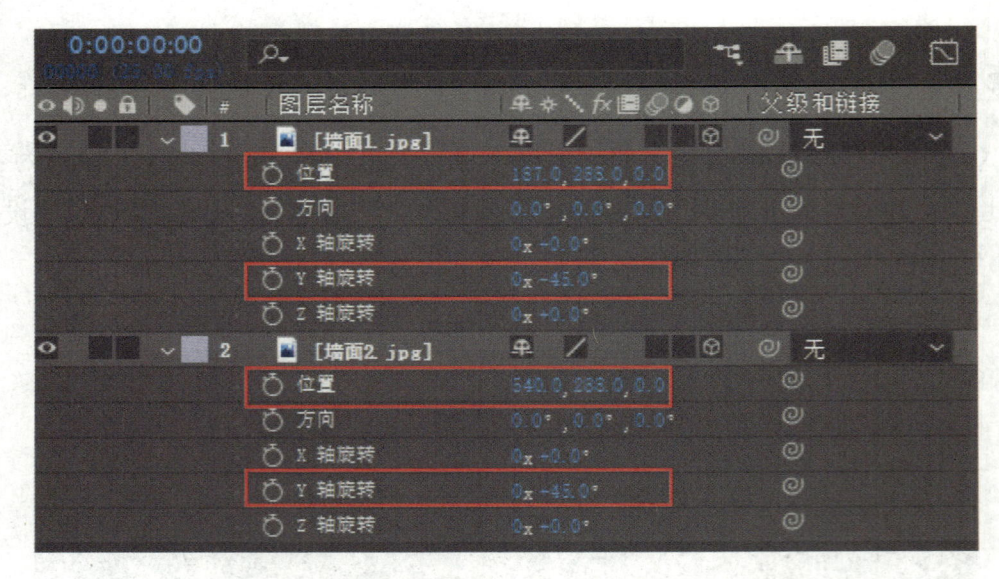

图 5-3 设置图层"墙面 1"和"墙面 2"的属性

图 5-4 "顶部"视图状态

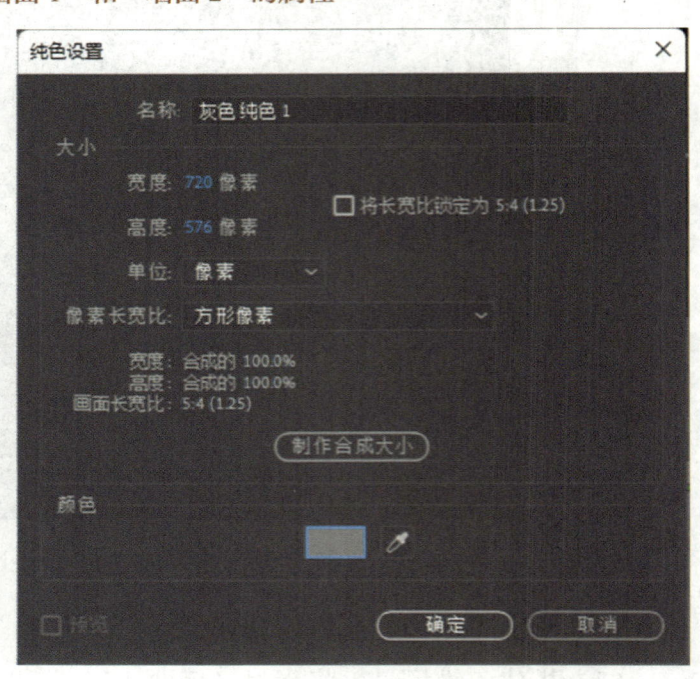

图 5-5 "纯色设置"对话框

（5）切换到"左侧"视图，选中图层"灰色 纯色 1"，开启三维图层开关，转换为三维图层。按 R 键展开"旋转"属性，将"X 轴旋转"属性值设置为"0x+90.0°"，使其水平，拖至天花板的位置，与两墙面相交。切换回"活动摄像机"视图，按 S 键展开"缩放"属性，将"缩放"属性值设置为"150.0，150.0，150.0%"，与墙面相交，以免穿帮。使用同样的方法，将图层"灰色 纯色 2"的"X 轴旋转"属性值设置为"0x+90.0°"，拖至地面位置，作为地板。将"缩放"属性值设置为"165.0，165.0，165.0%"，与墙面相交。在"合成"窗口中的效果如图 5-6 所示。

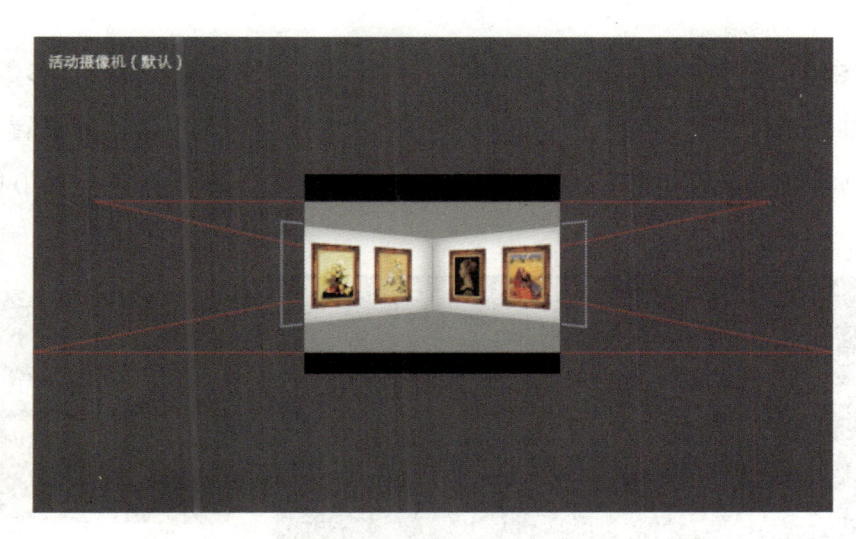

图 5-6 "活动摄像机"视图在"合成"窗口中的效果

（6）对地面进行简单装饰。选择图层"灰色 纯色 2"，选择"效果"→"生成"→"网格"命令，为地面添加"网格"特效。在"效果控件"面板中，将"颜色"设置为橙色 RGB（255, 102, 0），"混合模式"设置为"正常"。为了场景美观，选中图层"灰色 纯色 2"，按 R 键展开"旋转"属性，将"Z 轴旋转"属性值设置为"0x+45.0°"，使地面旋转 45°，如图 5-7 所示。

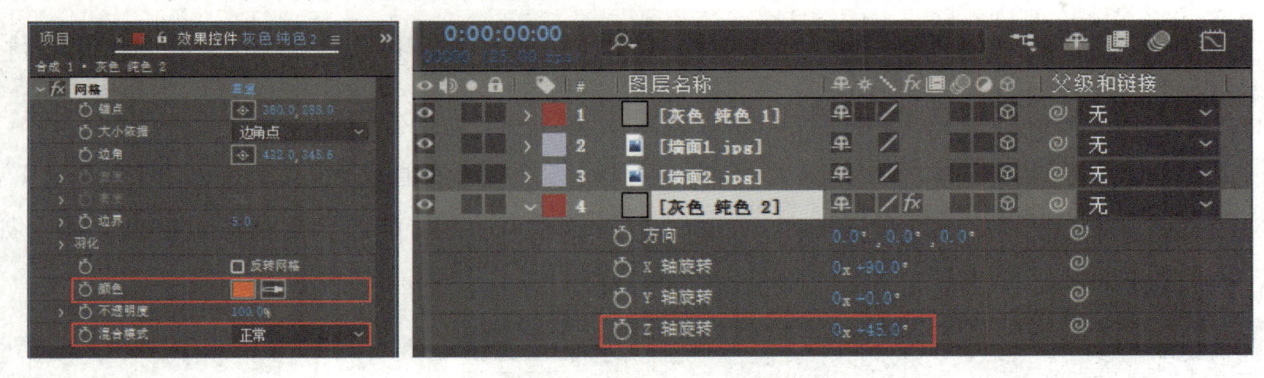

图 5-7 设置"网格"特效的属性

（7）此时，三维场景搭建完成，在"活动摄像机"视图中的状态如图 5-8 所示。

图 5-8 搭建完成的三维场景

（8）选择"图层"→"新建"→"摄像机"命令，创建一个摄像机，其参数保持默认设置。

（9）在时间轴面板中展开图层"摄像机1"的属性，将"目标点"属性值设置为"164.0, 293.0, 272.0"，"位置"属性值设置为"586.0, 298.0, -768.0"，将时间轴指针移到第0帧处，启动这两个参数的关键帧，如图5-9所示。

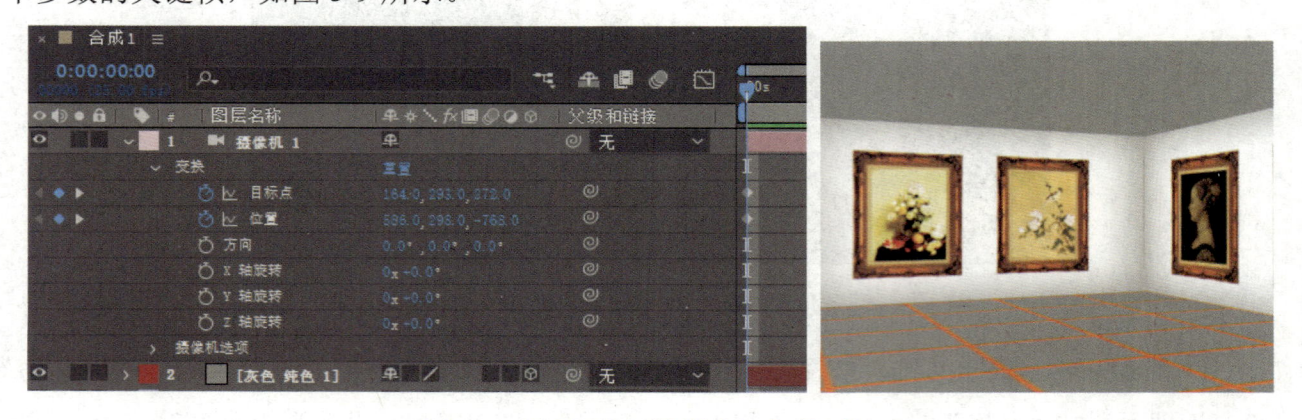

图 5-9　设置图层"摄像机1"的属性

> **提示**
>
> 摄像机动画的建立可以通过工具箱中的摄像机视图控制工具来完成，为了便于效果的精确，此处采用了修改参数的方法。

（10）将时间轴指针移到第2秒20帧处，将"目标点"属性值设置为"544.0, 281.0, 299.0"，"位置"属性值设置为"321.0, 306.0, -801.0"，拖动时间轴指针能看到摄像机关键帧动画，如图5-10所示。

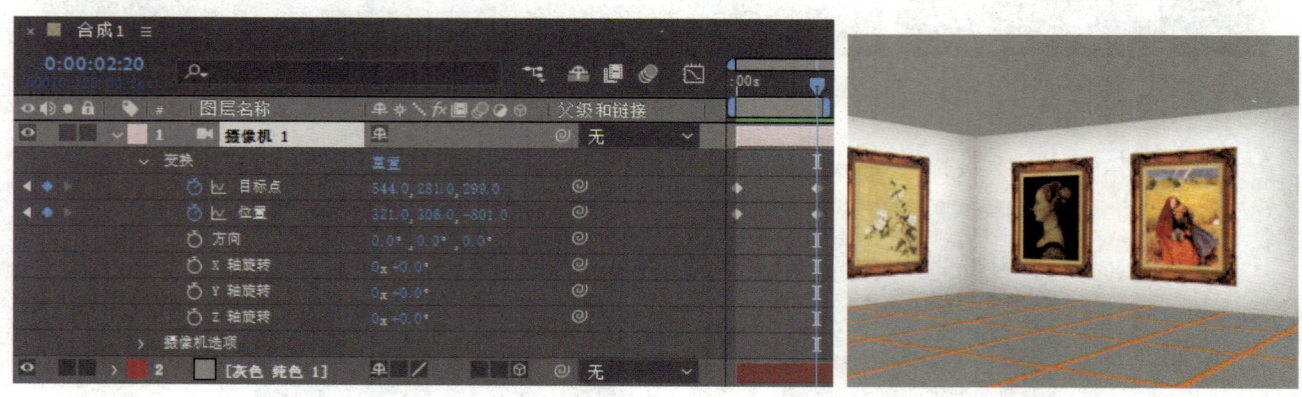

图 5-10　摄像机关键帧动画

（11）将时间轴右侧的渲染区域滑块拖到第3秒处，按Space键进行预览，选择"合成"→"添加到渲染队列"命令，在打开的"渲染队列"面板中，指定渲染的文件名称、保存路径和渲染格式，单击"渲染"按钮进行渲染输出。

相关知识

1. 三维环境中常用的镜头类型

下面介绍三维环境中几种常用的镜头类型。

- 15mm：广角镜头，具有极大的视野范围，会看到更广阔的空间。
- 200mm：鱼眼镜头，视野范围极小，从这个视角只能观察到极小的空间，几乎不会产生透视变形。
- 35mm：标准镜头，类似于人眼的视角。它的视野范围与人眼的视野范围最为相似。

2. 添加摄像机

选择"图层"→"新建"→"摄像机"命令，在弹出的"摄像机设置"对话框中进行相关的参数设置，如图5-11所示。

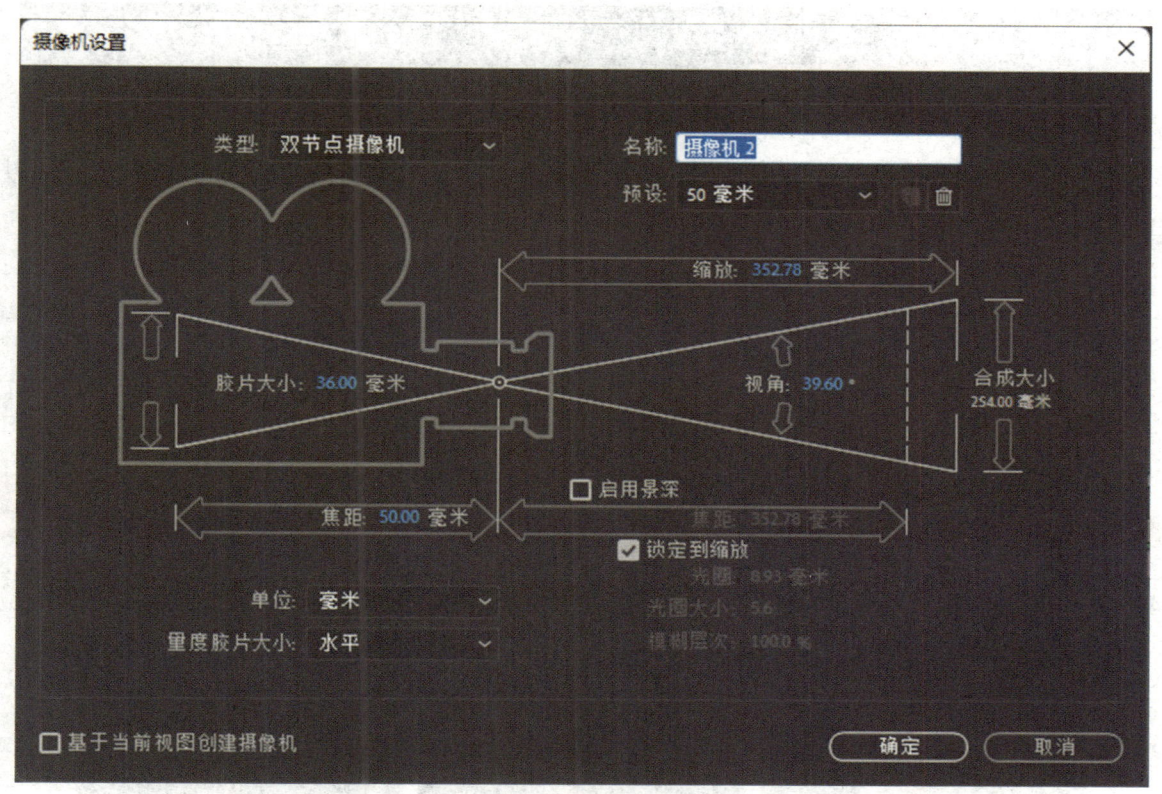

图 5-11 "摄像机设置"对话框

具体的参数介绍如下。

- 类型：摄像机的类型。
- 预设：预置的摄像机镜头规格。
- 缩放：镜头到拍摄物体的距离。
- 视角：视野角度。
- 焦距：摄像机的焦点长度。

3. 摄像机变化属性

摄像机具有目标点、位置等变化属性。用户通过调节这些属性，可以设置摄像机的浏览动画。

> 目标点：为摄像机目标点参数。
> 位置：为摄像机在三维空间中的位置参数。用户通过调整该参数，可以移动摄像机机头位置。

4. 摄像机视图控制工具

当添加摄像机后，选择工具箱中的摄像机视图控制工具来调整摄像机的方位，如图 5-12 所示。就像使用者处在摄像师的位置一样，直接在取景器里观察结果，完成对摄像机的操作。在操作时，一定要切换到相应的摄像机视图。

图 5-12　摄像机视图控制工具

绕光标旋转工具：按住鼠标左键，在"合成"窗口中左右或上下拖动鼠标，可以水平或垂直旋转摄像机视图。

在光标下移动工具：可以移动摄像机视图。

向光标方向推拉镜头工具：可以沿 Z 轴拉远或推近摄像机视图。

项目拓展　摄像机景深动画《台球》

本项目利用摄像机景深来控制画面的清晰与模糊，利用摄像机视图控制工具来制作镜头摇动的动画。《台球》的制作效果如图 5-13 所示。

图 5-13　《台球》的制作效果

（1）启动 AE 2022，按 Ctrl+N 组合键新建合成，将"宽度"设置为"720"px，"高度"设置为"576"px，"像素长宽比"设置为"方形像素"，"持续时间"设置为 5 秒，"背景颜色"设置为灰色，如图 5-14 所示。

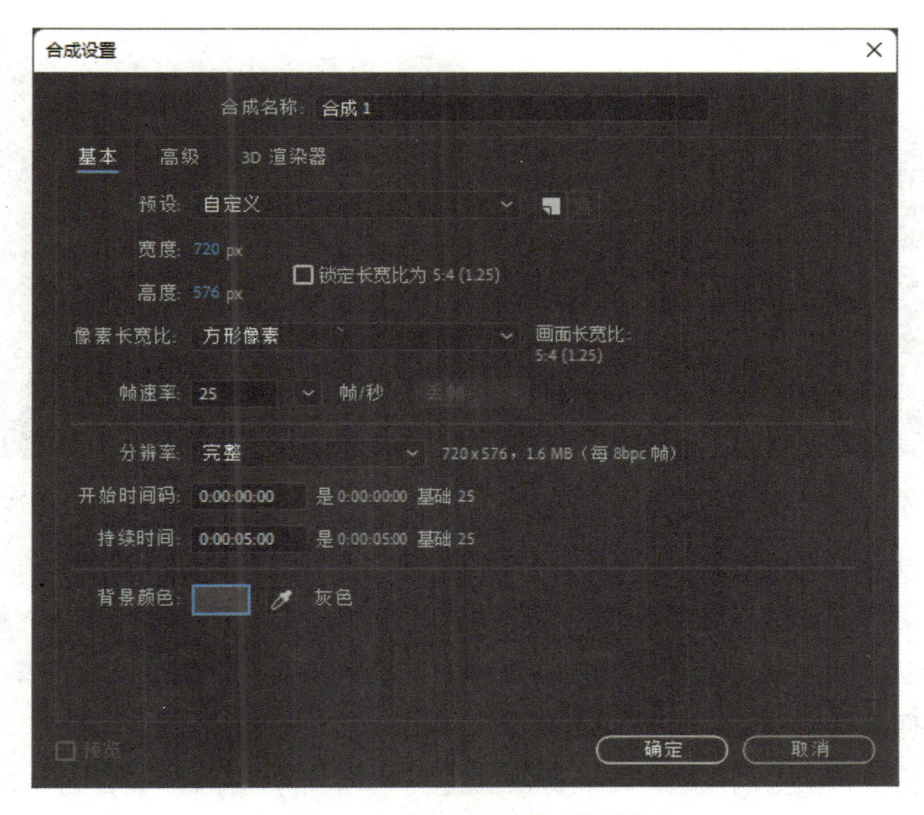

图 5-14 "合成设置"对话框

（2）选择"图层"→"新建"→"纯色"命令，新建纯色层。在"纯色设置"对话框中，将"颜色"设置为深绿色 RGB（7，94，3）。将纯色层转为 3D 图层，展开图层的属性，将"X 轴旋转"属性值设置为"0x+90.0°"，并沿 Y 轴负方向下降一定位置，作为台面。此时其"位置"属性值为"360.0，514.0，82.0"，"缩放"属性值为"378.0，378.0，378.0%"，时间轴面板及"合成"窗口如图 5-15 所示。

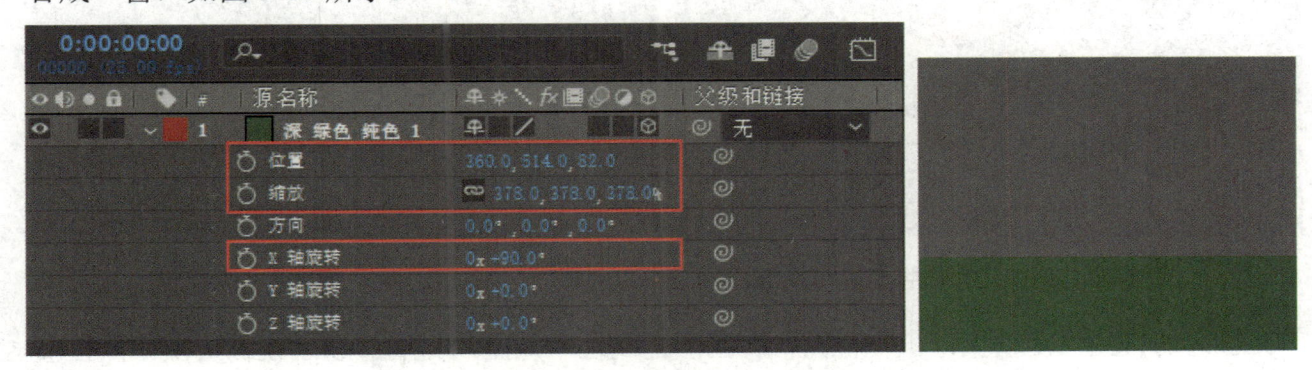

图 5-15 台面的时间轴面板及"合成"窗口

（3）双击"项目"窗口的空白处，导入所有台球素材，将所有台球素材拖到时间轴面板中，开启三维图层开关，转换为三维图层。将地面拖到时间轴面板的底层。切换到"顶部"视图中，将 4 个球的前后位置按图 5-16 进行排列。

（4）切换到"左侧"视图，调整 4 个球的位置，使它们与台面接触，如图 5-17 所示。

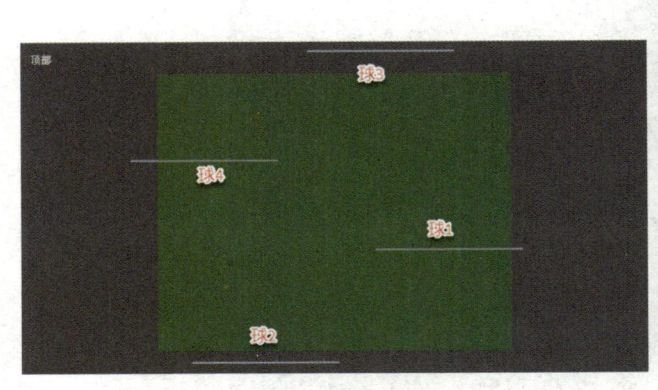

图 5-16 "顶部"视图中 4 个球的前后位置关系 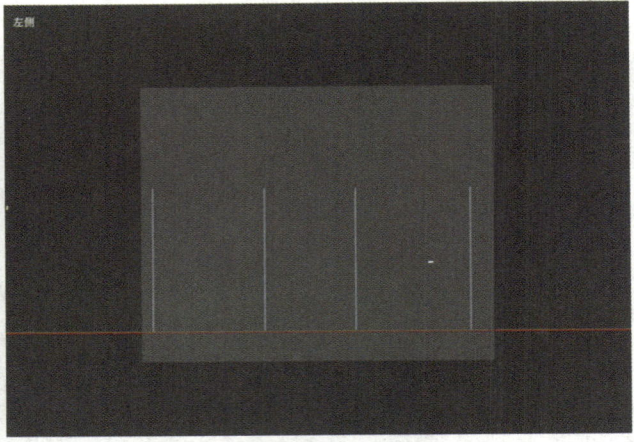　　图 5-17 "左侧"视图中 4 个球与台面的位置关系

(5) 切换到"活动摄像机"视图，选择"图层"→"新建"→"摄像机"命令，新建一个摄像机图层。选中该摄像机图层，在工具箱中选择绕光标旋转工具 可以旋转视图，选择在光标下移动工具 可以移动视图，选择向光标方向推拉镜头工具 可以推拉镜头。利用这 3 个工具调整摄像机视觉角度，如图 5-18 所示。

(6) 展开摄像机图层的属性，在"摄像机选项"下，将"景深"设置为"开"，启动景深功能。在"左侧"视图中调整"焦距"属性值，使得其位置（虚线处显示）贴近最前面第 1 张图片，如图 5-19 所示。

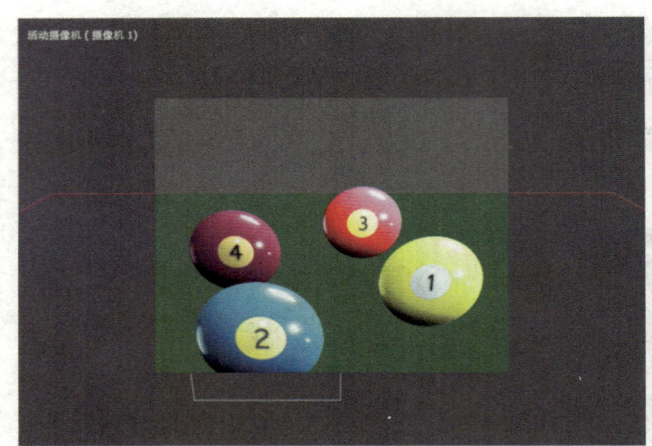

图 5-18 调整摄像机视觉角度 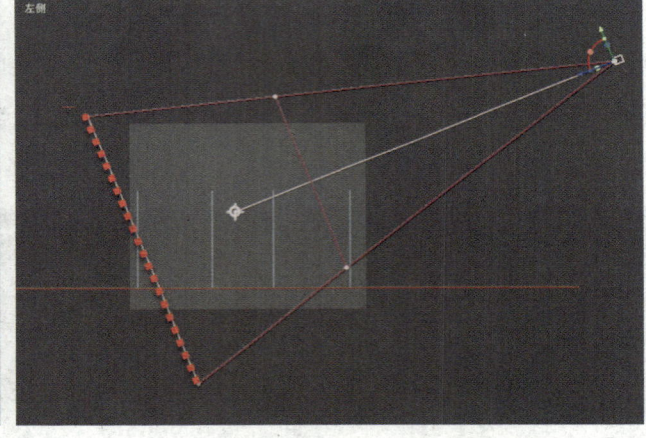　　图 5-19 在"左侧"视图中调整焦点位置

(7) 切换到"活动摄像机"视图，在图层的属性中调整"光圈"和"模糊层次"属性值，使得处于前面的球产生模糊效果，如图 5-20 所示。

(8) 将时间轴指针移到第 0 帧处，启动摄像机的"目标点"和"位置"两个属性关键帧。

(9) 将时间轴指针移到第 4 秒处，选择工具箱中的摄像机视图控制工具调整摄像机向前拉镜头。在"左侧"视图中调整"焦距"属性值，使得其位置（虚线处显示）贴近球 2 的位置，使球 2 变得清晰，如图 5-21 所示。

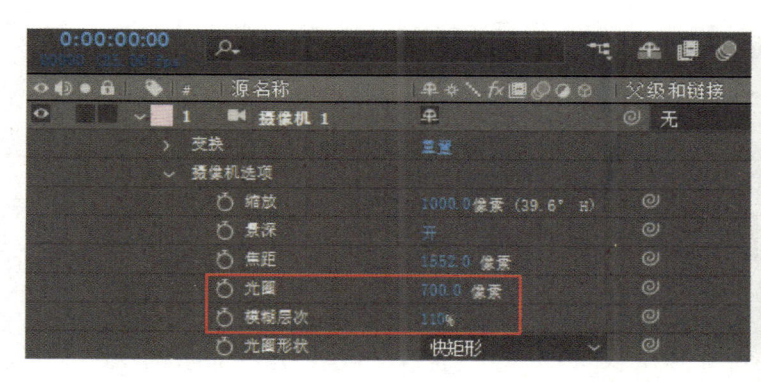

图 5-20 设置"光圈"和"模糊层次"属性

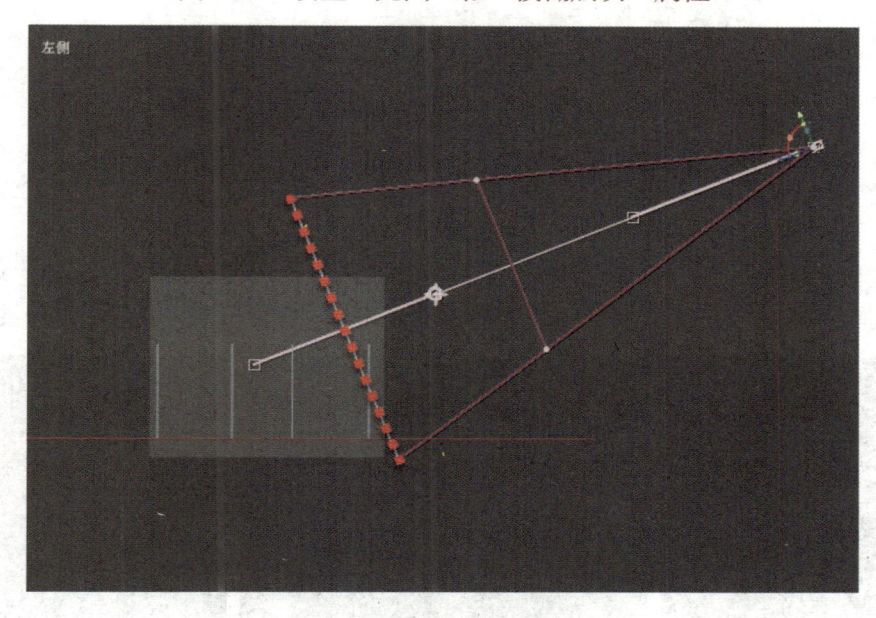

图 5-21 在第 4 秒时摄像机焦点贴近球 2

（10）按 Space 键进行预览测试，进一步调整摄像机的镜头感。选择"合成"→"添加到渲染队列"命令，在打开的"渲染队列"面板中，指定渲染的文件名称、保存路径和渲染格式，单击"渲染"按钮进行渲染输出。

项目评价反馈表

技能名称	配分/分	评分要点	学生自评	小组互评	教师评价
多视图的使用	2	三维场景搭建无穿帮			
摄像机的添加	1	掌握添加方法			
摄像机属性的设置	2	能正确设置关键帧			
摄像机视图控制工具	2	掌握工具的使用方法			
摄像机景深的设置	2	设置方法正确			
项目总体评价					

项目六

三维灯光效果《剪纸》

项目描述

灯光的使用在三维动画中应用较多。在影视特技处理中,通过 AE 2022 可以很好地模拟灯光效果。本项目重点讲解在 AE 2022 中设置灯光的方法和技巧。《剪纸》的制作效果如图 6-1 所示。

图 6-1 《剪纸》的制作效果

学习目标

1. 知识目标:掌握在 AE 2022 灯光的添加方法;掌握灯光参数的设置方法。
2. 技能目标:能利用灯光设置烘托画面。

项目分析

该项目通过添加灯光系统和设置参数来制作不同的灯光控制效果。

项目实施

(1)按 Ctrl+N 组合键新建合成,"宽度"设置为"720"px,"高度"设置为"576"px,"像素长宽比"设置为"方形像素","帧速率"设置为"25"帧/秒,"持续时间"设置为 5 秒,单击"确定"按钮,如图 6-2 所示。

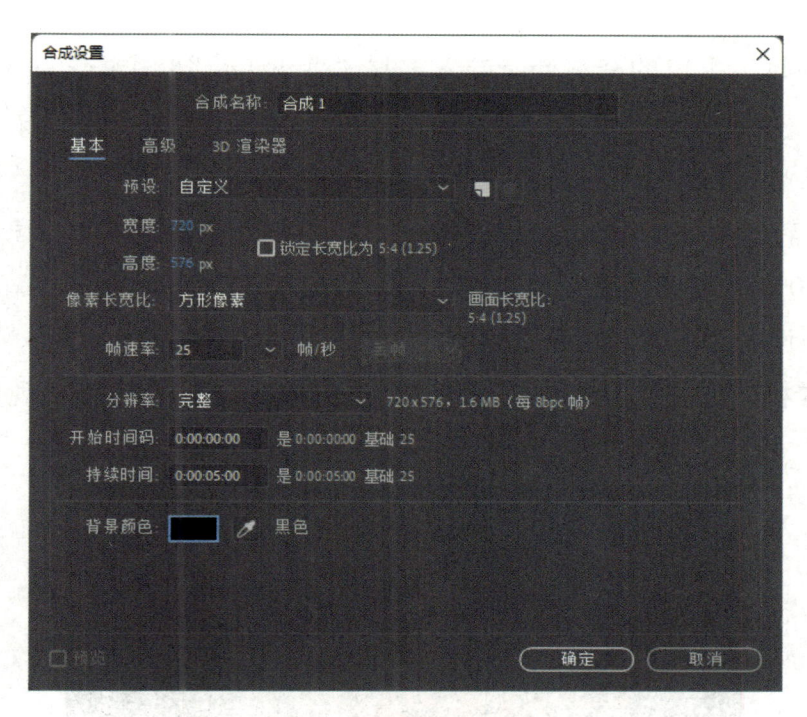

图 6-2 "合成设置"对话框

（2）在时间轴面板中右击空白处，在弹出的快捷菜单中选择"新建"→"纯色"命令。在弹出的"纯色设置"对话框中，将"名称"设置为"地面"，"颜色"设置为灰色 RGB（103，103，103），单击"确定"按钮，创建一个灰色的纯色层作为地面，如图 6-3 所示。

（3）再次创建一个纯色层，在"纯色设置"对话框中，将"名称"设置为"墙面"，"颜色"设置为深灰色 RGB（88，88，88），单击"确定"按钮，创建一个深灰色的纯色层作为墙面，如图 6-4 所示。

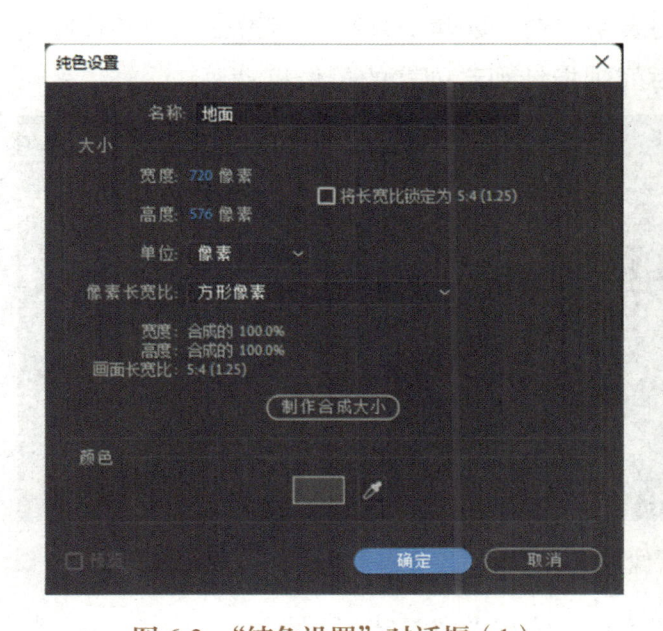

图 6-3 "纯色设置"对话框（1）　　图 6-4 "纯色设置"对话框（2）

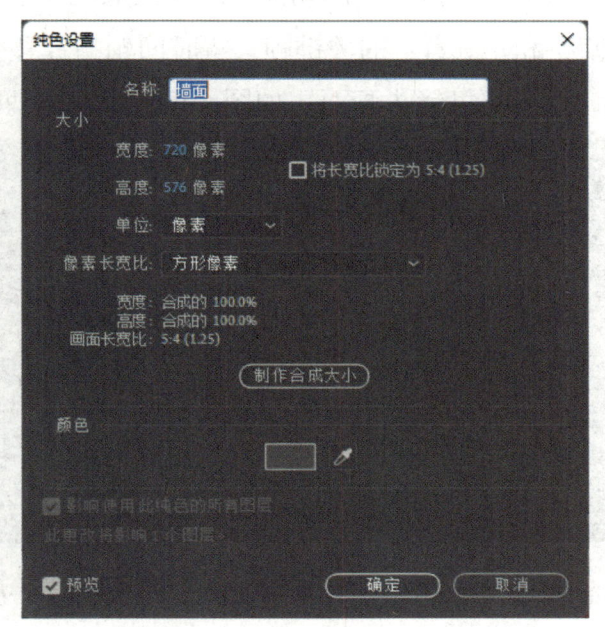

(4)双击"项目"窗口的空白处,导入素材"剪纸.png",并将素材拖到时间轴面板的顶层。

(5)搭建三维场景。将时间轴面板中的3个图层分别转为3D图层。展开图层"地面"的属性,将"X轴旋转"属性值设置为"0x+90.0°",变为水平地面。将"缩放"属性值设置为"241.0, 241.0, 241.0%",使地面变得更大些。在不同的视图中调整地面、墙面和剪纸的位置,使墙面和剪纸落在地面上,剪纸在墙面的前方。

(6)新建摄像机,选择工具箱中的摄像机视图控制工具调整摄像机观察视角,如图6-5所示。

图6-5 调整摄像机观察视角

(7)创建摄像机的动画。展开摄像机图层的属性,将时间轴指针移到第0帧处,启动"目标点"和"位置"的关键帧。将时间轴指针移到第4秒处,选择工具箱中的摄像机视图控制工具调整摄像机镜头画面,如图6-6所示。拖动时间轴指针观看创建的摄像机动画。

图6-6 调整摄像机镜头画面

(8)选择"图层"→"新建"→"灯光"命令,在弹出的"灯光设置"对话框中,将"灯光类型"设置为"聚光",灯光颜色设置为白色,其他参数保持默认设置,单击"确定"按钮,在场景中建立灯光,如图6-7所示。

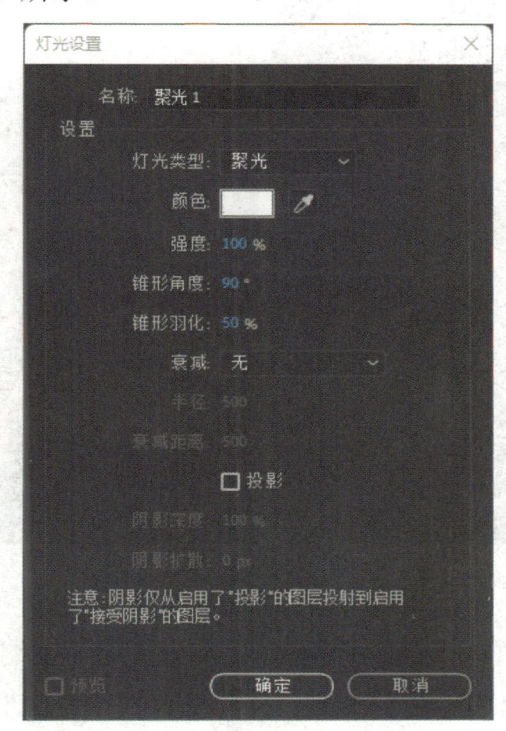

图6-7 "灯光设置"对话框

(9)在"左侧"视图中调整灯光的位置,如图6-8所示。在"正面"视图中调整灯光的位置,如图6-9所示。

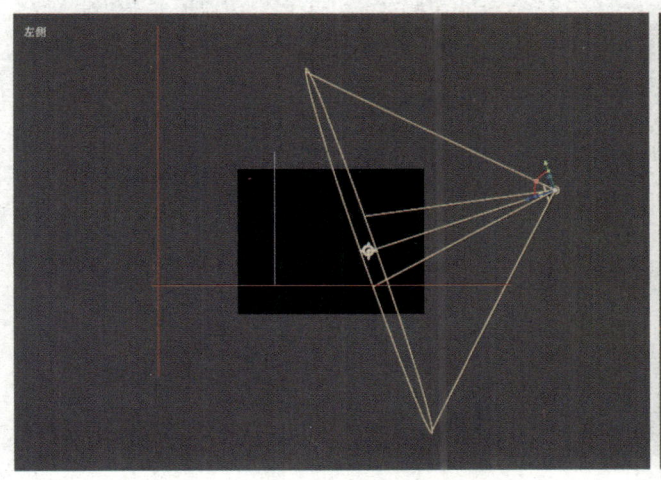

图6-8 "左侧"视图中的灯光位置 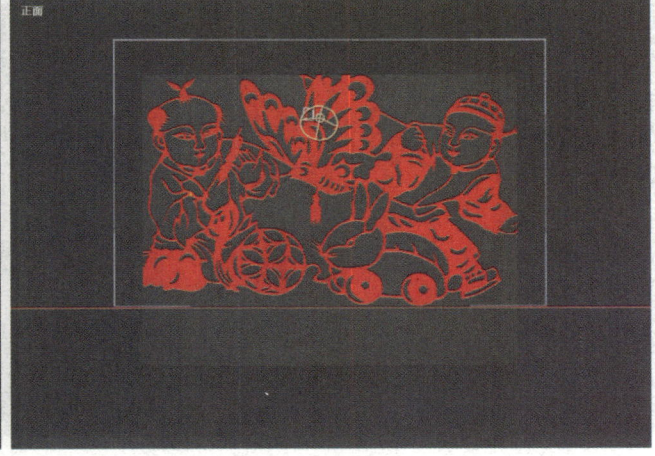　　　　图6-9 "正面"视图中的灯光位置

(10)在时间轴面板中展开灯光图层的属性,将"强度"属性值设置为"120%","投影"设置为"开","阴影深度"属性值设置为"75%","阴影扩散"属性值设置为"12.0 像素",此时将会看到剪纸在地面和墙面上的投影,如图6-10所示。

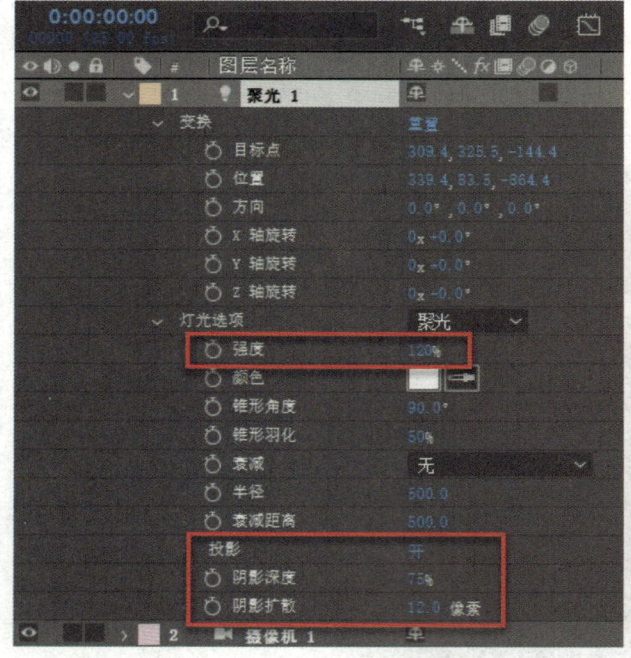

图 6-10 设置灯光图层的属性

（11）创建灯光的动画。将时间轴指针移到第 4 秒处，启动灯光的"目标点""位置""强度"这 3 个属性关键帧。将时间轴指针移到第 0 帧处，在"左侧"视图中，将灯光的位置改到剪纸背后，将灯光的"强度"属性值设置为"0%"，如图 6-11 所示。

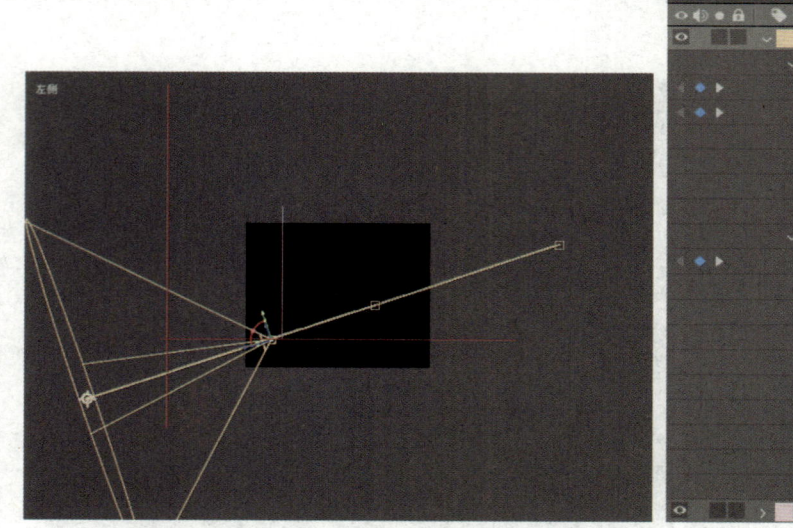

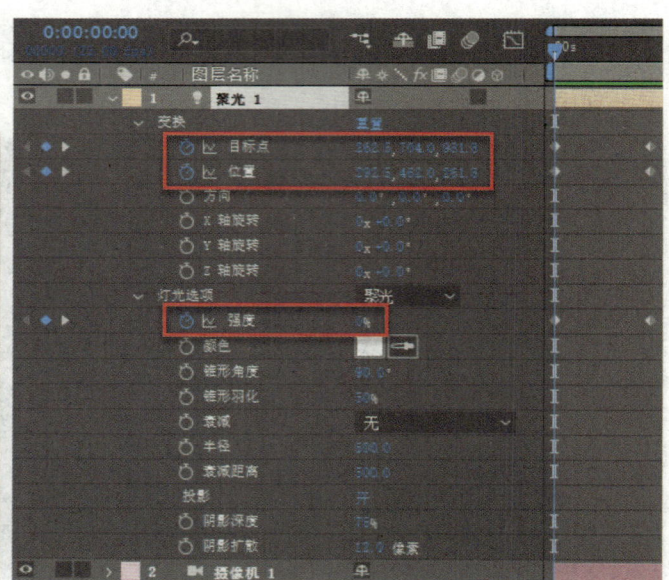

图 6-11 第 0 帧灯光的属性

（12）按 Space 键预览动画，观看动画效果是否满意。若满意，则选择"合成"→"添加到渲染队列"命令，在打开的"渲染队列"面板中，指定渲染的文件名称、保存路径和渲染格式，单击"渲染"按钮进行渲染输出。

相关知识

1．建立灯光的方法

选择"图层"→"新建"→"灯光"命令，在弹出的"灯光设置"对话框中，可以设置灯光类型、颜色、强度、锥形角度、锥形羽化、是否赋予投影等，如图6-12所示。单击"确定"按钮即可在场景中建立灯光。

2．三维环境中常用的灯光类型

下面介绍三维环境中的几种常用的灯光类型。
- 平行：从一个点发射一束光线照向目标点。
- 聚光：从一个点向前方以圆锥形发射光线。
- 点：从一个点向四周发射光线。
- 环境：没有光线发射点。

3．灯光参数

灯光类型不同，参数也会不同。
- 颜色：灯光颜色。
- 强度：灯光强度。数值越大，场景越亮。
- 锥形角度：灯罩角度。当灯光为聚光灯时，该参数激活。角度越大，光照范围越广。
- 锥形羽化：灯罩羽化。该参数仅对聚光灯有效，可以为聚光灯照射区域设置一个柔和边缘。当该参数值为0时，光圈边缘界限分明，比较僵硬。参数值越大则边缘越柔和，且由受光面向暗面过渡越柔和。
- 投影：赋予投影。勾选该复选框，灯光会在场景中产生投影。需要注意的是，打开灯光的投影属性后，还需要在3D层的材质属性中对其投影参数进行设置。
- 阴影深度：投影暗度。该参数控制投影的颜色深度，当参数值较小时，产生颜色较浅的投影；当参数值较大时，产生颜色较深的投影。
- 阴影扩散：投影扩散。该参数可以根据层与层间的距离产生柔和的漫反射投影。较低的参数值产生的投影边缘僵硬，较高的参数值产生的投影边缘较软。

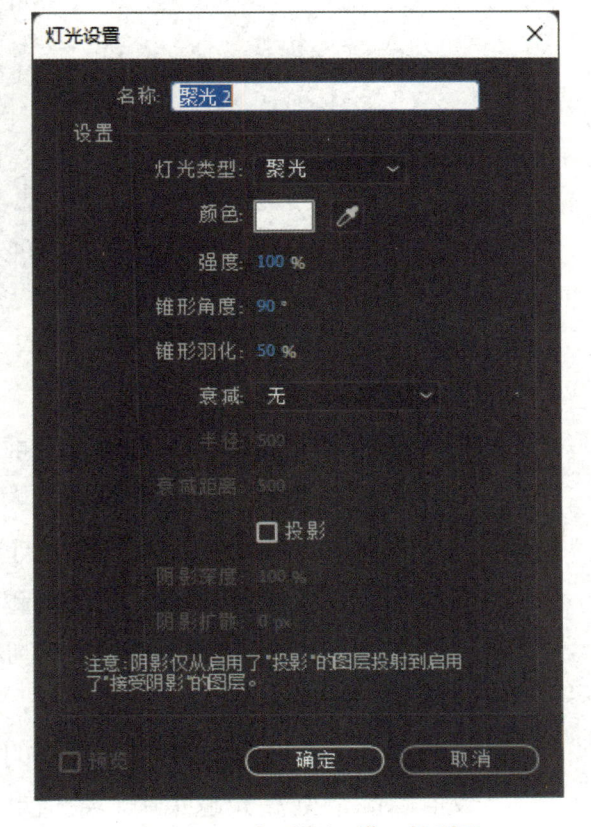

图6-12 "灯光设置"对话框

4．3D层的材质属性

当用户在场景中设置灯光后，场景中的层如何接受灯光照明，如何进行投影将由3D层的材质属性控制。合成图像中的每一个3D层都具有其材质属性。在时间轴面板中展开3D层的材质属性，如图6-13所示。

下面详细介绍3D层的材质属性。

➤ 投影：该属性决定了当前层是否产生投影。关闭该属性，则当前层不产生投影。

➤ 接受阴影：该属性决定当前层是否接受投影。

➤ 接受灯光：该属性决定当前层是否接受场景中的灯光影响。

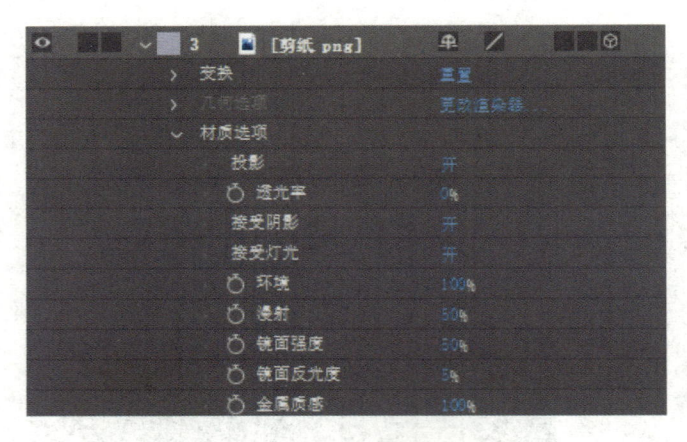

图6-13　3D层的材质属性

➤ 环境：环境影响。该属性控制当前层受环境光的影响程度。当环境属性值为100%时，受环境光的影响；当环境属性值为0时，则不受环境光的影响。

➤ 漫射：扩散。该属性控制层接受灯光的发散级别，决定层的表面将有多少光线覆盖。数值越高，则接受灯光的发散级别越高，对象显得越亮。

➤ 镜面强度：镜面反射。该属性控制对象的镜面反射级别。当灯光照射到镜子上时，镜子会产生一个高光点。镜子越光滑，高光点越明显。数值越大，反射级别越高。

➤ 镜面反光度：该属性控制高光点的大小和光泽度。该属性仅当镜面强度不为0时有效。数值越高，则高光越集中。数值越小，高光范围越大。

➤ 金属质感：该属性体现对象的金属质感。数值越高，质感越强。

项目拓展　灯光动画《Nature China》

本项目利用灯光制作片头文字动画。《Nature China》的制作效果如图6-14所示。

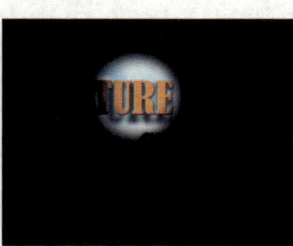

图6-14　《Nature China》的制作效果

（1）启动AE 2022，双击"项目"窗口的空白处，导入素材"背景.jpg"和"文字.psd"。在导入素材"文字.psd"时，在"文字.psd"对话框中，选中"选择图层"单选按钮，分别指定图层"CHINA"和"NATURE"进行导入，如图6-15所示。

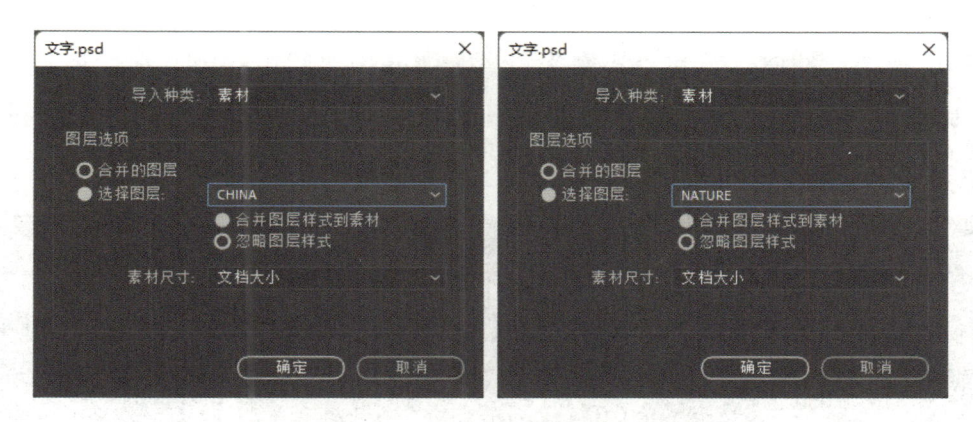

图 6-15　PSD 文件的导入设置

（2）在"项目"窗口中将素材"背景.jpg"和两个文字素材拖到时间轴面板中，图层"背景.jpg"放在底层。将 3 个图层均转换为三维图层，调整文字的位置，如图 6-16 所示。

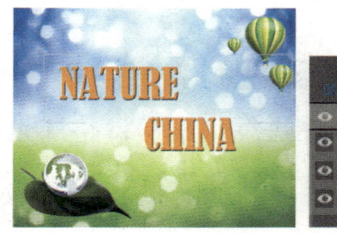

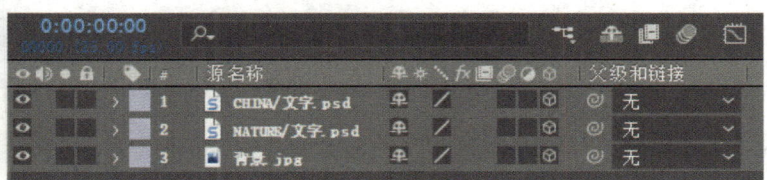

图 6-16　在时间轴面板中排列素材

（3）在"合成"窗口中将视图切换至"左侧"视图，将背景、文字进行前后排列，背景在后，文字在前，如图 6-17 所示。

（4）新建灯光。将"灯光类型"设置为"聚光"，"强度"设置为"100%"，"锥形角度"设置为"29°"，"锥形羽化"设置为"50%"，勾选"投影"复选框，其他参数保持默认设置，如图 6-18 所示。

图 6-17　在"左侧"视图中排列素材　　　　图 6-18　"灯光设置"对话框

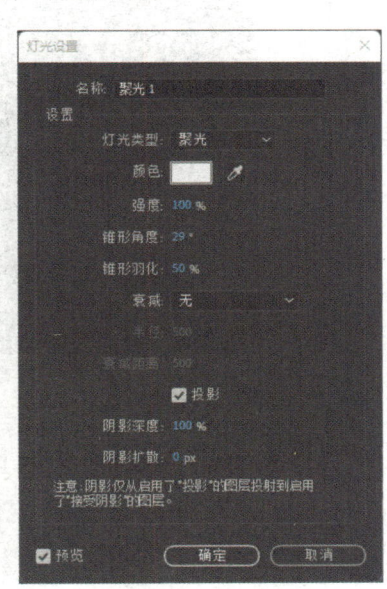

(5)展开灯光图层的属性,将"投影"设置为"开","阴影深度"属性值设置为"80%","阴影扩散"属性值设置为"38.0 像素",如图 6-19 所示。展开两个文字图层的"材质选项"选项,将"投影"设置为"开"。

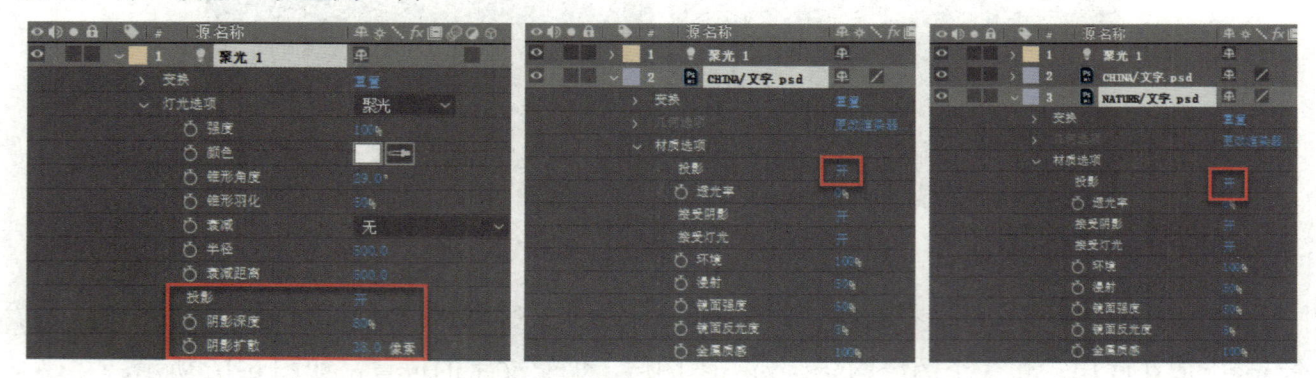

图 6-19 设置灯光图层的属性

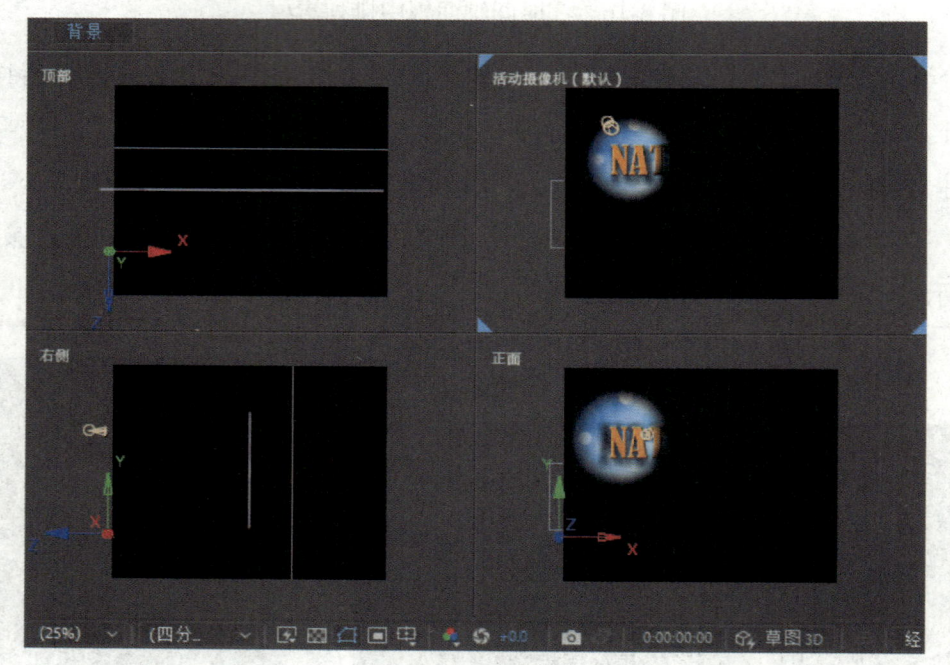

(6)在"合成"窗口底部单击"选择视图布局"下拉按钮，在下拉列表中选择"4个视图"选项,此时"合成"窗口变成 4 个视图。借助多个视图进行观察,调整灯光的位置,使"合成"窗口中的灯光呈照射状态,如图 6-20 所示。将时间轴指针移到第 0 帧处,启动"目标点"和"位置"属性关键帧。

图 6-20 调整灯光位置

(7)将"合成"窗口改为"1 个视图"状态,将时间轴指针移到第 2 秒处,将鼠标指针移到灯光的红色 X 轴向控制柄上,向右移动灯光位置,如图 6-21 所示。同时启动灯光"锥形角度"属性关键帧。

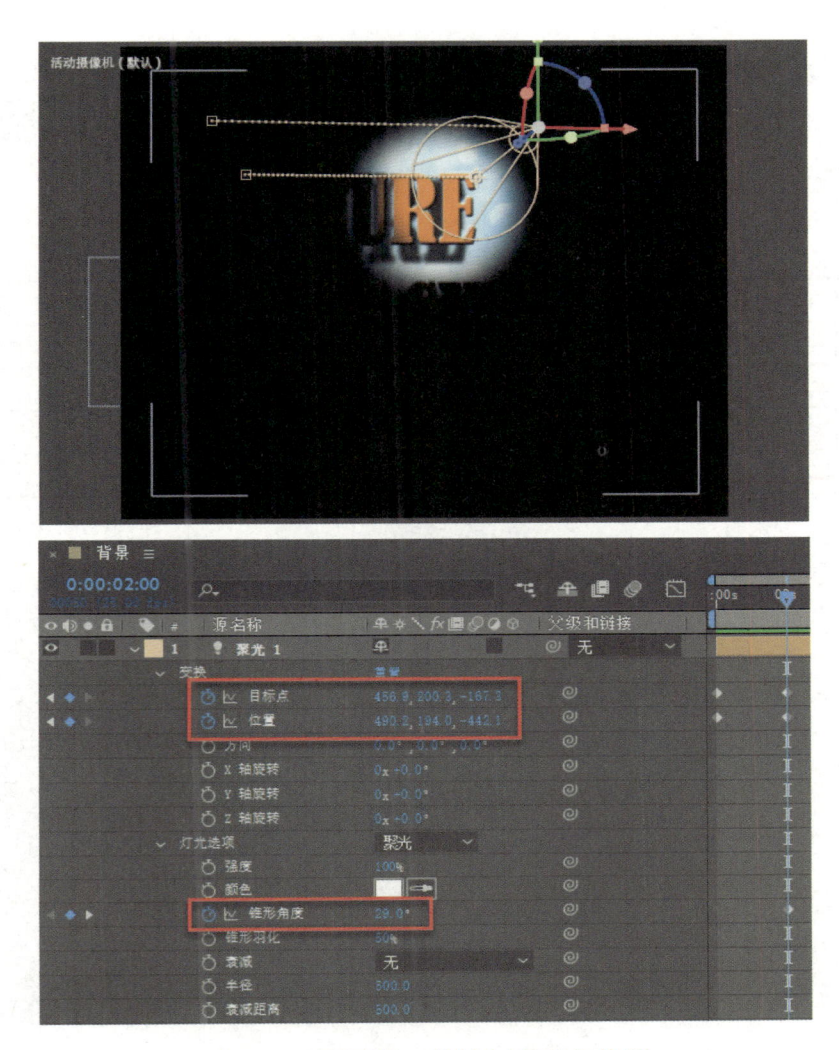

图 6-21　设置第 2 秒处灯光所在位置

（8）将时间轴指针移到第 4 秒处，将"锥形角度"属性值设置为"130.0°"，如图 6-22 所示。

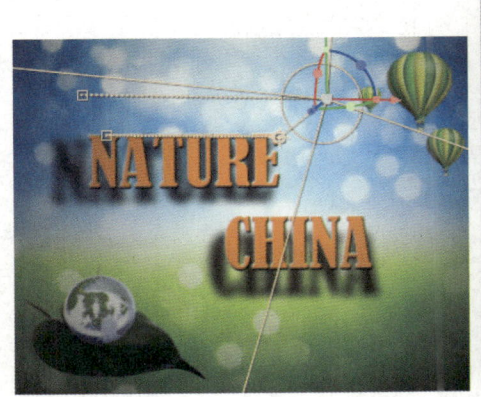

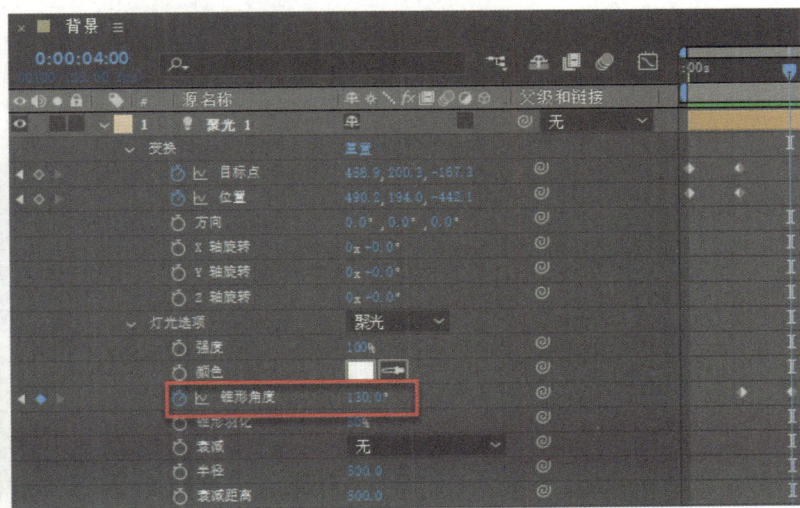

图 6-22　第 4 秒处的灯光效果

（9）按 Space 键进行预览，观看动画效果是否满意。若满意，则选择"合成"→"添加到渲染队列"命令，在打开的"渲染队列"面板中，指定渲染的文件名称、保存路径和渲染格式，单击"渲染"按钮进行渲染输出。

项目评价反馈表

技 能 名 称	配分/分	评 分 要 点	学 生 自 评	小 组 互 评	教 师 评 价
灯光的添加	2	正确设置灯光参数			
阴影的产生	2	正确设置3D层的材质属性			
摄像机动画的建立	2	正确使用摄像机视图控制工具			
项目总体评价					

提高篇

项目七

路径文字动画《二十四节气》

项目描述

在影视作品中离不开文字的修饰，路径文字动画使得文字的表现力更具吸引力。本项目重点讲解 AE 2022 文字工具的使用方法和路径文字的设置技巧。《二十四节气》的制作效果如图 7-1 所示。

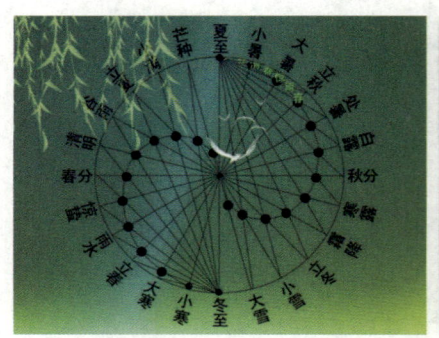

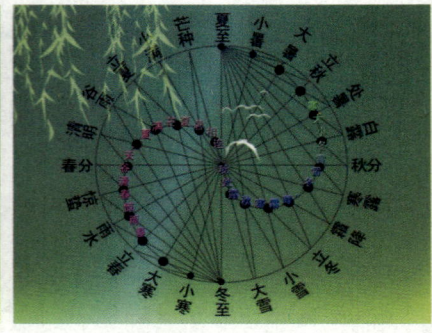

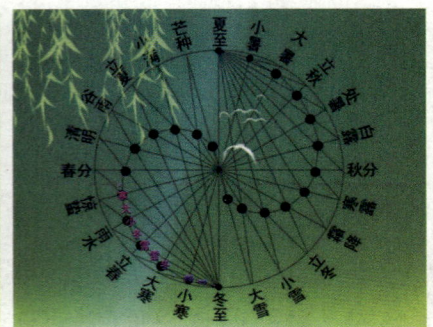

图 7-1 《二十四节气》的制作效果

学习目标

1. **知识目标**：掌握 AE 2022 文字工具的使用方法；掌握路径文字的添加方法和常见文字特效的使用方法。
2. **技能目标**：能利用路径文字制作不同的动画效果。

项目分析

该项目首先通过文字工具和文字特效对文字进行修饰，然后通过钢笔工具绘制路径，并将路径指定给文字，制作文字沿路径移动的动画。

项目实施

（1）按 Ctrl+N 组合键新建合成，在弹出的"合成设置"对话框中将"合成名称"设置为"final"，"宽度"设置为"720"px，"高度"设置为"576"px，"像素长宽比"设置为"方形像素"，"帧速率"设置为"25"帧/秒，"持续时间"设置为 10 秒，"背景颜色"设置为黑色，单击"确定"按钮，如图 7-2 所示。

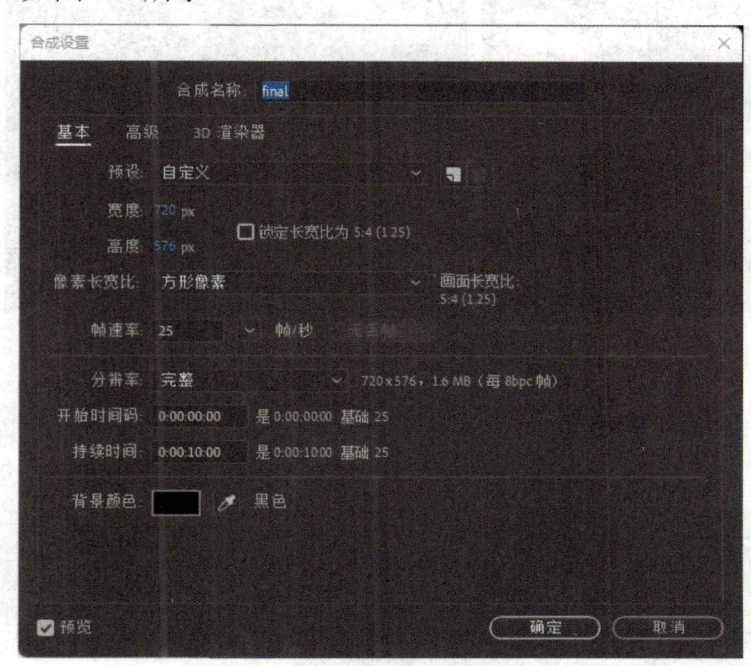

图 7-2　"合成设置"对话框

（2）双击"项目"窗口的空白处，导入素材"背景.tif""二十四节气表.jpeg""春天.gif""bjyy.mp3"。

（3）在"项目"窗口中将素材"背景.tif"拖到时间轴面板中，并锁定。将素材"二十四节气表.jpeg"拖到时间轴面板的顶层，将图层的模式设置为"相乘"，将该图层锁定，如图 7-3 所示。

图 7-3　设置图层的模式

（4）打开"素材"文件夹中的"春夜喜雨.txt"文件，选中其中的文字"春雨惊春清谷天，夏满芒夏暑相连。秋处露秋寒霜降，冬雪雪冬小大寒。"，按 Ctrl+C 组合键进行复制。

（5）在 AE 2022 中选择工具箱中的文字工具，在"合成"窗口中单击，出现文字输入光标，按 Ctrl+V 组合键将文字粘贴在"合成"窗口中。选中所有文字，在"字符"面板中将字体设置为"方正大黑简体"，字号设置为 20 像素，字符间距设置为 231，填充颜色设置为白色，无描边，如图 7-4 所示。

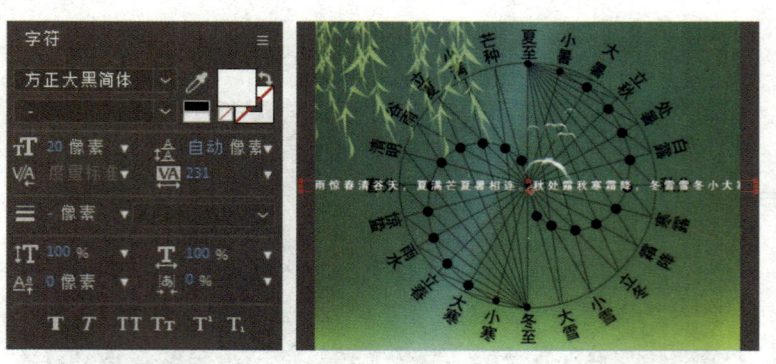

图 7-4 设置文字属性

（6）选中该文字图层，选择"图层"→"图层样式"→"斜面和浮雕"命令，展开"斜面和浮雕"选项，将"大小"属性值设置为"1.0"，文字显示出立体效果，如图 7-5 所示。

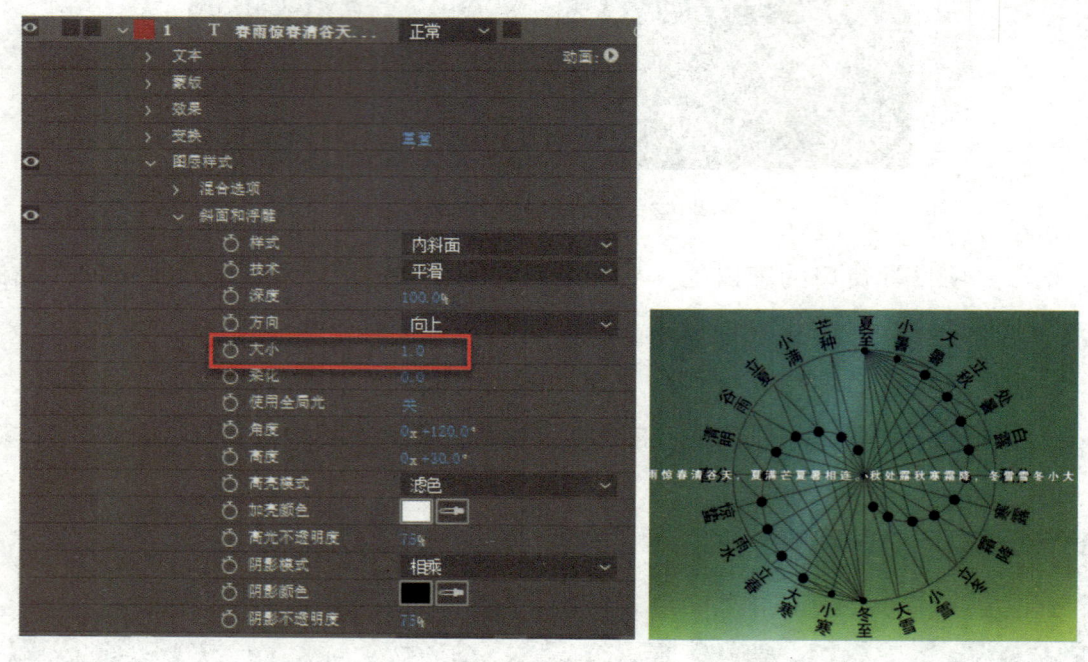

图 7-5 为文字添加立体效果

（7）选中文字图层，在工具箱中选择钢笔工具，在工具箱右侧勾选"自动贝塞尔"复选框，在"合成"窗口中沿着节气点绘制路径，这样绘制的路径都是平滑的贝塞尔曲线，系统将其自动命名为"蒙版 1"。展开文字图层的"路径选项"选项，将"路径"设置为"蒙版 1"，"反转路径"设置为"开"，"垂直于路径"设置为"关"，这样文字就会沿着路径进行排列，如图7-6所示。

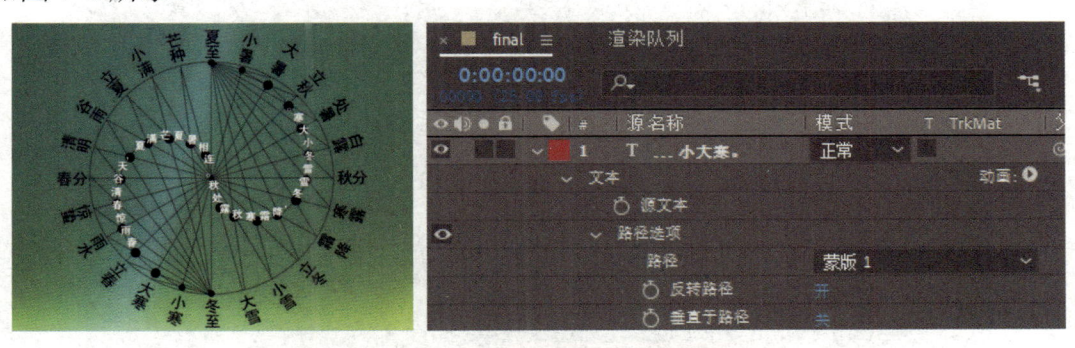

图7-6 绘制路径并设置文字路径属性

（8）选中文字图层，选择"效果"→"生成"→"四色渐变"命令，为文字添加"四色渐变"特效。在"效果控件"面板中，调整4种颜色的位置和颜色，使其与背景色有比较强的对比，如图7-7所示。

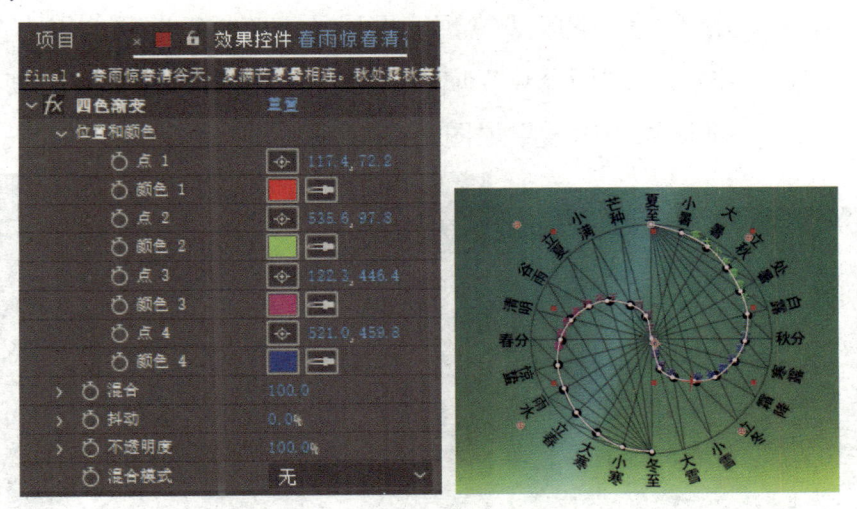

图7-7 设置"四色渐变"特效

（9）将时间轴指针移到第0帧处，启动"首字边距"属性关键帧，将其属性值设置为"800.0"。将时间轴指针移到第9秒处，将"首字边距"属性值设置为"-1100.0"。这样就制作了文字沿路径移动的动画，如图7-8所示。

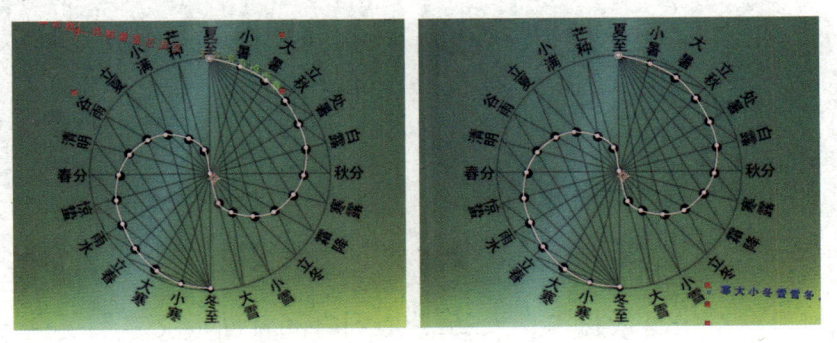

图7-8 制作文字沿路径移动的动画

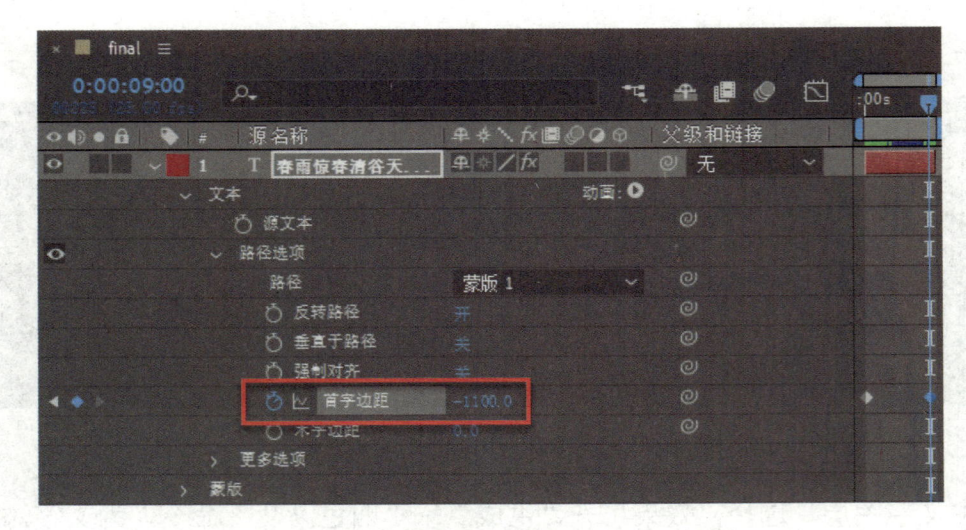

图 7-8 制作文字沿路径移动的动画（续）

（10）选中文字图层，选择工具箱中的椭圆工具，按 Alt+Shift+Ctrl 组合键绘制一个正圆路径蒙版，系统将其自动命名为"蒙版 2"。展开图层的"蒙版"选项，勾选"反转"复选框，将蒙版的模式设置为"相减"，"蒙版羽化"属性值设置为"5.0, 5.0 像素"，使文字只在圆圈内部显示，如图 7-9 所示。其淡入淡出效果如图 7-10 所示。

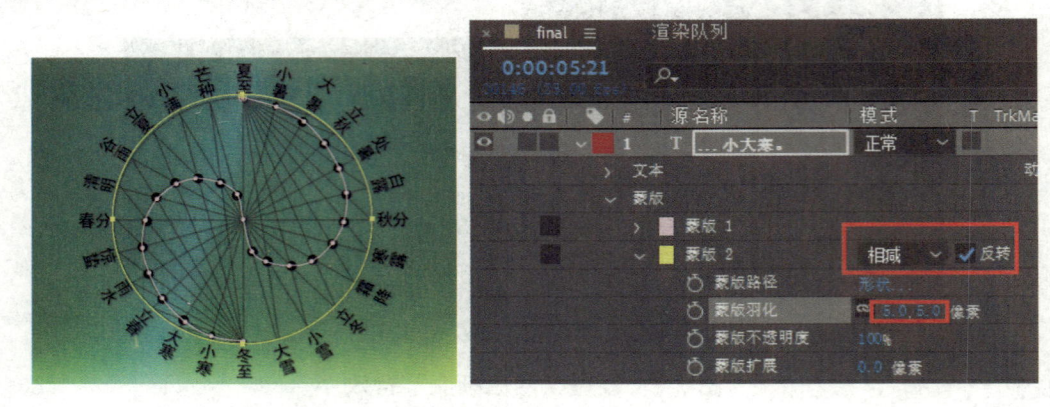

图 7-9 制作路径蒙版

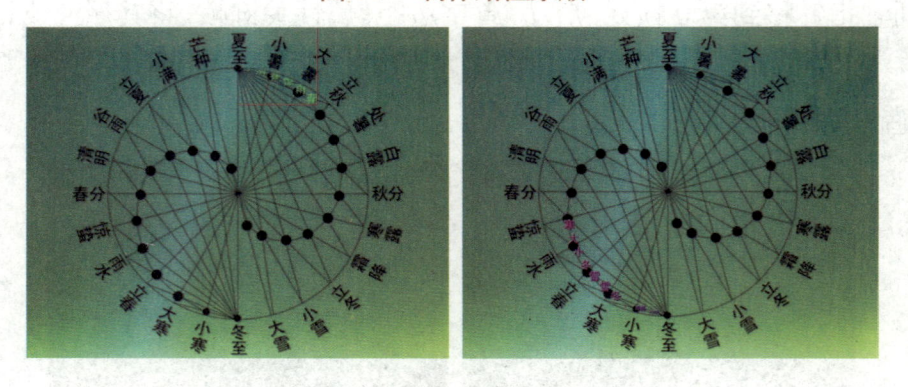

图 7-10 文字淡入淡出效果

（11）在"项目"窗口中将素材"春天.gif"拖到时间轴面板文字图层的下面，展开图层的属性，将"位置"属性值设置为"198.8, 132.7"，"缩放"属性值设置为"150.0, 150.0%"。因为图层"春天.gif"的时间轴长度不够 10 秒，按 Ctrl+D 组合键复制图层 3 次，在时间轴面板中移动图层的左右位置，使其铺满整个时间轴，如图 7-11 所示。

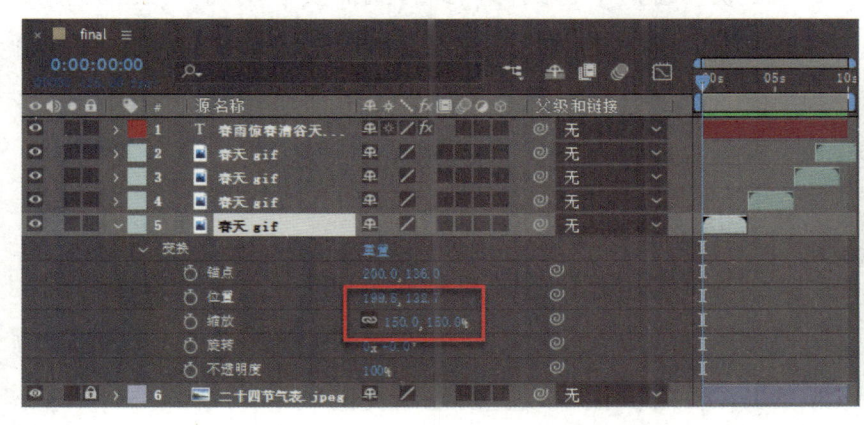

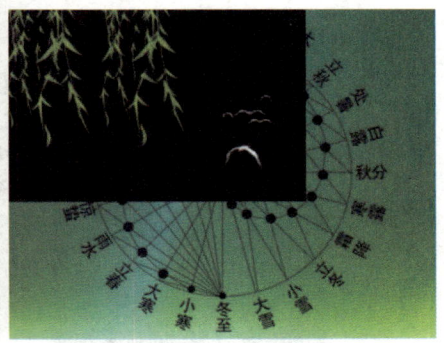

图 7-11　设置图层"春天.gif"的属性

（12）选中 4 个图层"春天.gif"，按 Ctrl+Alt+C 组合键进行预合成，将 4 个图层合并成一个嵌套的合成图层。将该合成图层的模式设置为"屏幕"，如图 7-12 所示。

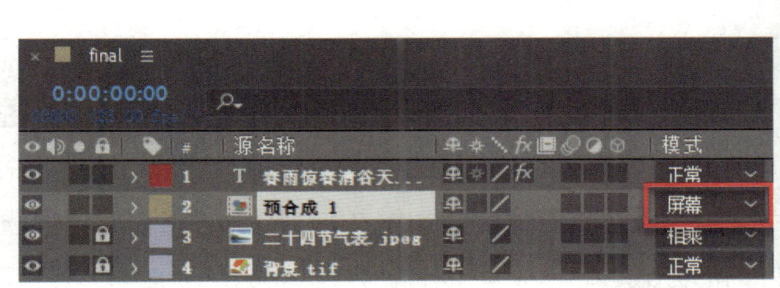

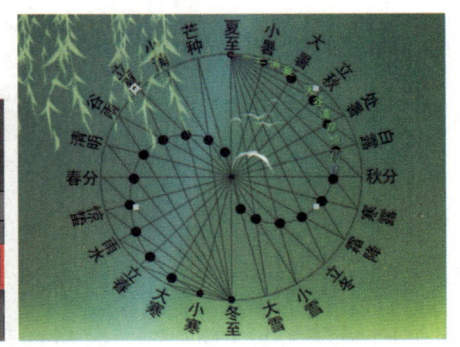

图 7-12　设置合成图层的模式

（13）将"项目"窗口中的素材"bjyy.mp3"拖到时间轴面板的底层，为合成添加背景音乐。

（14）单击 Space 键进行预览测试，观看动画效果是否满意。若效果满意，则选择"合成"→"添加到渲染队列"命令，在打开的"渲染队列"面板中，指定渲染的文件名称、保存路径和渲染格式，单击"渲染"按钮进行渲染输出。

相关知识

1. 创建文字的方法

用户可以选择工具箱中的文字工具 T 来创建文字。按住鼠标左键，在文字工具上停一会，就会显示横排文字工具 T 和竖排文字工具 IT，选择其中一个工具，在"合成"窗口中单击，即可输入文字。

2. 修改文字的方法

选择工具箱中的文字工具，在"合成"窗口中将鼠标指针移到需要改动的文字上，按鼠标左键并拖动，选中要修改的内容（选中的内容以高亮状态显示）。用户可以通过"字符"面板，对文字的字体、字号、填充颜色、描边颜色和风格等进行编辑，如图 7-13 所示。

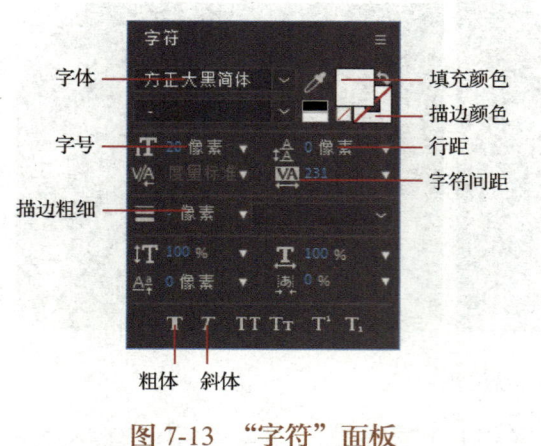

3. 渐变效果

仅使用单色的填充和描边效果，会显得有些单调。选择"效果"→"生成"→"四色渐变"命令，在"效果控件"面板中设置四色渐变的效果。

4. 立体装饰效果

选择"图层"→"图层样式"→"斜面和浮雕"命令，为文字添加立体浮雕效果。展开图层的"图层样式"选项对浮雕属性进行设置。

图 7-13 "字符"面板

5. 路径文字的建立方法

在"合成"窗口中输入文字。在时间轴面板中选中文字图层，在工具箱中选择钢笔工具，在"合成"窗口中绘制路径。在时间轴面板中展开文字图层的"路径选项"选项，将"路径"设置为刚才绘制的蒙版路径，则文字会沿着路径进行排列，如图 7-14 所示。"路径选项"选项下的不同属性可以控制文字沿路径排列的方式。

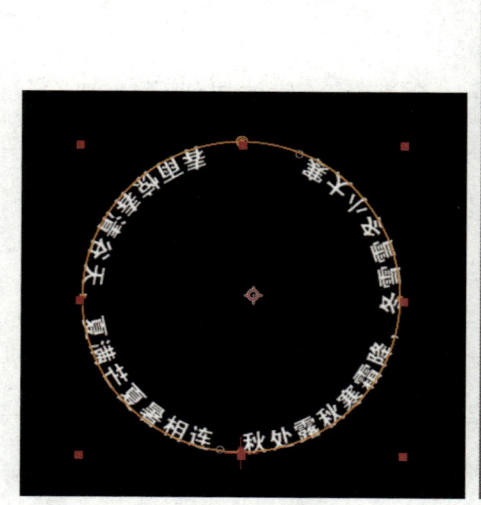

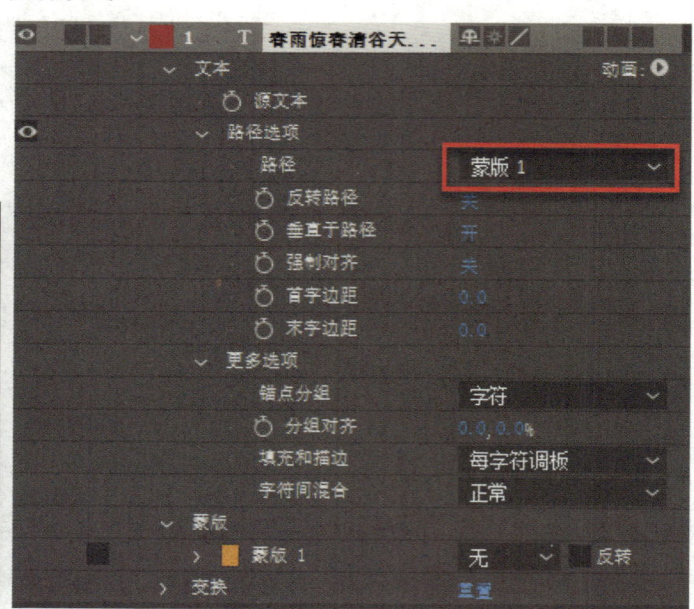

图 7-14 设置文字路径

项目拓展　路径文字动画《我们同在》

该项目利用路径文字制作环绕的旋转文字动画。《我们同在》的制作效果如图 7-15 所示。

（1）按 Ctrl+N 组合键新建合成，在弹出的"合成设置"对话框中，将"合成名称"设置为"final"，"宽度"设置为"720"px，"高度"设置为"576"px，"像素长宽比"设置为"方形像素"，"帧速率"设置为"25"帧/秒，"持续时间"设置为 10 秒，"背景颜色"设置为黑色，单击"确定"按钮。

（2）双击"项目"窗口的空白处，将素材"背景.tif"和"hand.tif"导入。将素材"背景.tif"拖到时间轴面板中当作背景。

图 7-15　《我们同在》的制作效果

（3）将素材"hand.tif"拖到时间轴面板的顶层，选中该图层并按 S 键，展开"缩放"属性，并调整"缩放"属性值，将手缩放到合适大小。选择"效果"→"抠像"→"颜色范围"命令，在"效果控件"面板中，选择"预览"选区中的顶部吸管工具吸取白色背景，将图片中的白色背景去除，如图 7-16 所示。

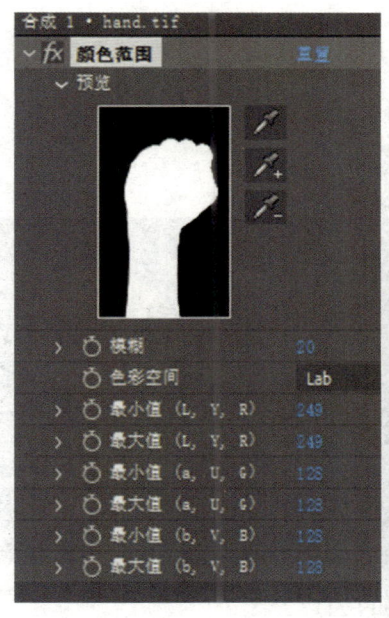

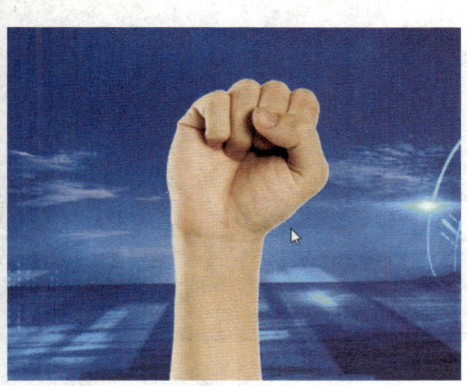

图 7-16　设置"颜色范围"特效的参数

（4）在工具箱中选择文字工具，在"合成"窗口中单击，输入文字"我们同在 加油必胜 We Are All With You！"。选中所有文字，在"字符"面板中将字体设置为"方正大黑简体"，字号设置为 48 像素，字符间距设置为 231，填充颜色设置为白色，无描边，如图 7-17 所示。

（5）选中文字图层，在工具箱中选择椭圆工具◯，在"合成"窗口中按住 Shift 键，同时绘制一个正圆。在时间轴面板中展开文字图层的"路径选项"选项，将"路径"设置为刚才绘制的正圆蒙版路径。此时文字绕圆圈排列，但布局可能不是很理想。在工具箱中选择文字工具Ｔ，选中输入的文字，在"字符"面板中调整文字的大小和字符间距，中文和英文字母可以大小不一致，如图 7-18 所示。

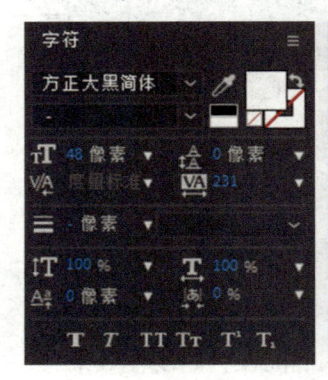

图 7-17　设置文字属性　　　　　　　　　图 7-18　设置路径文字

（6）制作文字旋转动画。将时间轴指针移到第 0 帧处，在展开的文字图层的属性中，启动"路径选项"选项下的"首字边距"属性关键帧。将时间轴指针移到最右端，调整"首字边距"的属性值，使得路径文字沿圆圈顺时针转 1 周。

（7）选择图层"hand.tif"，将其转换为 3D 图层。

（8）选择文字图层，将其转换为 3D 图层。展开文字图层的"变换"选项，将"X 轴旋转"属性值设置为"0x-81.0°"，让其在三维空间中进行变换，如图 7-19 所示。

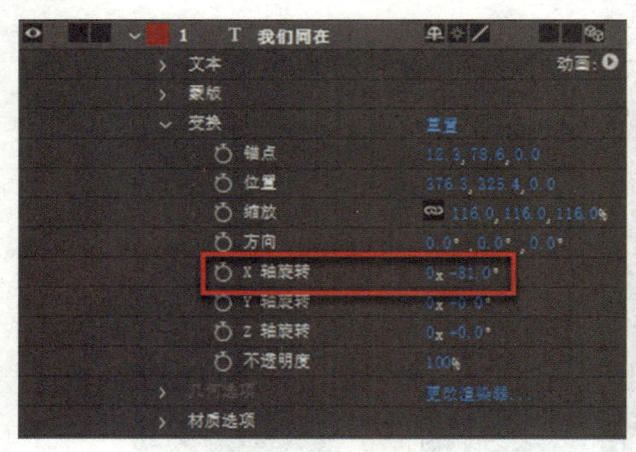

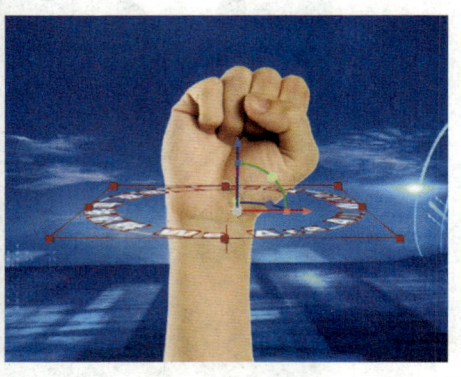

图 7-19　路径文字的 3D 效果

（9）选择文字图层，展开文字图层的"文本"选项，单击该选项右侧的"动画"下拉按钮，在下拉菜单中选择"启用逐字 3D 化"命令，将文字图层逐字进行 3D 化，如图 7-20 所示。

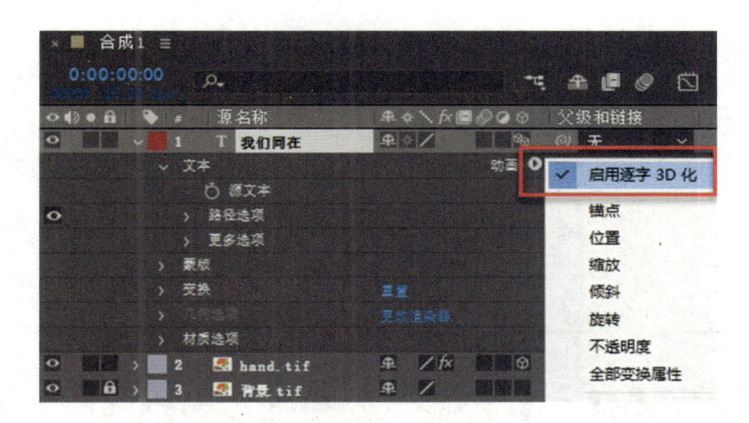

图 7-20 选择"启用逐字 3D 化"命令

（10）再次单击右侧的"动画"下拉按钮，在下拉菜单中选择"旋转"命令，在图层的属性中出现"动画制作工具 1"选项，将"X 轴旋转"设置为"0x+90.0°"，如图 7-21 所示。

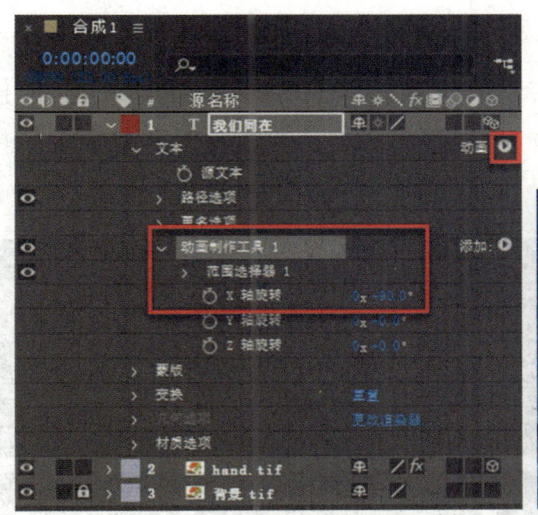

图 7-21 添加文字的动画制作工具

（11）按 Space 键进行预览测试，观看动画效果是否满意。若效果满意，则选择"合成"→"添加到渲染队列"命令，在打开的"渲染队列"面板中，指定渲染的文件名称、保存路径和渲染格式，单击"渲染"按钮进行渲染输出。

项目评价反馈表

技能名称	配分/分	评分要点	学生自评	小组互评	教师评价
文字工具的使用	2	掌握"字符"面板的使用方法			
路径文字动画的设置	2	设置方法正确			
文字特效的设置	2	设置方法正确			
项目总体评价					

项目八

文字高级动画《舞动的文字》

项目描述

在 AE 2022 中不仅可以对文字整体进行动画设置，还可以在每个文字之间制作多种形式的动画效果。本项目重点讲解利用文字的动画制作工具制作文字间的高级动画。《舞动的文字》的制作效果如图 8-1 所示。

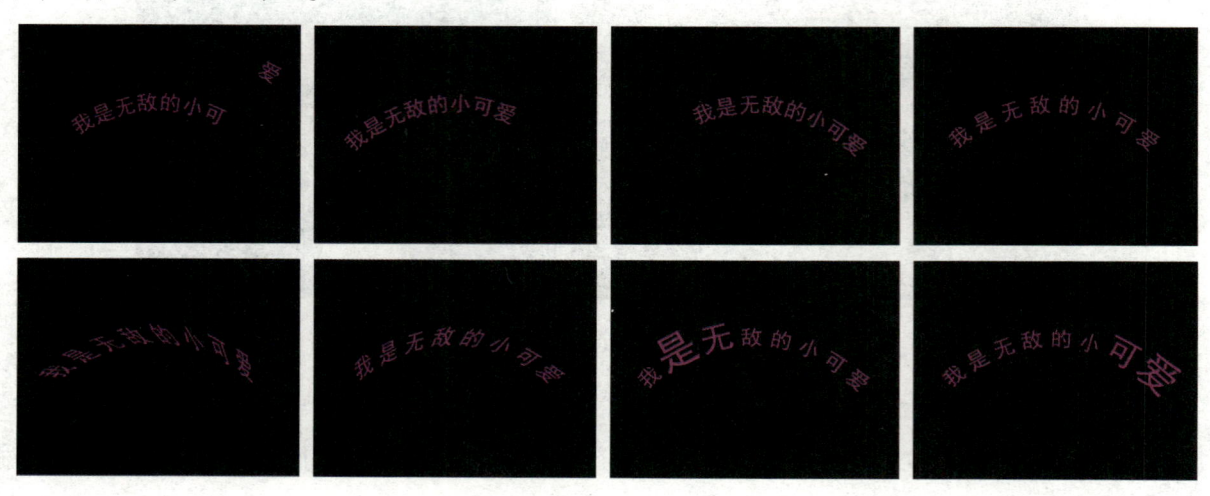

图 8-1 《舞动的文字》的制作效果

学习目标

1. **知识目标**：掌握使用文字的动画制作工具建立和编辑文字动画的方法。
2. **技能目标**：能利用动画制作工具制作复杂的文字动画。

项目分析

该项目首先让文字沿曲线路径进行排列，并通过文字动画制作工具设置"位置"属性从画外落入屏幕；然后利用"路径选项"选项下的"首字边距"属性制作文字沿曲线左右晃动动画，并利用"字符间距"属性制作彼此拉开距离的动画；接着利用"倾斜"属性制作左右扭腰的动画；最后利用"缩放""字符间距""偏移"属性制作文字波浪划过动画。

项目实施

（1）启动 AE 2022，双击"项目"窗口的空白处，导入素材"背景音乐.mp3"。

（2）按 Ctrl+N 组合键新建合成，在弹出的"合成设置"对话框中，将"合成名称"设置为"舞动的文字"，"宽度"设置为"720"px，"高度"设置为"576"px，"像素长宽比"设置为"方形像素"，"帧速率"设置为"25"帧/秒，"持续时间"设置为 16 秒 7 帧，"背景颜色"设置为黑色，单击"确定"按钮，如图 8-2 所示。

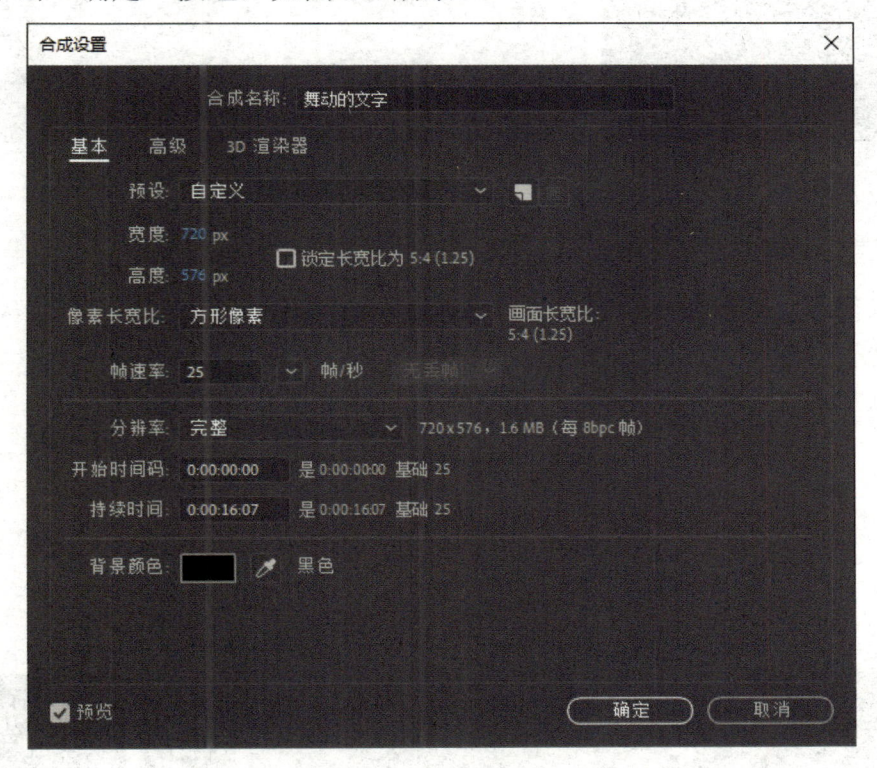

图 8-2 "合成设置"对话框

（3）在"项目"窗口中将素材"背景音乐.mp3"拖到时间轴面板中，选中该图层，按 Space 键进行声音测试，在听到歌词有转换的地方分别按下*键，直到音乐播放结束。按 Space 键停止音乐播放，此时背景音乐图层上出现了多个标记点，如图 8-3 所示。3 个标记点分别添加在第 5 秒 1 帧、第 9 秒 2 帧和第 12 秒 23 帧处。

图 8-3 给背景音乐添加标记点

（4）在工具箱中选择文字工具 T，在"合成"窗口中输入文字"我是无敌的小可爱"，选中文字，在"字符"面板中将字体设置为"黑体"，字号设置为55，填充颜色设置为紫色RGB（186,7,167）。在"段落"面板中单击"居中对齐"按钮，让文字的中心在文字底部中间位置。拖动文字到"合成"窗口的中心位置，如图8-4所示。

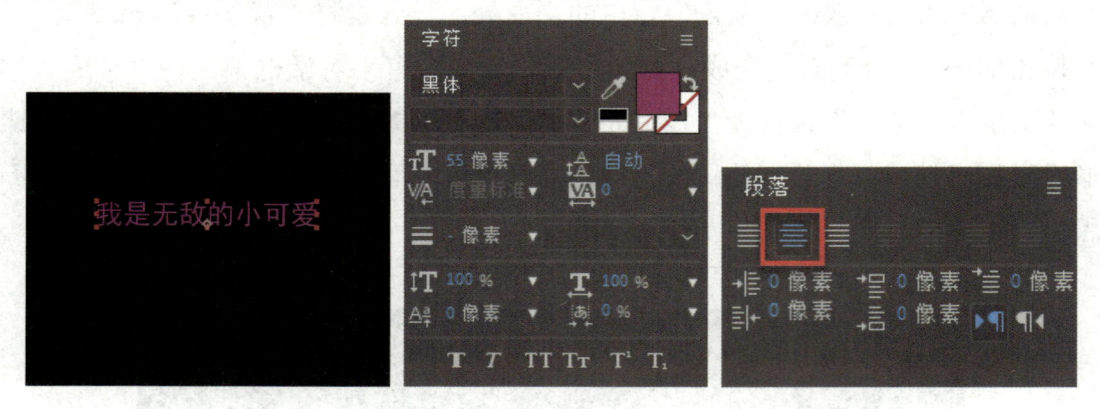

图 8-4　设置文字属性

（5）选中文字图层，在工具箱中选择钢笔工具，在"合成"窗口中绘制一条曲线，并利用钢笔工具调整控制点的位置、切线长度及方向，以便改变路径形状，在按住 **Ctrl** 键的同时单击空白处结束绘制。展开文字图层的属性，将"路径"设置为绘制的曲线"蒙版 1"，使文字沿曲线路径排列，如图8-5所示。

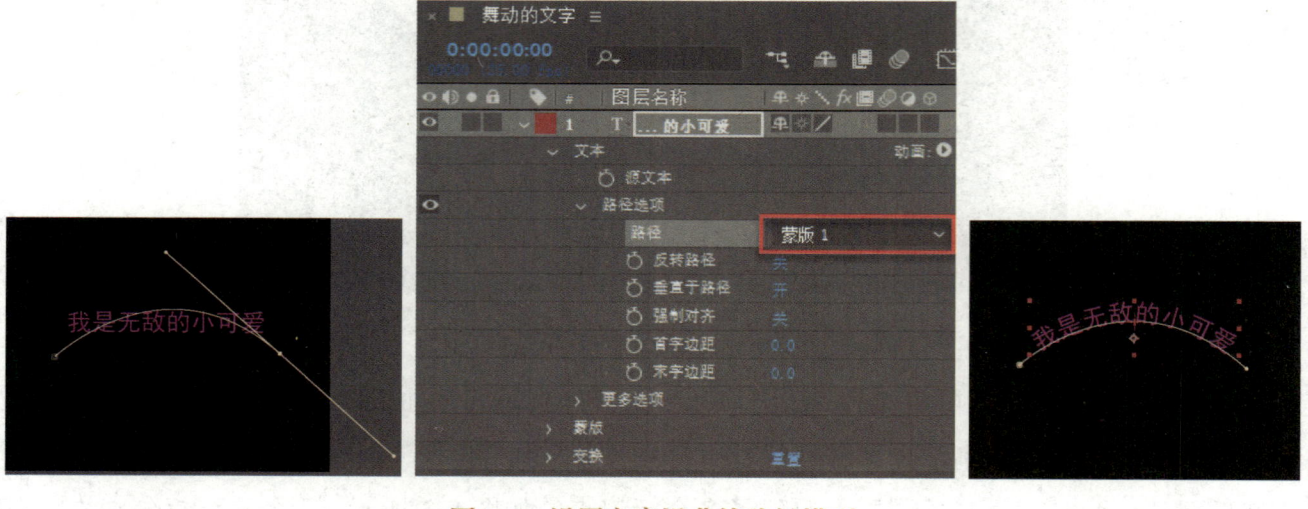

图 8-5　设置文字沿曲线路径排列

（6）展开文字图层的属性，单击右侧的"动画"下拉按钮，在下拉菜单中选择"位置"命令，调整"位置"属性的 *Y* 轴数值，使得文字移到"合成"窗口顶部的外侧。为了便于观看动画效果，文字先不要完全移出"合成"窗口，待动画设置正确后，再改变 *Y* 轴数值，使文字完全移出"合成"窗口。此处将"位置"属性的 *Y* 轴数值设置为-200，如图8-6所示。

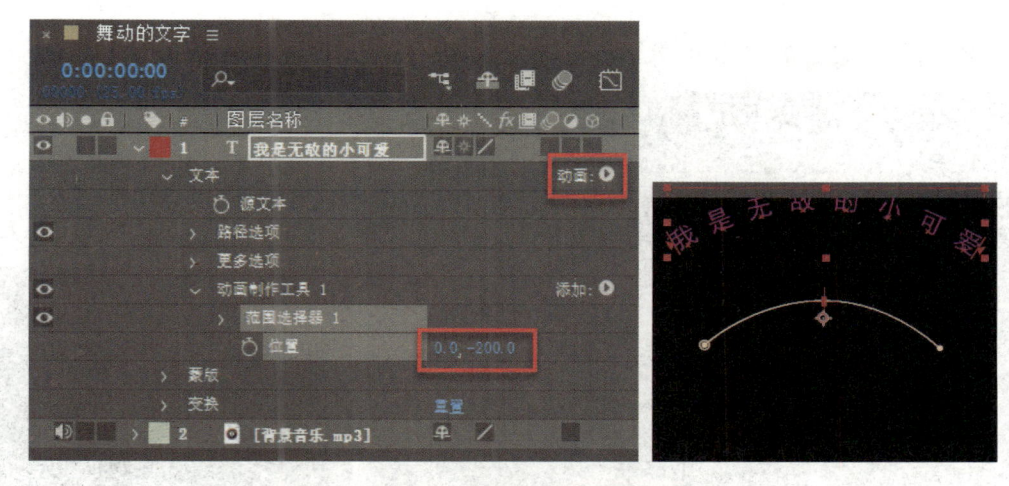

图8-6 设置文字图层的"位置"属性

（7）制作文字逐个从顶部落到曲线上的动画。在添加了文字图层的"位置"属性后，时间轴面板中就出现了"动画制作工具1"选项，里面有一个"范围选择器1"选项，展开后有起始、结束、偏移、高级等属性。在默认状态下文字选取范围是整段文字，即"起始"属性值为0%，"结束"属性值为100%。当改变"位置"属性值时，整段文字都在移动，这是因为只有在选取范围内的文字时才具有"位置"属性。选取范围之外的文字仍保持在添加"位置"属性之前的初始位置。

尝试改变"起始"和"结束"的属性值，观看动画效果，看哪一个属性值的改变更符合文字逐渐落回的动画要求。此时会发现改变"起始"的属性值更符合要求。将时间轴指针移到第0帧处，启动"起始"属性关键帧，将其属性值设置为"0%"，此时所有文字在窗口的顶部。将时间轴指针移到第4秒12帧处，将"起始"属性值设置为"100%"。在拖动时间轴指针观看文字动画时会发现，文字逐个从顶部落下，如图8-7所示。

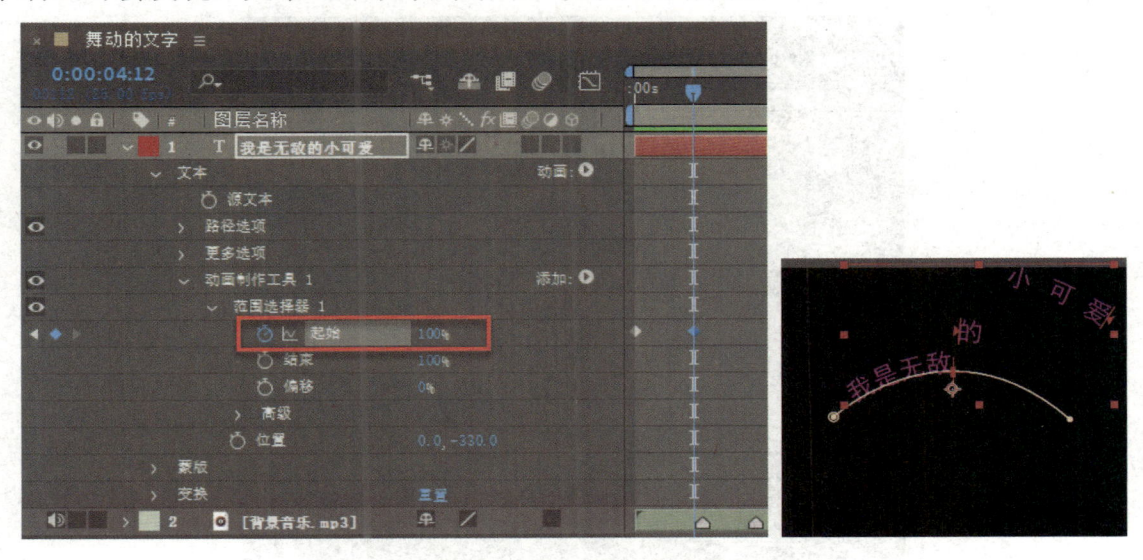

图8-7 制作文字逐个从顶部落下的动画

（8）将时间轴指针移到第0帧处，将"位置"属性的 Y 轴数值设置为-330，使得文字移到

"合成"窗口顶部的外侧，如图8-8所示。这样文字动画开始时画面中看不到文字。

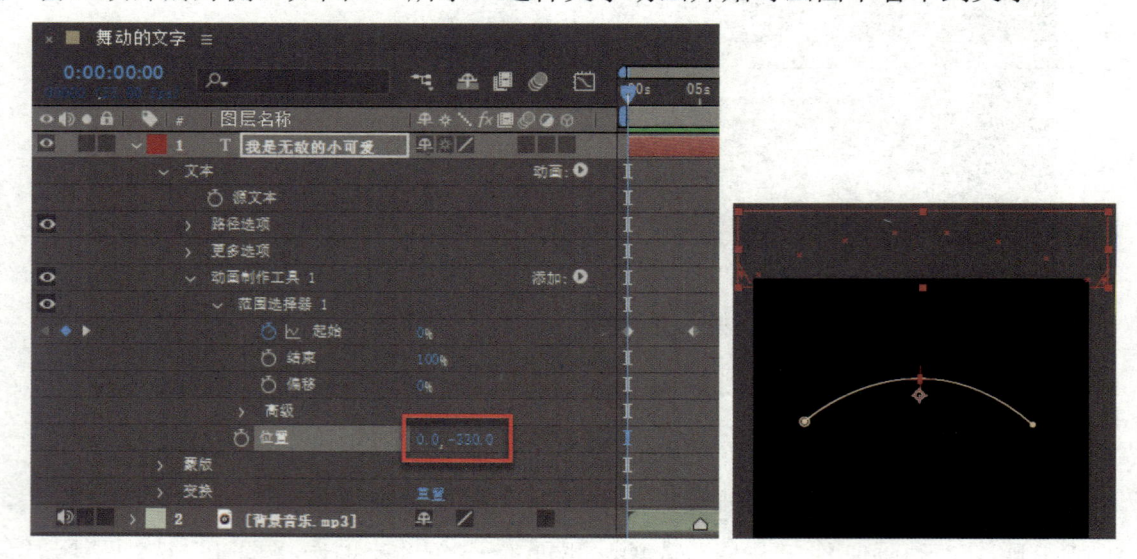

图8-8 设置文字的初始位置

（9）制作文字沿曲线左右两端晃动的动画。将时间轴指针移到第5秒1帧处，展开"路径选项"选项，启动"首字边距"属性关键帧。将时间轴指针移到第5秒13帧处，将"首字边距"属性值设置为"-70.0"，使文字沿曲线移到左端。将时间轴指针移到第6秒7帧处，将"首字边距"属性值设置为"70.0"，使文字沿曲线移到右端。将时间轴指针移到第7秒2帧处，将"首字边距"属性值设置为"-70.0"，使文字沿曲线移到左端。将时间轴指针移到第7秒20帧处，将"首字边距"属性值设置为"70.0"，使文字沿曲线移到右端。将时间轴指针移到第8秒7帧处，将"首字边距"属性值设置为"0.0"，使文字沿曲线回到初始位置，如图8-9所示。其动画效果如图8-10所示。

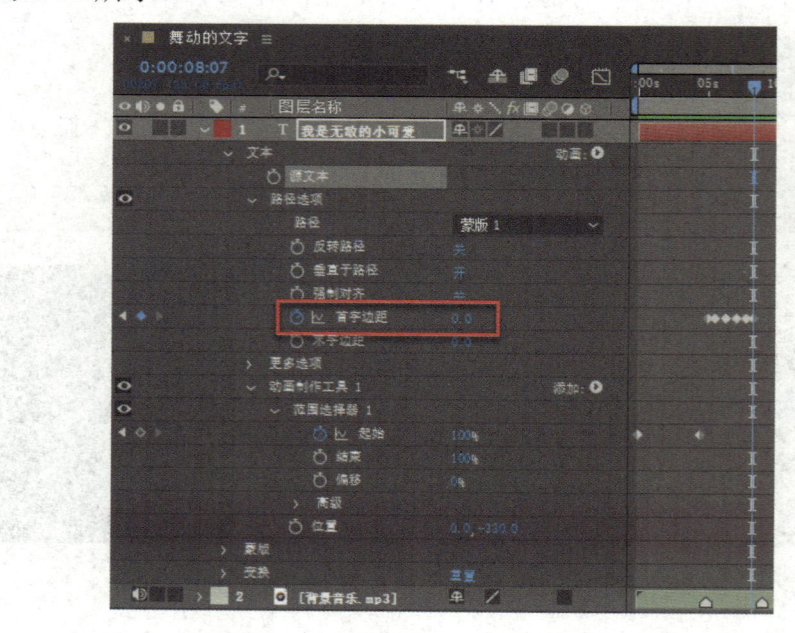

图8-9 制作"首字边距"属性关键帧动画

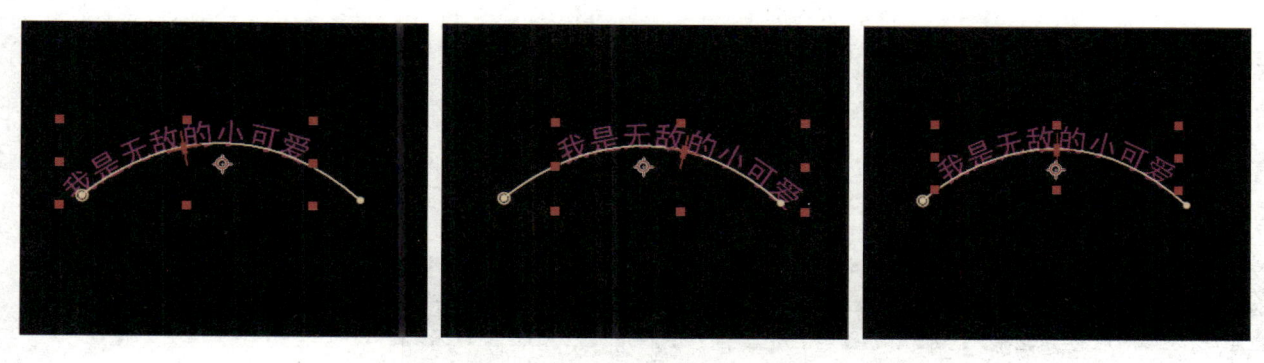

图 8-10 文字沿曲线左右两端晃动的动画效果

（10）制作彼此拉开距离动画。由于上一个动画结束时"起始"属性值变为了"100%"，使得文字选取范围变为 0，因此所有的属性将不再影响文字。若需要继续制作文字动画，则需要建立新的动画制作工具。

选中文字图层，单击右侧的"动画"下拉按钮，在下拉菜单中选择"字符间距"命令，系统会自动建立"动画制作工具 2"选项。将时间轴指针移到第 8 秒 14 帧处，启动"字符间距大小"属性关键帧。将时间轴指针移到第 8 秒 23 帧处，将"字符间距大小"属性值设置为"15"，使得文字从中间彼此拉开距离，如图 8-11 所示。

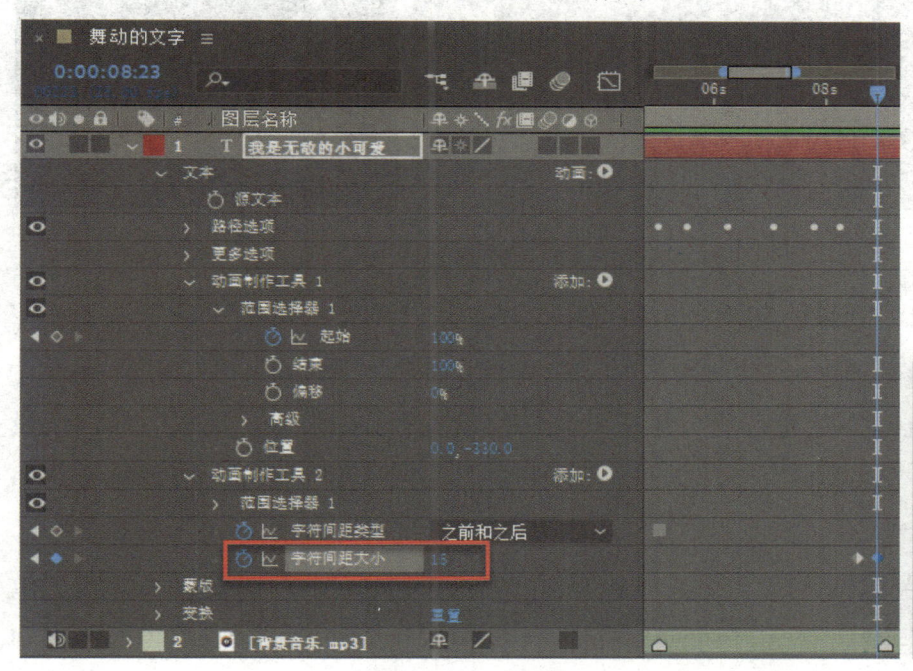

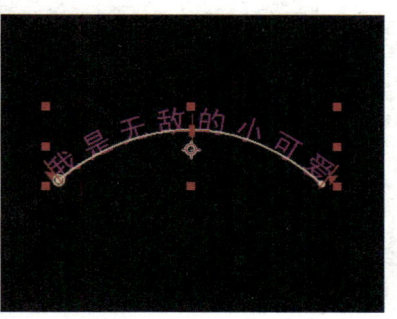

图 8-11 设置"字符间距大小"属性值

（11）制作所有文字左右摆动的动画。由于"动画制作工具 2"选项中的选取范围包含所有文字，因此不需要建立新的动画制作工具，只需在现有基础上添加新的属性即可。单击"动画制作工具 2"选项右侧的"添加"下拉按钮，在下拉菜单中选择"属性"→"倾斜"命令，将时间轴指针移到第 9 秒 3 帧处，启动"倾斜"属性关键帧。将时间轴指针移到第 9 秒 13 帧处，将"倾斜"的属性值设置为"24.0"。将时间轴指针移到第 10 秒 4 帧处，将"倾斜"的属性值设置为"-48.0"。将时间轴指针移到第10秒20帧处,将"倾斜"的属性值设置为"24.0"。将时间轴指针移到第11秒13帧处,将"倾斜"的属性值设置为"-48.0"。将时间轴指针移到第12秒7帧处,将"倾斜"的属性值设置为"24.0"。将时间轴指针移到第12秒23帧处,将"倾斜"的属性值设置为"0.0",如图8-12所示。

图 8-12 制作所有文字左右摆动的动画

(12)制作所有文字随波浪划过的动画。重新选中文字图层,单击右侧的"动画"下拉按钮,在下拉菜单中选择"缩放"命令,此时时间轴面板中就出现了"动画制作工具3"选项,展开该选项中的"范围选择器1"选项,将"结束"属性值设置为"20%","缩放"属性值设置为"200.0,200.0%"。单击"动画制作工具3"选项右侧的"添加"下拉按钮,在下拉菜单中选择"字符间距"命令,将"字符间距大小"属性值设置为"40"。将时间轴指针移到第12秒24帧处,启动"偏移"属性关键帧,将"偏移"属性值设置为"-20%"。将时间轴指针移到第15秒7帧处,将"偏移"属性值设置为"100%"。展开"高级"选项,将"形状"设置为"圆形",这样就制作了文字随波浪进行滑动鼓出放大再缩回的动画,在时间轴面板中的设置如图8-13所示,其动画效果如图8-14所示。

(13)按Space键进行预览测试,观看动画效果是否满意。若效果满意,则选择"合成"→"添加到渲染队列"命令,在打开的"渲染队列"面板中,指定渲染的文件名称、保存路径和渲染格式,单击"渲染"按钮进行渲染输出。

项目八　文字高级动画《舞动的文字》

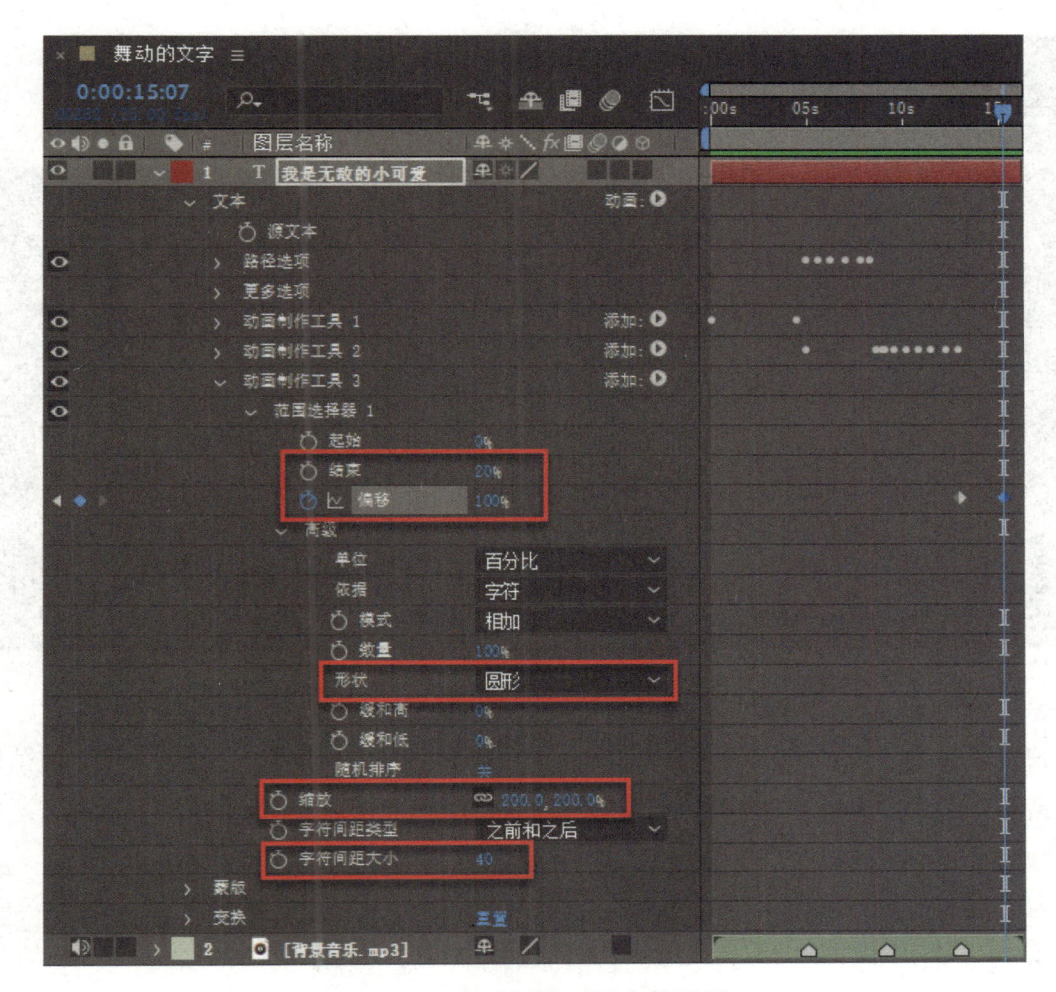

图 8-13　在时间轴面板中的设置

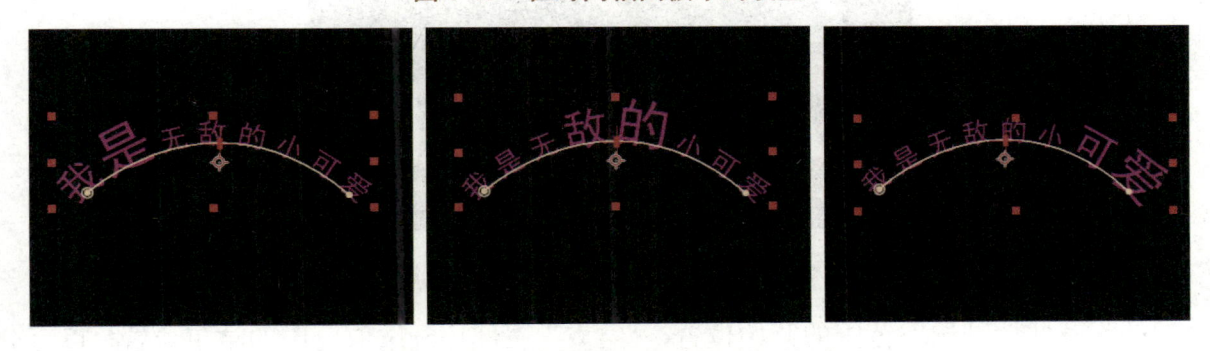

图 8-14　文字随波浪划过的动画效果

相关知识

文字的动画制作工具

当输入文字后，在时间轴面板中展开文字图层的属性，单击"文本"选项右侧的"动画"下拉按钮，在下拉菜单中显示一系列动画属性，选择一个需要添加的动画属性，系统会自动在"文本"选项下添加一个动画制作工具选项，如图 8-15 所示。

121

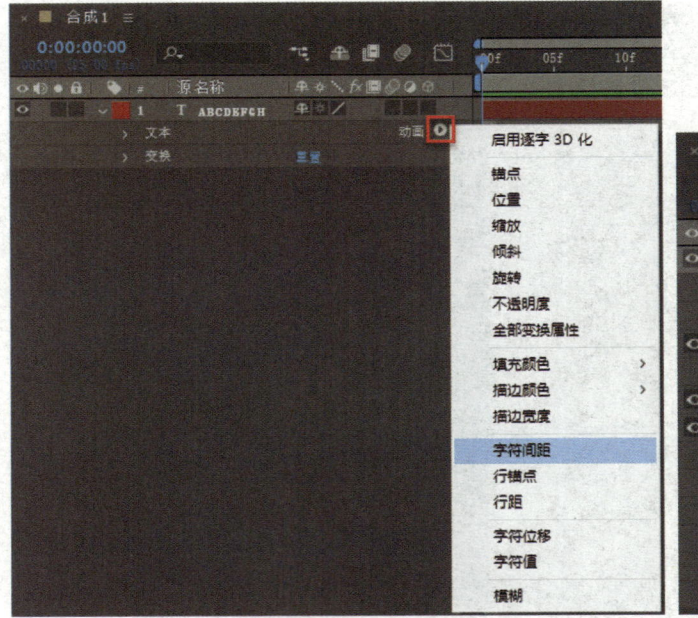

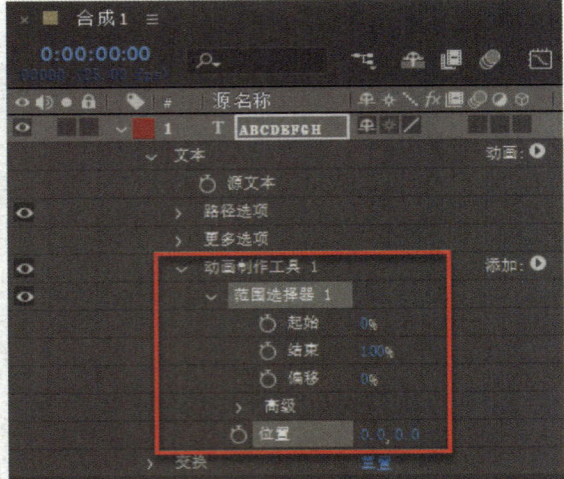

图 8-15 添加动画制作工具选项

动画制作工具由 3 部分构成：第 1 部分是"范围选择器"选项，负责指定动画范围；第 2 部分是"高级"选项，用于对动画进行高级设置；第 3 部分是动画属性。

"范围选择器"选项用于指定动画属性影响的范围。展开"范围选择器"选项，此时在时间轴面板中选择"起始"属性，即可在"合成"窗口文字的左右两端的开始和结束位置出现标记线，如图 8-16 所示。

图 8-16 "起始"和"结束"标记线

"起始"属性控制选取范围的开始位置，"结束"属性控制选取范围的结束位置，以百分比显示选取范围。0%为整段文本的开始位置，100%为结束位置。只需调整"起始"和"结束"属性即可改变选取范围。

选取范围调整好后，用户可以通过调整"偏移"属性值来控制整个选取范围的位置。通过这 3 个属性值记录关键帧，即可实现文本的局部动画。

只有在选取范围内的内容才具有动画设置效果，范围以外的区域恢复原状。

"高级"选项用于调整、控制动画状态，如图 8-17 所示。其中，"单位"用于指定使用的单位；"依据"用于指定动画调整基于何种标准；"模式"用于设置动画的算法；"数量"用于设置动画属性对字符的影响程度;"形状"用于指定动画的曲线外形;"缓和高"和"缓和低"用于控制动画曲线的平滑度,以便产生平滑或突变的动画效果。

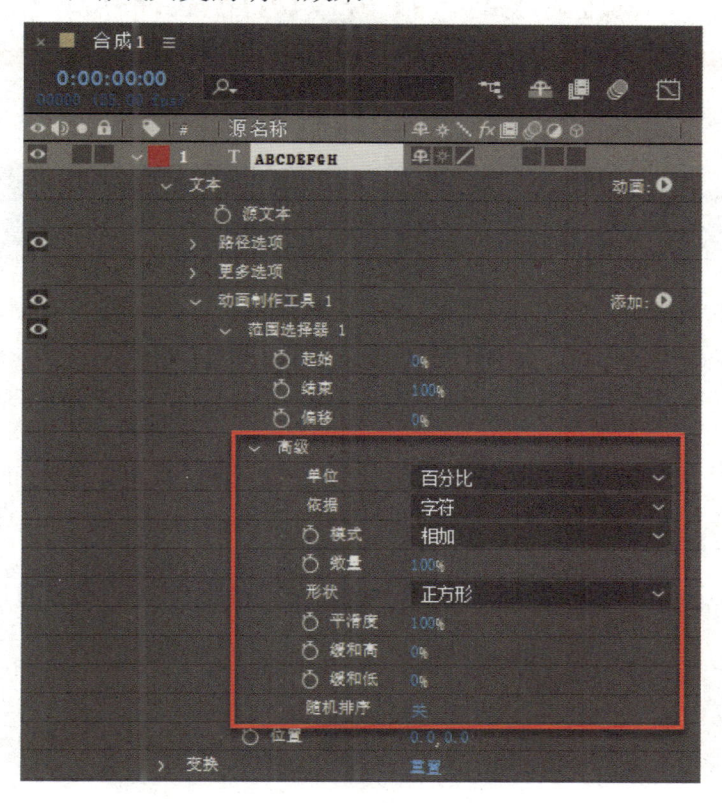

图 8-17 "高级"选项

动画属性可以对指定的文字区域产生影响。

在为文字添加动画属性后,可以看到"动画制作工具 1"选项右侧增加了"添加"下拉按钮,在下拉菜单中选择相应的命令,可以在当前动画中添加新的属性或选择器,以便制作更为复杂的文字动画,如图 8-18 所示。

图 8-18 "添加"下拉菜单

项目拓展　片头《动物世界》

本项目利用文字的动画制作工具制作片头动画。《动物世界》的制作效果如图 8-19 所示。

图 8-19 《动物世界》的制作效果

（1）双击"项目"窗口的空白处，导入素材"背景.mp4"，将该素材拖入"项目"窗口底部的"新建合成"按钮上，新建一个与视频素材大小相同的合成，锁定该图层，如图 8-20 所示。

图 8-20　设置背景图层

（2）在工具箱中选择文字工具，在"合成"窗口中输入文字"动物世界"，选中文字，在"字符"面板中将字体设置为"黑体"，字号设置为 140 像素，字符间距设置为 400，填充颜色设置为浅蓝色 RGB（0，156，246），描边颜色设置为白色，描边宽度设置为 3 像素，描边方式设置为"在填充上描边"，并在"合成"窗口中调整文字的位置，如图 8-21 所示。

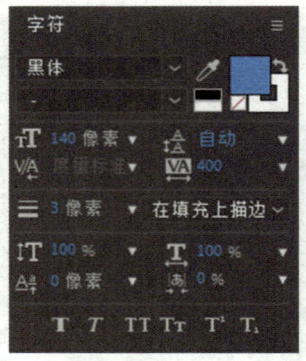

图 8-21　设置文字属性

（3）在工具箱中选择文字工具，在"合成"窗口中输入英文文字"Animal World"，选中文字，在"字符"面板中将字体设置为 Arial，字体样式设置为 Regular，字号设置为 80 像素，字符间距设置为 240，填充颜色设置为浅蓝色 RGB（0，156，246），如图 8-22 所示。

项目八　文字高级动画《舞动的文字》

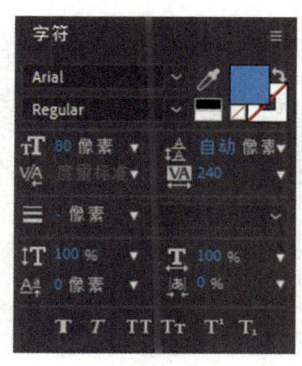

图 8-22　设置英文文字的属性

(4) 制作英文文字动画。在时间轴面板中展开英文文字图层的属性，单击"动画"右侧的下拉按钮，在下拉菜单中选择"位置"命令，将"位置"属性值设置为"300.0, 300.0"，使得文字的位置产生了偏移，如图 8-23 所示。

(5) 单击"动画制作工具 1"选项右侧的"添加"下拉按钮，在下拉菜单中选择"选择器"→"摆动"命令，为动画添加"摆动"属性，如图 8-24 所示。文字发生了随机偏移，偏移的最大值为设置的"位置"属性值。

图 8-23　设置英文文字图层的"位置"属性

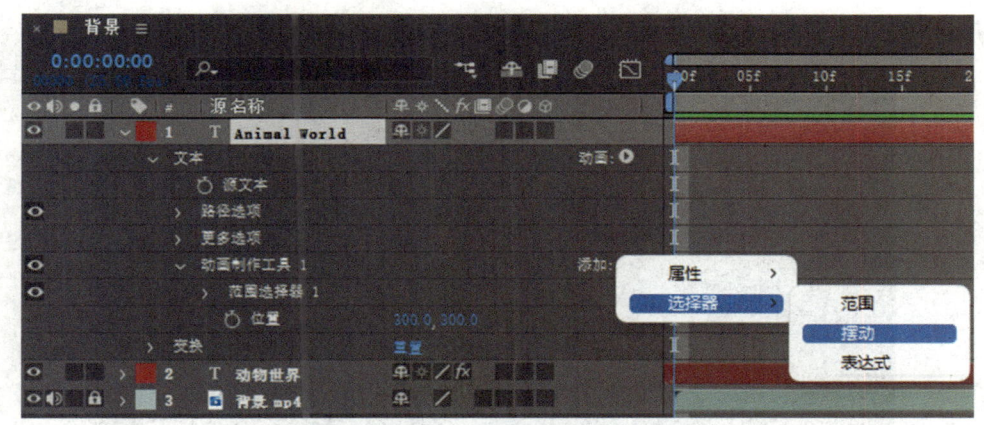

图 8-24　添加"摆动"属性

(6) 拖动时间轴指针观看文字动画会发现，虽然英文文字的字母出现位置上的随机偏移抖

125

动，但是每个字母仍然保持垂直，显得比较僵硬，可以让其随机变化旋转角度。单击"动画制作工具1"选项右侧的"添加"下拉按钮，在下拉菜单中选择"属性"→"旋转"命令，为动画添加"旋转"属性，将"旋转"属性值设置为"1x+74.0°"，于是英文文字的字母出现了随机位置偏移和随机旋转，如图8-25所示。

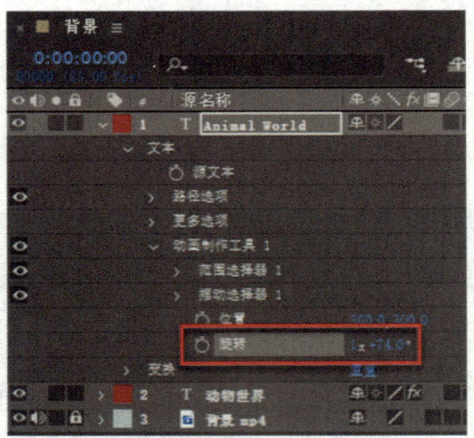

图8-25 设置字母的"旋转"属性

（7）将时间轴指针移到第0帧处，启动"位置"和"旋转"属性关键帧。将时间轴指针移到第1秒处，分别单击"位置"和"旋转"属性左侧的"添加关键帧"按钮，添加关键帧。将时间轴指针移到第2秒处，将"位置"和"旋转"属性的数值均设置为0，此时文字回到原始位置，不再抖动和旋转。展开"摆动选择器1"选项，将"摇摆/秒"属性值设置为"5.0"，从而提高摇摆的频率，如图8-26所示。

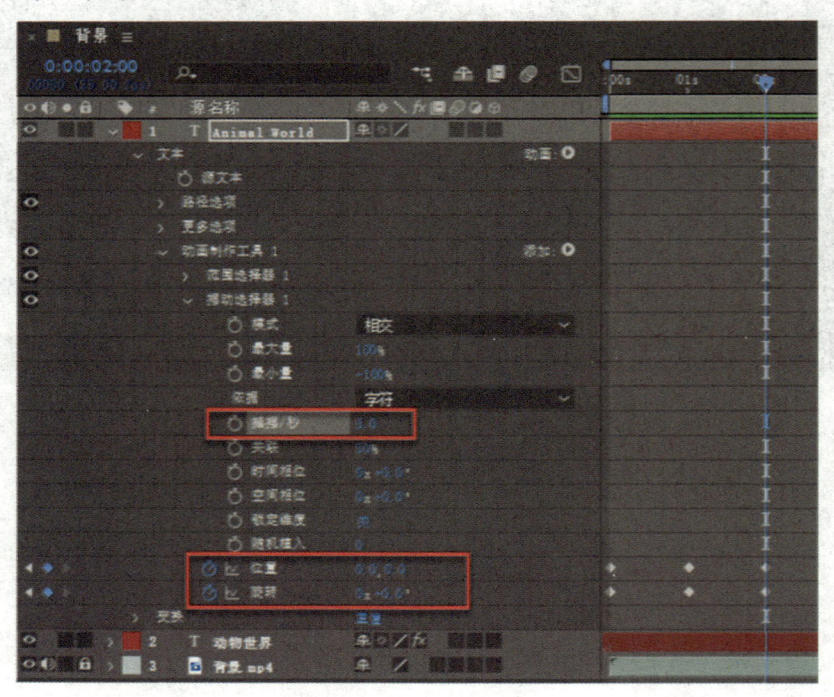

图8-26 设置字母的动画属性

(8) 制作标题文字动画。将文字图层"动物世界"的入点拖到第 2 秒 5 帧处，如图 8-27 所示。

图 8-27 调整文字图层"动物世界"的入点

(9) 选中文字图层"动物世界"，选择"效果"→"效果控件"命令，弹出"效果控件"面板。选择"效果"→"模糊和锐化"→"径向模糊"命令，为文字添加"径向模糊"特效。在"效果控件"面板中，将"类型"设置为"缩放"，在方框图形中单击中下部，使得模糊的中心点在此位置，将"数量"属性值设置为"110.0"，此时会发现文字从中下部向上产生了辐射状的模糊效果。启动"数量"属性关键帧，如图 8-28 所示。

图 8-28 设置"径向模糊"特效

(10) 将时间轴指针移到第 3 秒 15 帧处，将"数量"属性值设置为"0.0"，文字恢复为正常状态。选中文字图层"动物世界"，按 U 键显示出该图层设置了关键帧的属性，如图 8-29 所示。

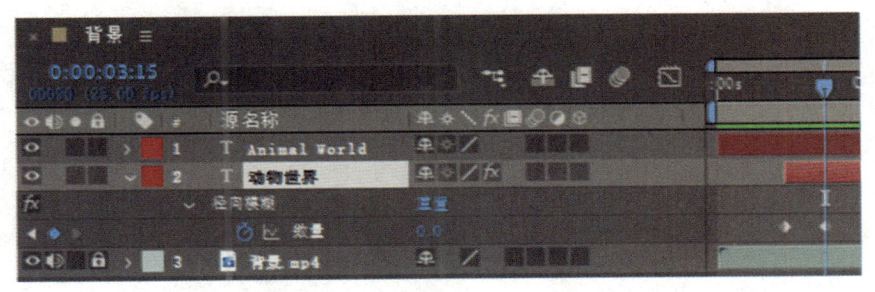

图 8-29 在文字图层"动物世界"中设置了关键帧的属性

127

（11）按 Space 键进行预览测试，若效果满意，则选择"合成"→"添加到渲染队列"命令，在打开的"渲染队列"面板中，指定渲染的文件名称、保存路径和渲染格式，单击"渲染"按钮进行渲染输出。

项目评价反馈表

技 能 名 称	配分/分	评 分 要 点	学 生 自 评	小 组 互 评	教 师 评 价
动画制作工具的建立	2	方法正确			
动画属性的参数调整	4	方法正确			
"摆动"属性的设置	2	设置方法正确			
"径向模糊"特效的设置	2	设置方法正确			
项目总体评价					

项目九

预置文字动画《春夜喜雨》

项目描述

AE 2022 中内置了许多效果丰富的文字动画，这使得用户可以轻松地利用预置文字动画进行创意和制作。本项目重点讲解预置文字动画的使用和修改的方法。《春夜喜雨》的制作效果如图 9-1 所示。

图 9-1 《春夜喜雨》的制作效果

学习目标

1. 知识目标：掌握在 AE 2022 中预置文字动画的添加方法，并对预置动画的参数进行修改。
2. 技能目标：能利用预置效果制作文字动画。

项目分析

该项目首先导入背景图片，为其添加下雨效果以增加春天的气息；然后输入需要的文字，进行合理的排版，并应用 AE 2022 的预置文字动画产生文字逐个打印的效果。

项目实施

（1）双击"项目"窗口的空白处，导入素材"背景.jpg"，将该图片拖到"项目"窗口底部的"新建合成"按钮上，生成一个新的合成。选择"合成"→"合成设置"命令，在"合成设置"对话框中，将"合成名称"修改为"final"。

（2）选择"图层"→"新建"→"纯色"命令，新建一个纯色层，在"纯色设置"对话框中，将"颜色"设置为黑色。选中该纯色层，选择"效果"→"效果控件"命令，弹出"效果控件"面板。选择"效果"→"模拟"→"CC Rainfall"命令，添加下雨特效，在"效果控件"面板中将"Speed（速度）"设置为"2000"，使下雨的速度慢下来，这样更有春天细雨的感觉。将该纯色层的图层模式设置为"屏幕"，如图9-2所示。

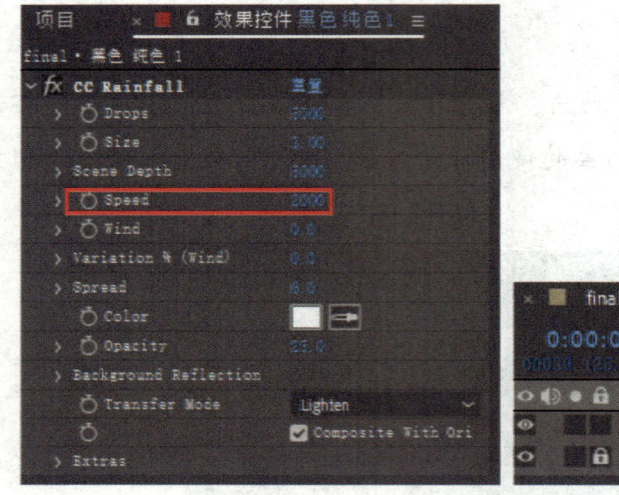

图 9-2 添加下雨特效

（3）在工具箱中选择竖排文字工具，在"合成"窗口中单击，出现文本输入光标，将"素材"文件夹中"春夜喜雨.txt"文件的诗词文字复制过来，并进行合适的排版，如图9-3所示。

（4）选中文字图层，选择"效果"→"风格化"→"发光"命令，添加"发光"特效，使文字具有墨迹晕染的效果，如图9-4所示。

图 9-3 添加并排版文字　　　　　　9-4 添加"发光"特效

（5）选中文字图层，在 AE 2022 界面右侧的"效果和预设"面板中选择"动画预设"→"Text"→"Multi-Line"→"文字处理器"命令并双击它，将预置动画效果添加到文字上。

（6）按 Space 键预览测试动画，会发现默认的动画效果较快，可以对其进行适当的调整。选中文字图层，按 U 键显示出该图层设置了关键帧的属性，其中在该预置动画中有一个"滑块"属性设置了关键帧动画，如图 9-5 所示。

图 9-5　预置动画关键帧设置

将"滑块"属性的第 1 个关键帧移到第 1 秒处，最后一个关键帧移到第 10 秒处，按 Space 键预览测试动画。

（7）此时诗词文字的出现是匀速的，缺少节奏感，因此需要在题目"春夜喜雨"出现以后制作一个停顿效果，并在每一句诗出现以后制作一个停顿效果。拖动时间轴指针在题目"春夜喜雨"出现后而第一句诗还没有出现的位置，单击"滑块"属性左端的"添加关键帧"按钮，添加该属性的关键帧。选中这个关键帧，按 Ctrl+C 组合键进行复制，将时间轴指针后移一段时间，按 Ctrl+V 组合键进行粘贴，后移的这段时间将是光标闪烁、打字停顿的时间，如图 9-6 所示。

图 9-6　设置文字停顿的关键帧

（8）按照这种方法，依次在每一句诗显示完后制作一个停顿的关键帧，如图 9-7 所示。

图 9-7　设置其他的文字停顿的关键帧

（9）按Space键预览测试动画，若效果满意，则选择"合成"→"添加到渲染队列"命令，在打开的"渲染队列"面板中，指定渲染的文件名称、保存路径和渲染格式，单击"渲染"按钮进行渲染输出。

相关知识

AE 2022中内置了许多效果丰富的文字动画，这些文字动画可以很方便地进行调用，并且能够进行修改。

1. 查看预置文字动画

选择"动画"→"浏览预设"命令，可以在Adobe Bridge软件中预览"Presets"文件夹中的预置文字动画，所有的文字动画都放置在其内部的"Text"文件夹中，如图9-8所示。

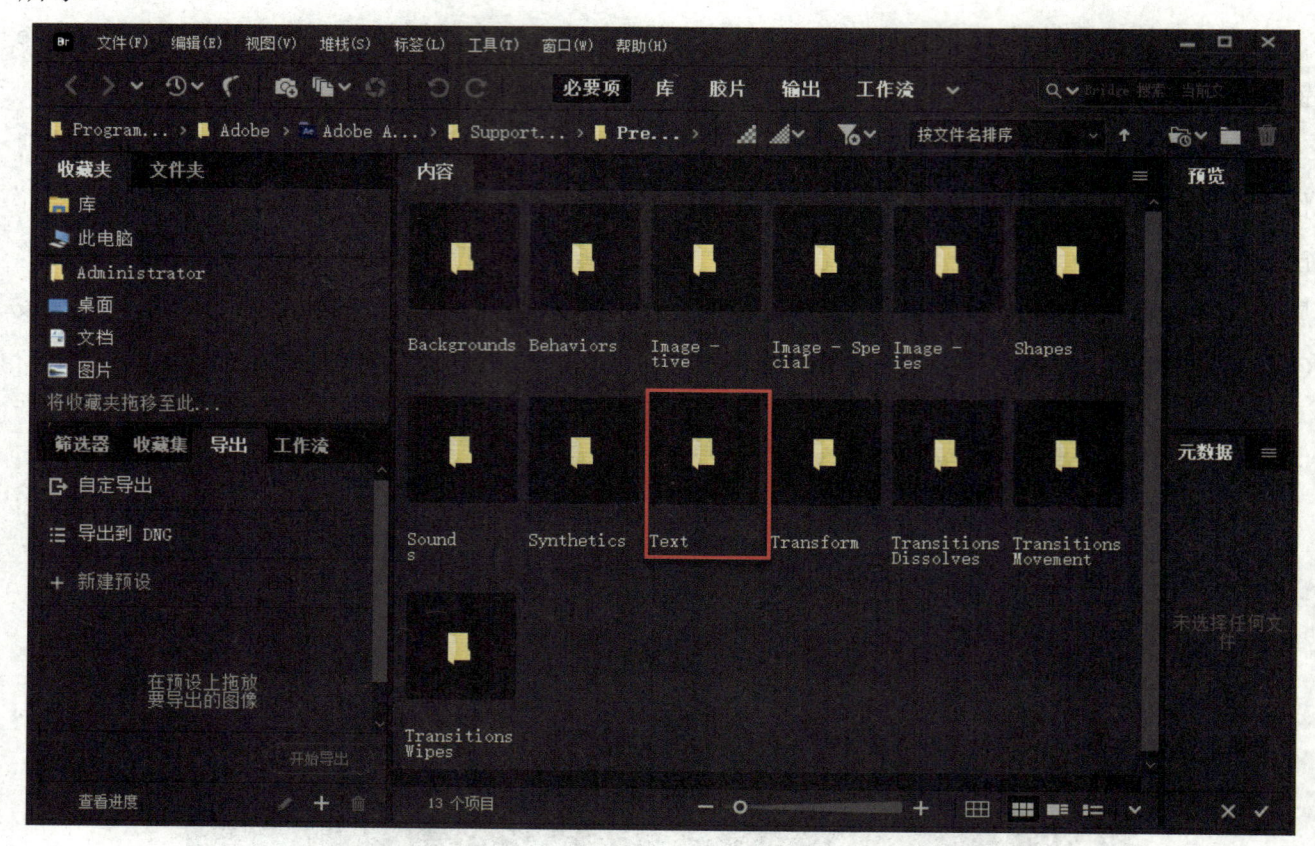

图9-8 利用Adobe Bridge软件预览预置文字动画

双击进入"Text"文件夹，可以看到不同效果的文字动画，分别放置在不同的子文件夹中。当单击不同的文字动画时，可以在右侧的"预览"区域看到动画效果，如图9-9所示。

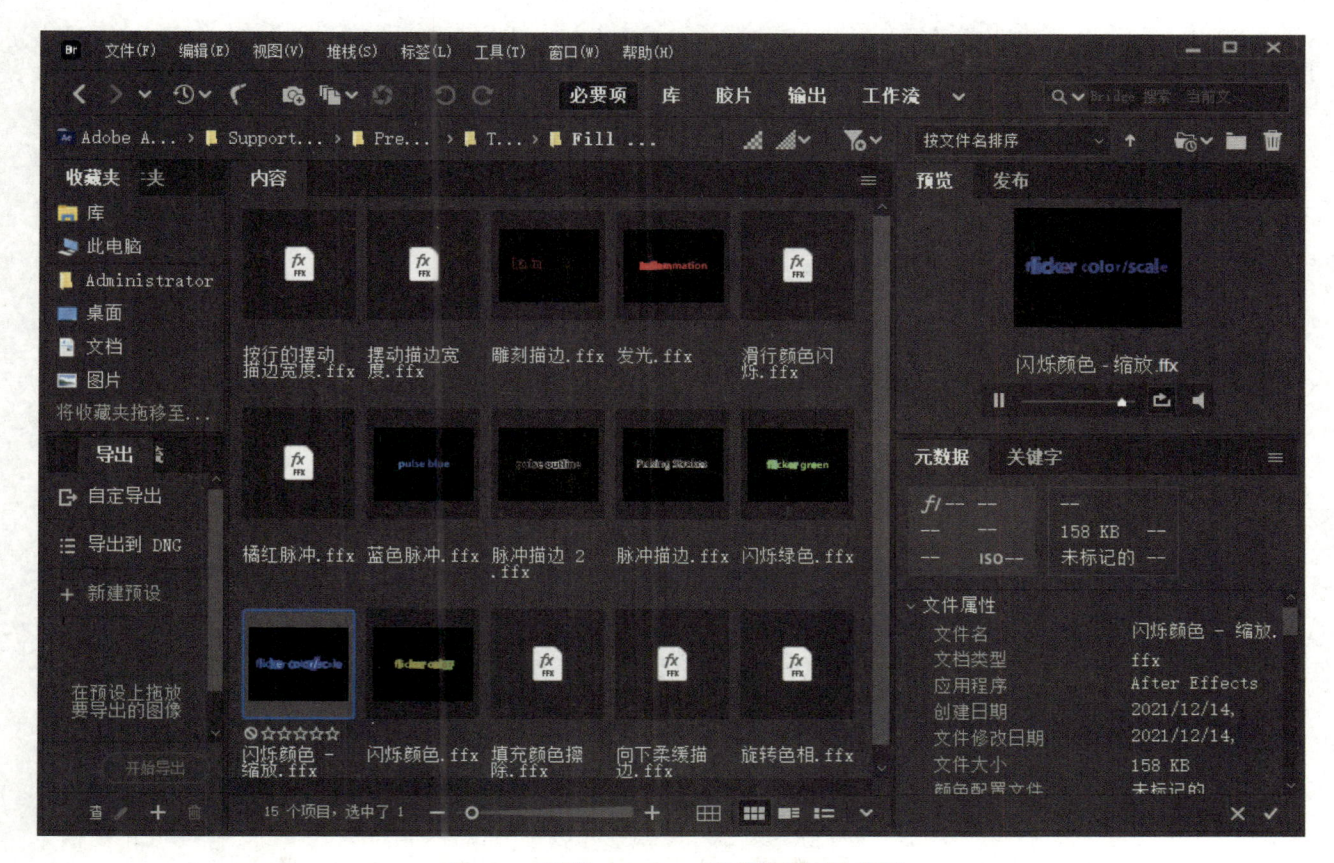

图 9-9　预览 AE 2022 的预置文字动画

> 💡 **注意**
>
> Adobe Bridge 2022 软件不包含在 AE 2022 的软件包中，需要单独到 Adobe 官网下载，且该软件的安装路径要与 AE 2022 的安装路径相同。Adobe Bridge 2022 是 Adobe Creative Cloud 的控制中心，不仅可以用来组织、浏览和寻找所需资源，还可以用来创建供印刷、网站和移动设备使用的内容。

2. 利用 Adobe Bridge 软件添加预置文字动画

当浏览到满意的预置文字动画时，首先在时间轴面板中选中需要添加动画的文字图层，然后在 Adobe Bridge 软件中双击预置文字动画，使预置文字动画添加到文字图层上。

3. 修改预置文字动画

在时间轴面板中展开文字图层的属性，可以看到添加的预置文字动画的属性值。修改这些属性值可以改变动画效果。

4. 利用"效果和预设"面板添加预置文字动画效果

在时间轴面板中选中需要添加动画的文字图层，在"效果和预设"面板中展开"动画预设"选项，在"Text"文件夹下面会看到许多有关文字的预置文字动画名称，直接双击需要添加的预置文字动画名称，即可将该预置文字动画添加到文字上，如图 9-10 所示。

图 9-10 "效果和预设"面板

项目拓展　预置文字旁白制作《我爱动漫专业》

预置文字旁白制作利用文字预置动画为短片添加过渡对白。《我爱动漫专业》的旁白制作效果如图 9-11 所示。

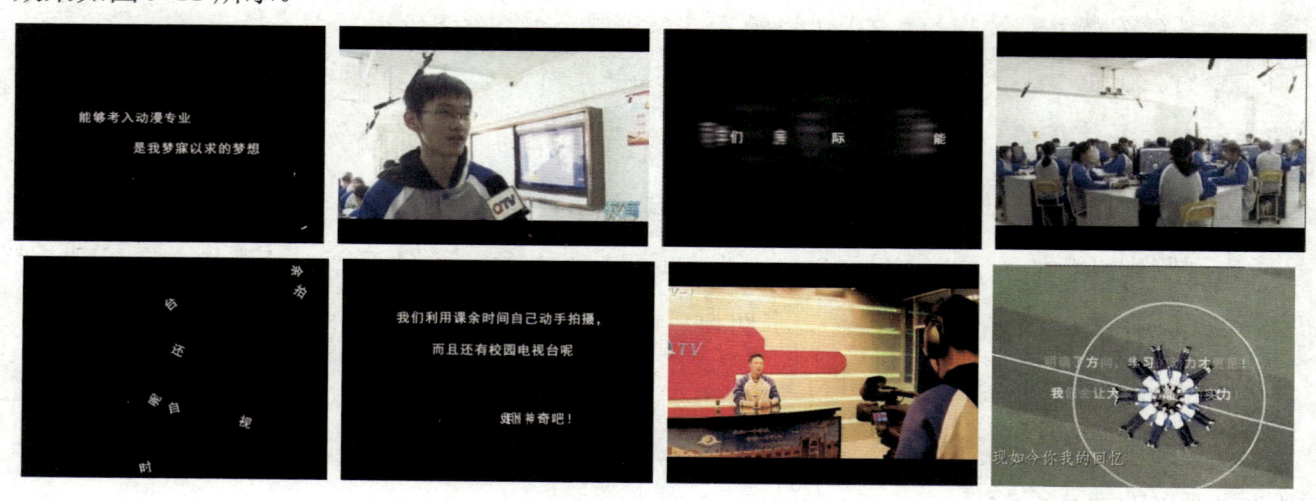

图 9-11 《我爱动漫专业》的旁白制作效果

（1）按 Ctrl+N 组合键新建合成，将"宽度"设置为"360"px，"高度"设置为"264"px，"像素长宽比"设置为"方形像素"，"持续时间"设置为 50 秒，"背景颜色"设置为黑色，单击"确定"按钮。

（2）双击"项目"窗口的空白处，导入所有素材。

（3）选择文字工具并输入文字"能够考入动漫专业是我梦寐以求的梦想"。将文字图层的出点调整到第 3 秒 12 帧处，选中该文字图层，在"效果和预设"面板中选择"动画预设"→"Text"→"Animate In"→"打字机"命令并双击，添加"打字机"预置动画。按 U 键，在时间轴面板中显示出关键帧属性，调整关键帧位置，让关键帧适应素材长度。

（4）在"项目"窗口中将素材"w1.wmv"拖到时间轴面板的顶层，在时间轴中将该图层移到文字图层的后边，如图 9-12 所示。

图 9-12　在时间轴中排列素材

（5）选择文字工具并输入文字"同学们在机房进行实际操作以提高技能"。在时间轴面板中调整该图层的入点，使其接在前一个素材的后面，出点移到第 13 秒处。选中该文字图层，在"效果和预设"面板中选择"动画预设"→"Text"→"Blurs"→"运输车"命令并双击，添加随机模糊预置动画。按 U 键，调整关键帧属性，让关键帧适应素材长度，如图 9-13 所示。

图 9-13　设置预置动画的关键帧（1）

（6）在"项目"窗口中将素材"w2.wmv"拖到时间轴面板的顶层，将该图层移到文字图层的后边。

（7）选择文字工具并输入文字"我们利用课余时间自己动手拍摄，而且还有校园电视台呢"，在"合成"窗口中排列好版式。将该图层的入点接在前一个图层的后面，出点在第 32 秒处。

选中该文字图层，在"效果和预设"面板中选择"动画预设"→"Text"→"Mechanical"→"电磁铁"命令并双击，添加随机抖动落定预置动画。按 U 键，调整关键帧属性，让关键帧适应素材长度，如图 9-14 所示。

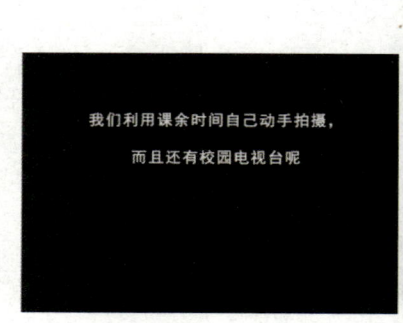

图 9-14　设置预置动画的关键帧（2）

（8）选择文字工具并输入文字"我们很神奇吧！"，在"合成"窗口中排列好版式。将该图层的入点接在前一个文字动画落定时，出点在第 32 秒处，如图 9-15 所示。

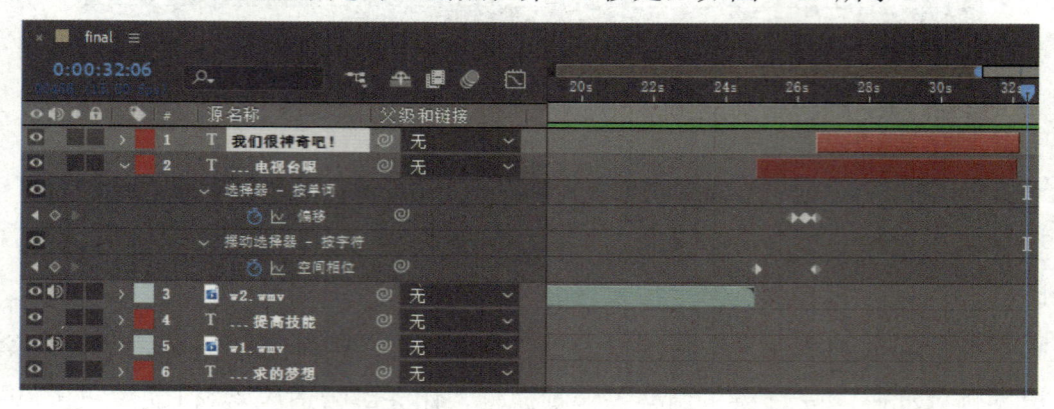

图 9-15　在时间轴面板中排列素材（1）

选中该文字图层，在"效果和预设"面板中选择"动画预设"→"Text"→"Organic"→"洗牌"命令并双击，制作出从中间向外挤的预置动画效果。

（9）在"项目"窗口中将素材"w3.wmv"和"w4.wmv"拖到时间轴面板的顶层，依次排列开，如图 9-16 所示。

图 9-16　在时间轴面板中排列素材（2）

（10）选择文字工具并输入文字"明确了方向，学习的动力才更足！我们会让大家看到高手的实力！"，在"合成"窗口中排列好版式。调整该图层的入点在第 45 秒 9 帧处，如图 9-17 所示。

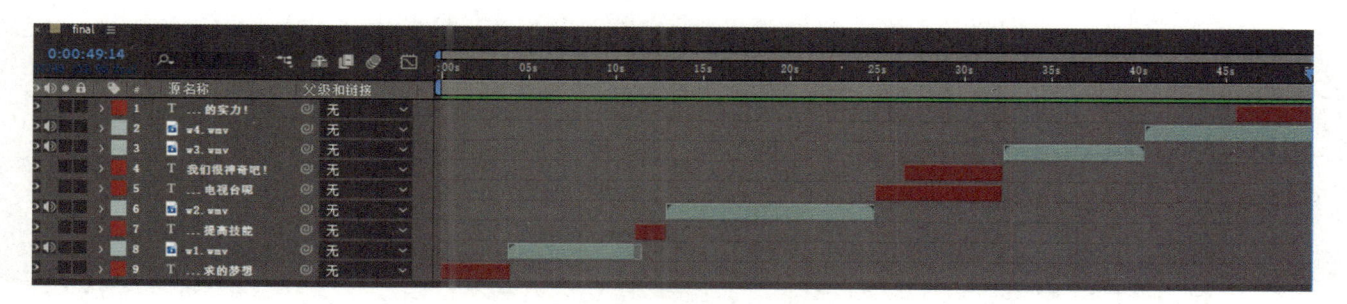

图 9-17　在时间轴面板中排列素材（3）

选中该文字图层，在"效果和预设"面板中选择"动画预设"→"Text"→"Lights and Optical"→"百老汇"命令并双击，制作出忽明忽暗的预置动画效果。

（11）在合适的位置添加背景音乐，如图 9-18 所示。

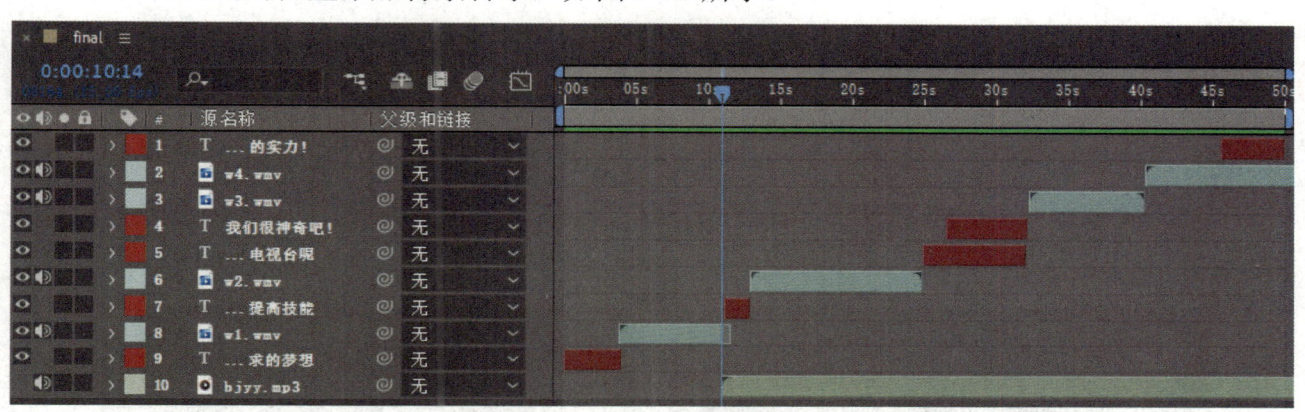

图 9-18　添加背景音乐

（12）按 Space 键预览测试动画，若效果满意，则选择"合成"→"添加到渲染队列"命令，在打开的"渲染队列"面板中，指定渲染的文件名称、保存路径和渲染格式，单击"渲染"按钮进行渲染输出。

项目评价反馈表

技 能 名 称	配分/分	评 分 要 点	学 生 自 评	小 组 互 评	教 师 评 价
添加预置文字动画	2	方法正确			
修改预置文字动画	2	方法正确			
项目总体评价					

项目十

蒙版技术应用《摄影爱好者》

项目描述

在影视特技合成中,当需要只显示画面中的一部分,把不需要的部分屏蔽掉,这就需要利用 AE 2022 的蒙版技术。本项目重点讲解蒙版技术的使用方法和技巧。《摄影爱好者》的制作效果如图 10-1 所示。

图 10-1 《摄影爱好者》的制作效果

学习目标

1. 知识目标:掌握蒙版路径的建立和编辑方法;能利用蒙版属性制作动画效果;能利用蓝屏抠像技术去除蓝色背景。

2. 技能目标:能利用蒙版路径控制素材的显示,并制作相应的动画效果。

项目分析

该项目首先利用"线性颜色键"特效去除人物蓝色背景;然后通过蒙版的绘制和羽化设置,控制画面的柔和显示;最后通过蒙版顶点动画的设置,制作蒙版动画。

项目实施

（1）按Ctrl+N组合键新建合成，将"宽度"设置为"600"px，"高度"设置为"400"px，"像素长宽比"设置为"方形像素"，"帧速率"设置为"25"帧/秒，"持续时间"设置为5秒，单击"确定"按钮。

（2）双击"项目"窗口的空白处，导入所有素材。

（3）在"项目"窗口中将素材"girl.JPG"和"001.JPG"拖到时间轴面板中，使人物图层在上层。调整人物在画面中的位置，如图10-2所示。

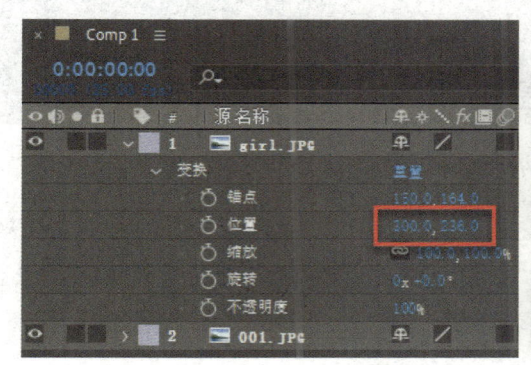

图10-2　调整素材位置

（4）选择工具箱中的选择工具，在时间轴面板中选中人物图层，选择"效果"→"效果控件"命令，弹出"效果控件"面板。选择"效果"→"抠像"→"线性颜色键"命令，在"效果控件"面板中选择"主色"吸管工具在"合成"窗口中吸取素材的蓝背景，此时如果蓝背景没有吸取干净，则选择"预览"选项中间的吸管工具，在背景颜色上继续吸取，使画面中的蓝色背景完全消失，如图10-3所示。

（5）选中人物图层，选择工具箱中的矩形工具，在"合成"窗口的人物上方绘制矩形蒙版，使画面中的人物消失，如图10-4所示。

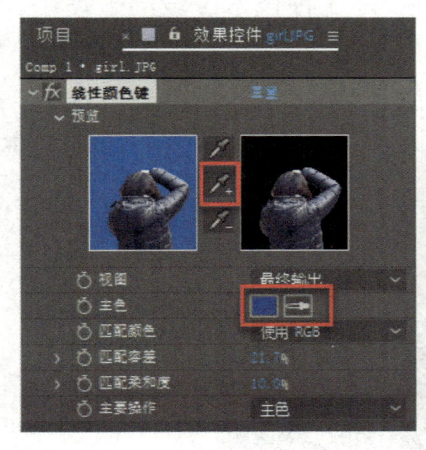

图10-3　设置"线性颜色键"特效　　　　图10-4　绘制矩形蒙版

（6）将时间轴指针移到第0帧处，展开人物图层的"蒙版"选项，启动"蒙版路径"属性关键帧。将时间轴指针移到结束处，选择工具箱中的选取工具，在"合成"窗口中双击矩形蒙版路径，使路径的周围出现控制框。将鼠标指针移到矩形路径底部的横边上，当鼠标指针变为上下箭头时，向下拖动该横边到"合成"窗口的底部，使得人物全部显示出来，如图10-5所示。

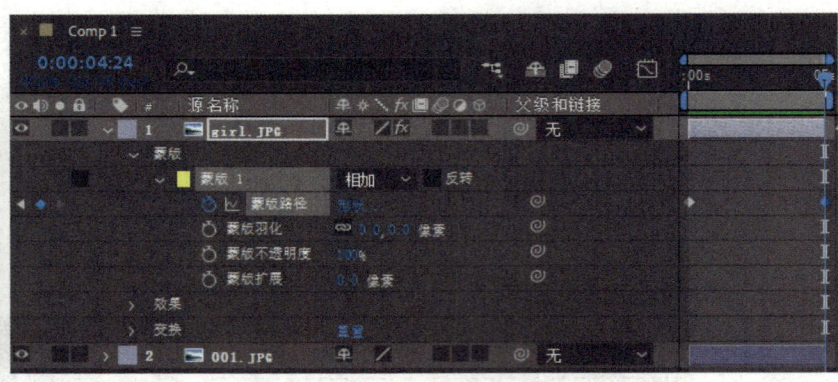

图 10-5 调整蒙版形状

（7）此时会发现人物出现的边缘比较僵硬。在该图层的"蒙版"选项中，将"蒙版羽化"的属性值设置为"21.0, 21.0 像素"。这样一来，人物逐渐显现的效果就变得非常柔和了。

（8）按 Space 键预览测试动画，若效果满意，则选择"合成"→"添加到渲染队列"命令，在打开的"渲染队列"面板中，指定渲染的文件名称、保存路径和渲染格式，单击"渲染"按钮进行渲染输出。

相关知识

1. 控制图像进行部分显示的技术手段

（1）轨道遮罩：利用控制图层上的色彩信息控制其下面图层的显示部分。

（2）蒙版：为图层添加封闭的路径，并控制素材在路径内部或外部进行显示。

（3）抠像：利用色彩的区别技术将对象的背景变为透明，只保留主体对象。

在影视制作中采取哪种手段取决于制作要求和制作成本，一般是3种技术手段结合使用。

2. 蒙版工具

（1）规则蒙版工具。在工具箱中有矩形工具、圆角矩形工具、椭圆工具、多边形工具、星形工具等规则蒙版工具，如图10-6所示。

（2）不规则蒙版工具。在工具箱中有钢笔工具、添加"顶点"工具、删除"顶点"工具、转换"顶点"工具、蒙版羽化工具等不规则蒙版工具，如图10-7所示。

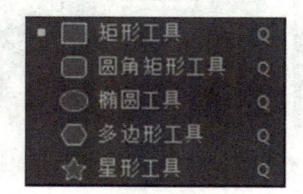

图 10-6 规则蒙版工具　　　　　　　　图 10-7 不规则蒙版工具

3. 建立蒙版

（1）建立规则蒙版。具体步骤如下。

① 在时间轴面板中选中图层。

② 在工具箱中选择规则蒙版工具，在"合成"窗口中找到起始位置，按住鼠标左键将其拖至结束位置，从而生成蒙版路径范围。如果按住 Shift 键进行拖动，则生成的蒙版其宽和高为同比例；如果按住 Ctrl 键进行拖动，则从蒙版中心开始建立蒙版。

（2）建立不规则蒙版。具体步骤如下。

① 在时间轴面板中选中图层。

② 在工具箱中选择钢笔工具，在"合成"窗口中找到起始位置并单击，生成顶点。

③ 将鼠标指针移到下一个顶点的位置并单击，生成顶点。

④ 根据需要重复第③步，最后单击第一个顶点形成封闭的蒙版路径。

⑤ 在单击生成顶点时，按住鼠标左键进行拖动，顶点会产生控制方向的控制柄。改变控制柄的方向和长度，将影响路径的弯曲程度，从而生成曲线蒙版路径。

4. 编辑蒙版形状

（1）移动、缩放和旋转蒙版。具体步骤如下。

① 在工具箱中选择选取工具 ▶。

② 在"合成"窗口中单击绘制的蒙版（或者在时间轴面板中单击对应的图层），显示出蒙版路径。

③ 双击蒙版路径的顶点，出现控制框。

④ 将鼠标指针放在控制框中可移动蒙版路径。

⑤ 将鼠标指针移到控制框的顶点上，可缩放蒙版路径。

⑥ 将鼠标指针移到控制框的顶点外侧，可旋转蒙版路径。按 Enter 键结束调整。

（2）选择蒙版路径上的顶点。具体步骤如下。

① 在工具箱中选择选取工具 ▶。

② 在"合成"窗口中单击绘制的蒙版（或者在时间轴面板中单击对应的素材层），显示出蒙版路径。

③ 单击所要选择的顶点。

（3）修改蒙版路径形状。具体步骤如下。

① 在工具箱中选择选取工具 ▶。

② 在"合成"窗口中单击绘制的蒙版（或者在时间轴面板中单击对应的素材层），显示出蒙版路径。

③ 单击所要选择的顶点，并移动，以便改变控制点的位置。

④ 若要增加控制点，则选择添加"顶点"工具，在蒙版路径上单击。

⑤ 若要删除顶点，则选择删除"顶点"工具，单击需要删除的顶点。

⑥ 选择转换"顶点"工具，单击控制点，可以实现直线顶点和曲线顶点之间的转换。

5. 蒙版属性

当对图层添加蒙版路径后，图层会出现蒙版属性，具体如下。

➢ 蒙版路径：由蒙版路径顶点确定蒙版形状。

➢ 蒙版羽化：可以改变蒙版边缘的软硬度。

➢ 蒙版不透明度：可以改变蒙版内图像的不透明度。

➢ 蒙版扩展：将该属性值设为正数或负数，可以对当前蒙版进行扩展或收缩。

➢ 反转：是否勾选该复选框将决定蒙版路径以内或以外为透明区域。

通过关键帧记录蒙版属性的改变，从而生成蒙版动画。

6. 形状图层

在时间轴面板中，在没有图层被选中的情况下，选择任意蒙版工具在"合成"窗口中进行绘制，得到的是路径形状的形状图层。用户可以通过工具箱中的填充工具来填充颜色，也可以通过描边工具对描边的颜色和粗细进行设置，如图 10-8 所示。

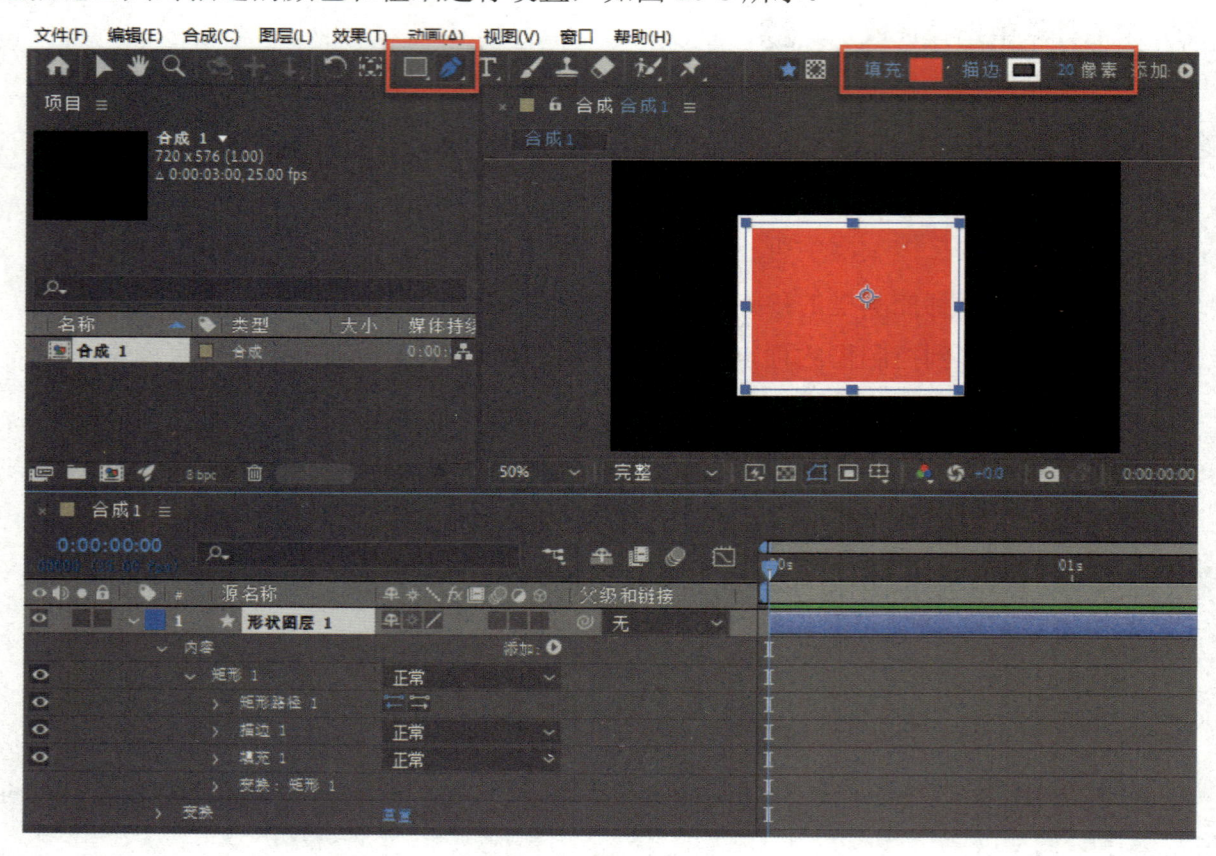

图 10-8　绘制形状图层

项目拓展　多蒙版技术合成《窗台风景》

本项目利用多个蒙版路径对画面的窗户进行抠除，显示出户外的蓝天。《窗台风景》的制作效果如图10-9所示。

图10-9　《窗台风景》的制作效果

（1）启动AE 2022，双击"项目"窗口的空白处，导入素材"风景.jpg"和"002.jpeg"。

（2）在"项目"窗口中将素材"002.jpeg"拖到"项目"窗口底部的"新建合成"按钮上，从而新建立一个与素材大小一致的合成，且自动放置在时间轴面板中。

（3）将图层"风景.jpg"拖到时间轴面板的底层。选中图层"风景.jpg"，展开其属性，将"位置"属性值设置为"145.6,445.3"，"缩放"属性值设置为"214.0,214.0%"，调整画面的显示内容。

（4）在时间轴面板中选中图层"002.jpeg"，选择工具箱中的钢笔工具，在"合成"窗口画面的窗户上绘制第1个蒙版路径，在时间轴面板中展开该图层的"蒙版"选项，勾选"反转"复选框，"蒙版1"路径内部显示出户外天空，如图10-10所示。

图10-10　在窗户上绘制第1个蒙版路径

（5）选中图层"002.jpeg"，在"合成"窗口中选择钢笔工具在画面的窗户上绘制第 2 个蒙版路径，但是会发现新绘制的路径区域内的内容没有去除。这是因为多个蒙版路径必须指定它们之间的相互关系。将"蒙版 2"路径的模式设置为"相减"，使"蒙版 2"路径内部显示出户外天空，如图 10-11 所示。

图 10-11 绘制和设置蒙版属性

（6）最后渲染输出图片。选择"合成"→"帧另存为"→"文件"命令，在"渲染队列"面板中，选择"输出模块"选项右侧的选项，在弹出的"输出模块设置"对话框中，指定"格式"为"JPEG 序列"，单击"确定"按钮，返回"渲染队列"面板。选择"输出到"选项右侧的选项，在弹出的"将帧输出到："对话框中，指定文件输出的路径和文件名称，单击"保存"按钮，返回"渲染队列"面板。单击"渲染"按钮进行渲染输出，如图 10-12 所示。

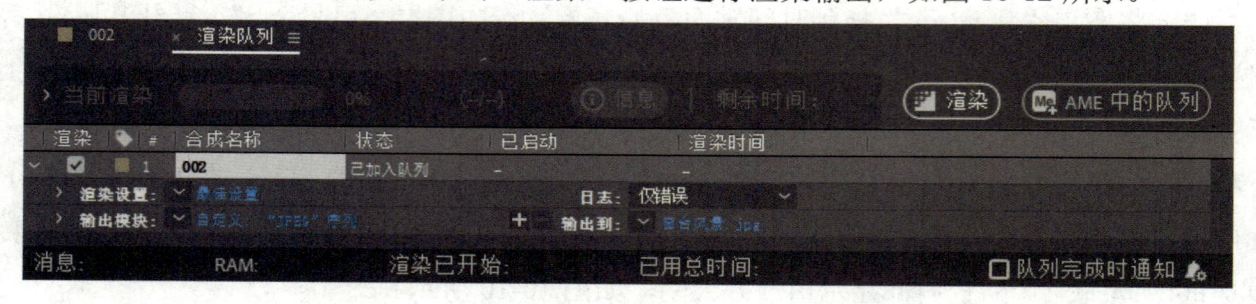

图 10-12 渲染设置

项目评价反馈表

技 能 名 称	配分/分	评 分 要 点	学生自评	小组互评	教师评价
建立蒙版	1	方法正确			
编辑蒙版形状	2	方法正确			
多个蒙版的处理	2	方法正确			
项目总体评价					

项目十一

路径描边动画《小老虎》

项目描述

在影视特效合成中，为了丰富画面的动感表现力，创作者经常会添加一些动态元素进行修饰，而动感线条就是经常采用的手法之一。本项目将重点讲解利用 AE 2022 的路径描边特效制作出手绘线条的方法。《小老虎》的制作效果如图 11-1 所示。

图 11-1 《小老虎》的制作效果

学习目标

1. 知识目标：掌握路径描边特效的使用方法。
2. 技能目标：能制作各种路径线条的手写动画效果。

项目分析

该项目首先在黑色纯色层上依据小老虎轮廓绘制路径，然后为路径添加"描边"特效，最后由"块溶解"特效进行块状转场切换到小老虎画面。

项目实施

（1）启动 AE 2022，双击"项目"窗口的空白处，导入素材"xiaolaohu.JPG"。

（2）按 Ctrl+N 组合键新建合成，将"宽度"设置为"640"px，"高度"设置为"480"px，"像素长宽比"设置为"方形像素"，"持续时间"设置为 5 秒，单击"确定"按钮。

(3)在"项目"窗口中将素材"xiaolaohu.JPG"拖到时间轴面板中,选中该图层,按S键显示"缩放"属性,将"缩放"属性值设置为"114.0, 114.0%"。

(4)选择"图层"→"新建"→"纯色"命令,新建纯色层,在"纯色设置"对话框中将"颜色"设置为黑色。选中纯色层,单击该图层左端的 按钮隐藏该图层。选择工具箱中的钢笔工具 ,在纯色层上绘制蒙版路径,且该路径是沿着下面图层上的小老虎轮廓进行绘制的,如图11-2所示。

图11-2 在纯色层上绘制蒙版路径

> **提示**
>
> 在绘制蒙版路径的过程中,可以单击"合成"窗口左下方的显示比例下拉按钮 200% 进行放大显示。按Space键,当鼠标指针变成抓手图标时,可以移动画面的显示位置,便于清晰地观察绘制的蒙版路径。在绘制时还可以配合Ctrl键和Alt键改变蒙版路径顶点的位置和顶点的切线方向,使得蒙版路径的外形与轮廓尽可能相似。

(5)恢复纯色层的显示,展开该图层的属性,将"蒙版 1"的模式设置为"无",此操作是将蒙版作为路径,不起遮罩作用,如图11-3所示。

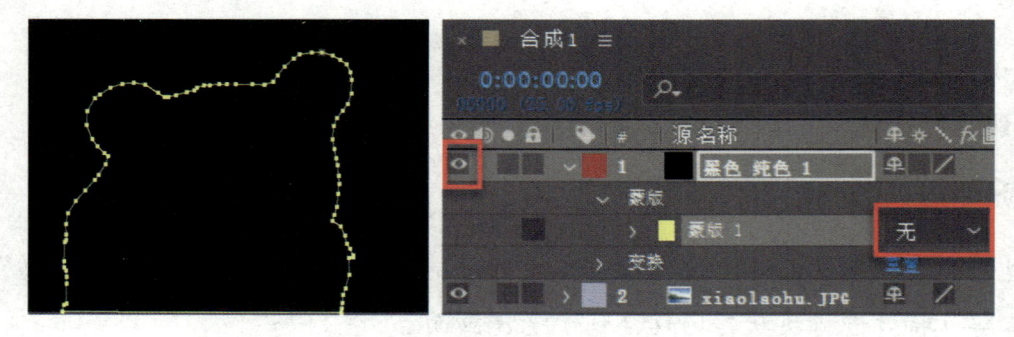

图11-3 恢复纯色层的显示和设置蒙版模式

(6)选中纯色层,选择"效果"→"生成"→"描边"命令,为纯色层添加"描边"特效。在"效果控件"面板中,将"画笔大小"设置为"3.0","画笔硬度"设置为"100%",其他参数保持默认设置。此时会发现"合成"窗口的蒙版路径描上了白边,如图11-4所示。

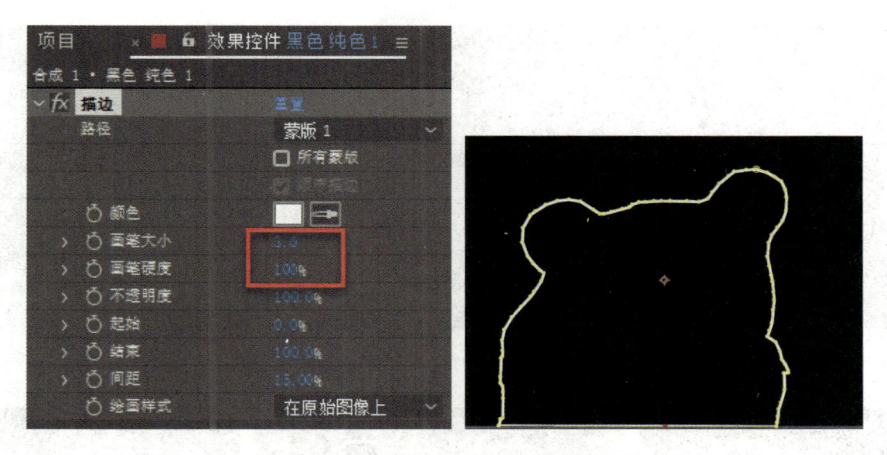

图 11-4 设置"描边"特效参数

（7）将时间轴指针移到第 0 帧处，启动"结束"属性关键帧，将"结束"属性值设置为"0.0%"。将时间轴指针移到第 2 秒处，将"结束"属性值设置为"100.0%"。按 Space 键进行预览测试，观看描边的节奏是否合适。若感觉描边速度快了或慢了，则可以选中该纯色层按 U 键，使设置了关键帧的属性显示出来，通过拖动后面的关键帧向右或左移动来控制动画速度的快慢，如图 11-5 所示。

图 11-5 调整"描边"特效关键帧

（8）选中纯色层，选择"效果"→"效果控件"命令，显示出"效果控件"面板。选择"效果"→"过渡"→"块溶解"命令，添加"块溶解"特效。在"效果控件"面板中将"块宽度"和"块高度"均设置为"20.0"，取消勾选"柔化边缘（最佳品质）"复选框。将时间轴指针移到第 2 秒 12 帧处，启动"过渡完成"属性关键帧，将其属性值设置为"0%"。将时间轴指针移到第 3 秒 12 帧处，将"过渡完成"的属性值设置为"100%"，选中该图层并按 U 键显示出设置了关键帧的属性，如图 11-6 所示。其画面转场效果如图 11-7 所示。

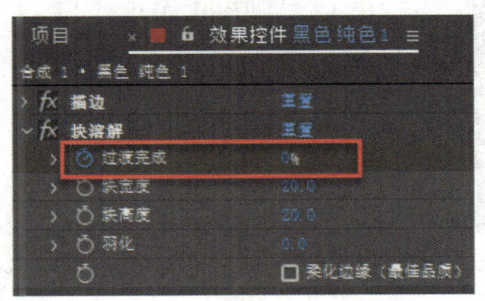

图 11-6 设置"块溶解"特效关键帧的属性

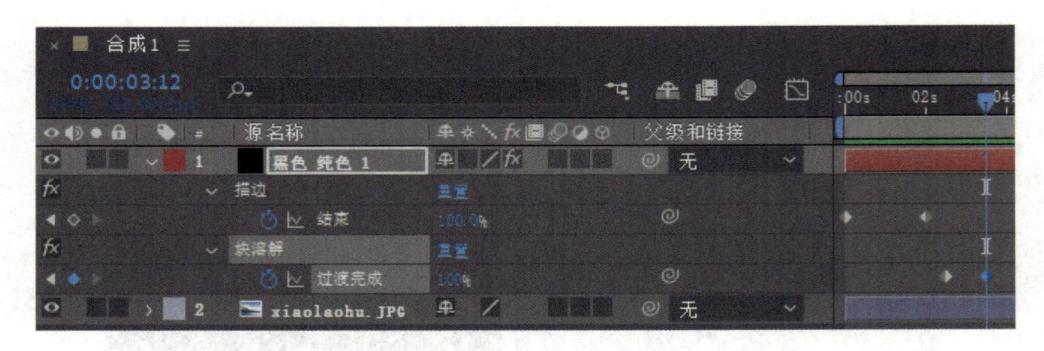

图 11-6 设置"块溶解"特效关键帧的属性（续）

图 11-7 "块溶解"特效画面转场效果

（9）按 Space 键进行预览测试，若效果满意，则选择"合成"→"添加到渲染队列"命令，在打开的"渲染队列"面板中，指定渲染的文件名称、保存路径和渲染格式，单击"渲染"按钮进行渲染输出。

相关知识

"描边"特效

选择"效果"→"生成"→"描边"命令，可为当前图层添加"描边"特效。在"效果控件"面板中，显示该特效的参数，如图 11-8 所示。

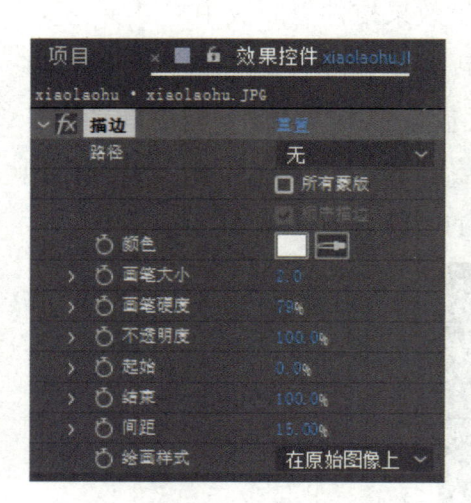

图 11-8 "描边"特效的参数

- 路径：指定绘制的蒙版路径。若勾选"所有蒙版"复选框，则描边所有的蒙版路径。
- 颜色：描边的颜色。
- 画笔大小：笔刷大小，确定描边线条的粗细。
- 画笔硬度：笔刷硬度。
- 不透明度：描边线条的不透明度。
- 起始：描边的起始位置，以占路径长度的百分比计算。
- 结束：描边的结束位置，以占路径长度的百分比计算。
- 间距：描边笔触的间距。
- 绘画样式：确定是在图形上描边，还是图形透明只描路径。

项目拓展　路径描边动画《手写签名》

本项目利用"描边"特效完成手写字体的书写签名动画。《手写签名》的制作效果如图11-9所示。

图11-9 《手写签名》的制作效果

（1）启动AE 2022，按Ctrl+N组合键新建合成，将"合成名称"设置为"手写签名"，"宽度"设置为"640"px，"高度"设置为"480"px，"像素长宽比"设置为"方形像素"，"帧速率"设置为"25"帧/秒，"持续时间"设置为5秒，"背景颜色"设置为黑色，单击"确定"按钮，如图11-10所示。

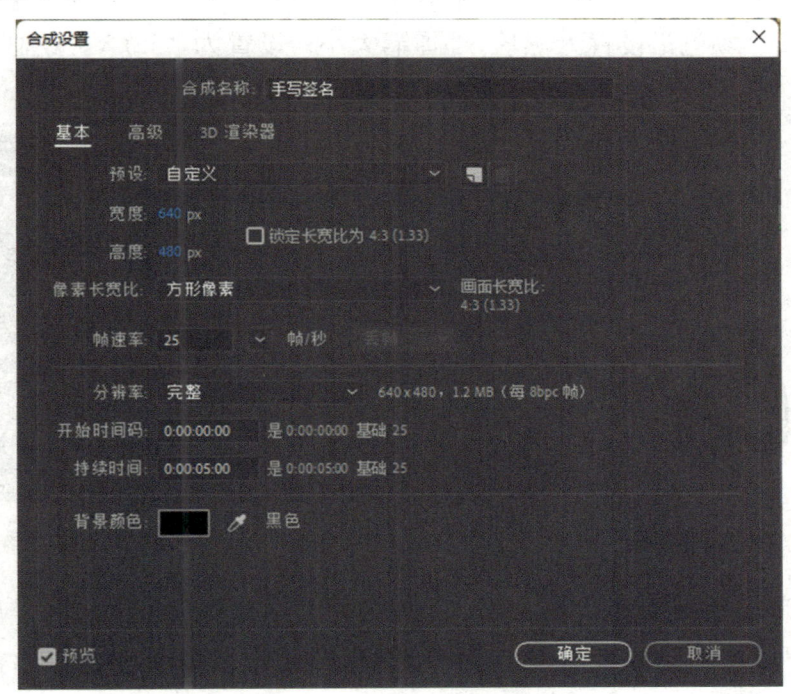

图11-10 "合成设置"对话框

（2）双击"项目"窗口的空白处，导入图片素材"签名.jpg"和"背景.JPG"。将图片素材"签名.jpg"拖到时间轴面板中，调整其位置如图11-11所示。

图 11-11　调整图片素材"签名.jpg"的位置

（3）选择"图层"→"新建"→"纯色"命令，新建纯色层，在"纯色设置"对话框中将"名称"设置为"签名"，"颜色"设置为蓝色，单击"确定"按钮。选中该纯色层，暂时隐藏该图层的显示。选择工具箱中的钢笔工具，在纯色层上绘制路径，路径是按照下面图层中的文字笔画进行绘制的。

路径绘制完成后，可以选择工具箱中的选取工具调整顶点的位置，选择转换"顶点"工具调整曲线的手柄，使路径曲线与原始签名重合。也可以在绘制过程中，不断地配合使用 Ctrl 键和 Alt 键，随时调整顶点的位置和切线方向，使路径曲线与原始签名重合，如图 11-12 所示。

（4）恢复"签名"纯色层的显示，选中该图层，选择"效果"→"效果控件"命令，显示出"效果控件"面板。选择"效果"→"生成"→"描边"命令，添加"描边"特效。在"效果控件"面板中，将"颜色"设置为黑色，"画笔大小"设置为"5.0"，"绘画样式"设置为"在原始图像上"，如图 11-13 所示。

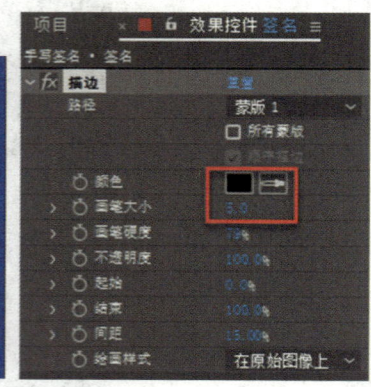

图 11-12　绘制签名笔画的蒙版路径　　　　图 11-13　设置"描边"特效参数

（5）将时间轴指针移到第 0 帧处，在"效果控件"面板中启动"结束"属性关键帧，将其属性值设置为"0.0%"。在时间轴面板中选中"签名"图层，按 U 键显示出设置了关键帧的属性。将时间轴指针移到第 15 帧处，将"结束"属性值设置为"15.0%"。

（6）将时间轴指针移到第 20 帧处，在时间轴面板中单击"结束"属性左端的"添加关键帧"按钮添加关键帧，使书写动作产生短暂的停顿。

（7）将时间轴指针移到第 4 秒 13 帧处，将"结束"属性值设置为"100.0%"，如图 11-14 所示。

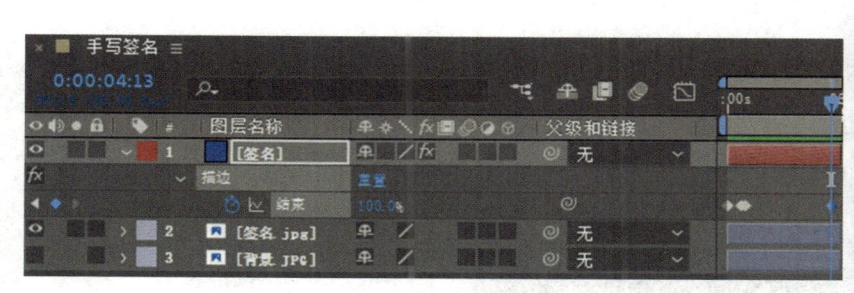

图 11-14　设置"描边"特效的属性关键帧

（8）在"项目"窗口中将图片素材"背景.JPG"拖到时间轴面板的底层，按 S 键显示"缩放"属性，将"缩放"属性值设置为"135.0, 135.0%"，使背景图片满屏显示。隐藏中间图层"签名.jpg"。选中图层"签名.jpg"，在"效果控件"面板中将"绘画样式"设置为"在透明背景上"，使蓝色背景消失，如图 11-15 所示。

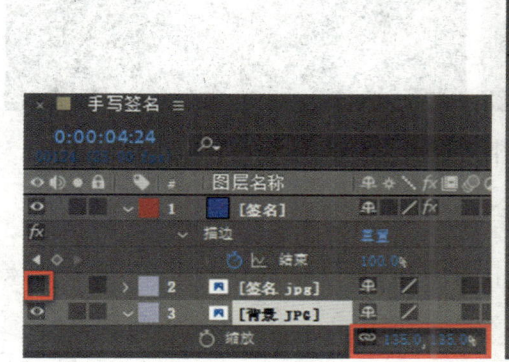

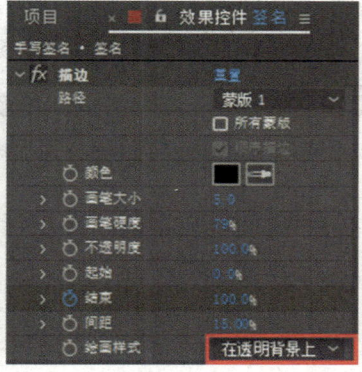

图 11-15　设置图层的属性和"描边"特效的"绘画样式"

（9）选中图层"签名.jpg"，展开图层的属性，将"位置"属性值设置为"377.0, 307.0"，"旋转"属性值设置为"0x-25.0°"，如图 11-16 所示。

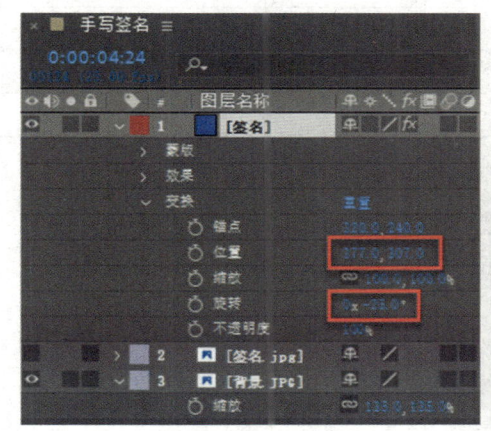

图 11-16　调整文字的"位置"和"旋转"属性

（10）按 Ctrl+N 组合键新建合成，将"合成名称"设置为"手写签名 END"，其他参数设置与合成"手写签名"的相同。在"项目"窗口中将合成"手写签名"拖到时间轴面板中，并转为三维图层。

（11）展开图层的属性，将时间轴指针移到第 4 秒处，启动"位置"和"方向"属性关键帧。将时间轴指针移到第 0 帧处，将"位置"属性值设置为"320.0，240.0，1032.0"，"方向"属性值设置为"318.0°，1.0°，324.0°"，从而制作出画面在三维空间逐渐向前推进的动画，如图 11-17 所示。

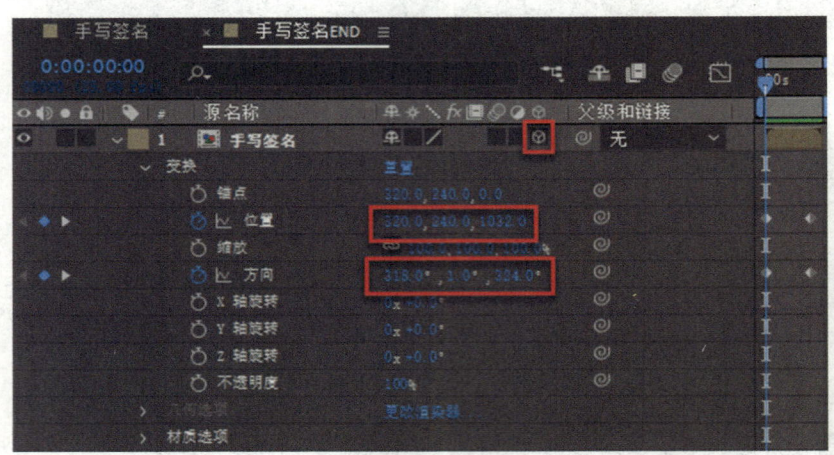

图 11-17　设置三维图层的属性值

（12）按 Space 键进行测试，若效果满意，则选择"合成"→"添加到渲染队列"命令，在打开的"渲染队列"面板中，指定渲染的文件名称、保存路径和渲染格式，单击"渲染"按钮进行渲染输出。

项目评价反馈表

技能名称	配分/分	评分要点	学生自评	小组互评	教师评价
添加"描边"特效	2	方法正确			
设置"描边"特效	3	方法正确			
设置"块溶解"特效	3	方法正确			
设置三维图层的属性	2	方法正确			
项目总体评价					

项目十二

抠像技术《抠像集锦》

项目描述

在影视制作中由于拍摄条件和制作成本的限制，一些无法实拍的镜头经常会先将角色表演的部分放在摄影棚蓝屏或绿屏背景下进行拍摄，然后将背景色去掉并合成到特定的实拍场景中，从而实现具有冲击力的特技视觉效果。这种去掉蓝色或绿色背景的技术便是抠像技术。本项目将重点讲解 AE 2022 中的多种抠像技术。《抠像集锦》的制作效果如图 12-1 所示。

图 12-1 《抠像集锦》的制作效果

学习目标

1. 知识目标：掌握抠像技术的含义；掌握不同抠像技术的特点。
2. 技能目标：能根据素材特点选择恰当的抠像技术进行影视合成。

数字影音编辑与合成（After Effects 2022）

项目分析

该项目分为 5 个任务，每个任务针对不同形式的素材采用不同的抠像技术完成图像的合成。

项目实施

任务一 "颜色范围"特效的使用

（1）启动 AE 2022，按 Ctrl+N 新建一个合成，将"合成名称"设置为"颜色范围"，"宽度"设置为"720"px，"高度"设置为"576"px，"像素长宽比"设置为"方形像素"，"持续时间"设置为 5 秒，单击"确定"按钮。

（2）双击"项目"窗口的空白处，导入素材"人物.jpg"和"背景.jpg"。将它们拖入时间轴面板中，将背景图层放在底层。展开人物图层的属性，将"位置"属性值设置为"358.0, 540.0"，如图 12-2 所示。

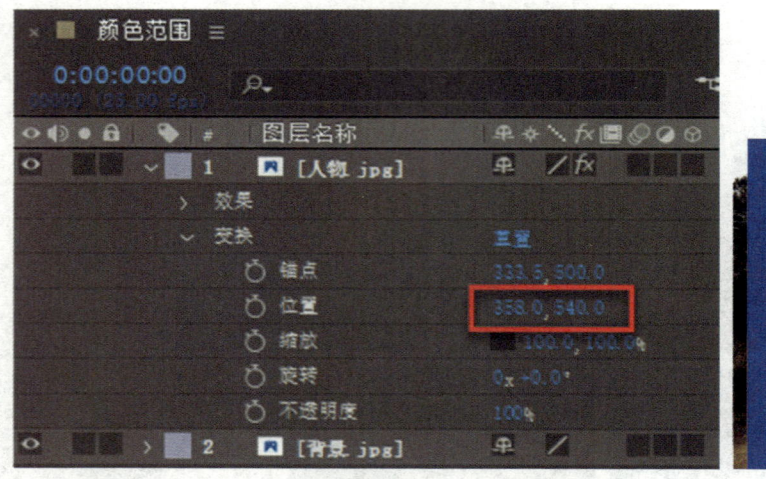

图 12-2 在时间轴面板中排列和处理素材

（3）选中人物图层，选择"效果"→"效果控件"命令，显示出"效果控件"面板。选择"效果"→"抠像"→"颜色范围"命令，添加"颜色范围"特效。在"效果控件"面板中将"色彩空间"设置为"RGB"，选择"预览"选区上方的吸管工具，在"合成"窗口中吸取背景上的蓝色，使蓝色背景被清理掉，但人物边沿还有一点蓝边，将"模糊"调整为"135"，使蓝边被去除掉，如图 12-3 所示。

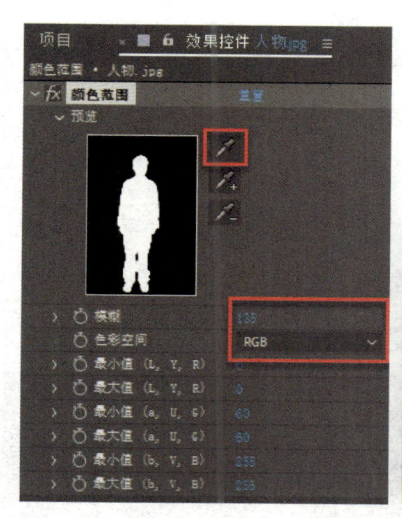

图 12-3 "颜色范围"特效的设置

任务二 "线性颜色键"特效的使用

（1）双击"项目"窗口的空白处，导入素材"水果.jpg"和"背景 1.JPG"。

（2）在"项目"窗口中将素材"背景 1.JPG"拖到"合成"窗口底部的"新建合成"按钮上，建立一个与素材一样大小的合成。将素材"水果.jpg"拖到时间轴面板的顶层。选择"合成"→"合成设置"命令，在"合成设置"对话框中，将"合成名称"设置为"线性颜色键"，"像素长宽比"设置为"方形像素"，"持续时间"设置为 3 秒，单击"确定"按钮，如图 12-4 所示。

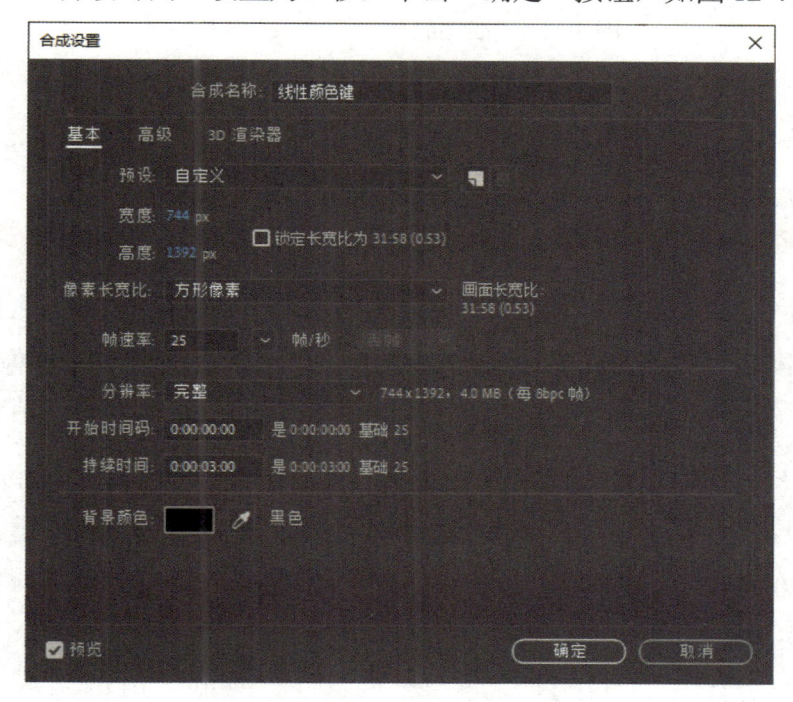

图 12-4 "合成设置"对话框

（3）在"项目"窗口中将素材"水果.jpg"拖到时间轴面板的顶层。选中水果图层，选择"效果"→"抠像"→"线性颜色键"命令，在"效果控件"面板中，选择"预览"选区中的第 1 个吸管工具，在"合成"窗口中吸取背景上的蓝色。若蓝色背景没有被吸取干净，则选择第 2 个吸管工具，在蓝色背景中继续吸取，直到蓝色背景全被吸取干净。此时会发现水果的周边被蓝色的边缘包围着，需进行收边。选择"效果"→"遮罩"→"简单阻塞工具"命令，在"效果控件"面板中，将"阻塞遮罩"设置为"2.50"，如图 12-5 所示。

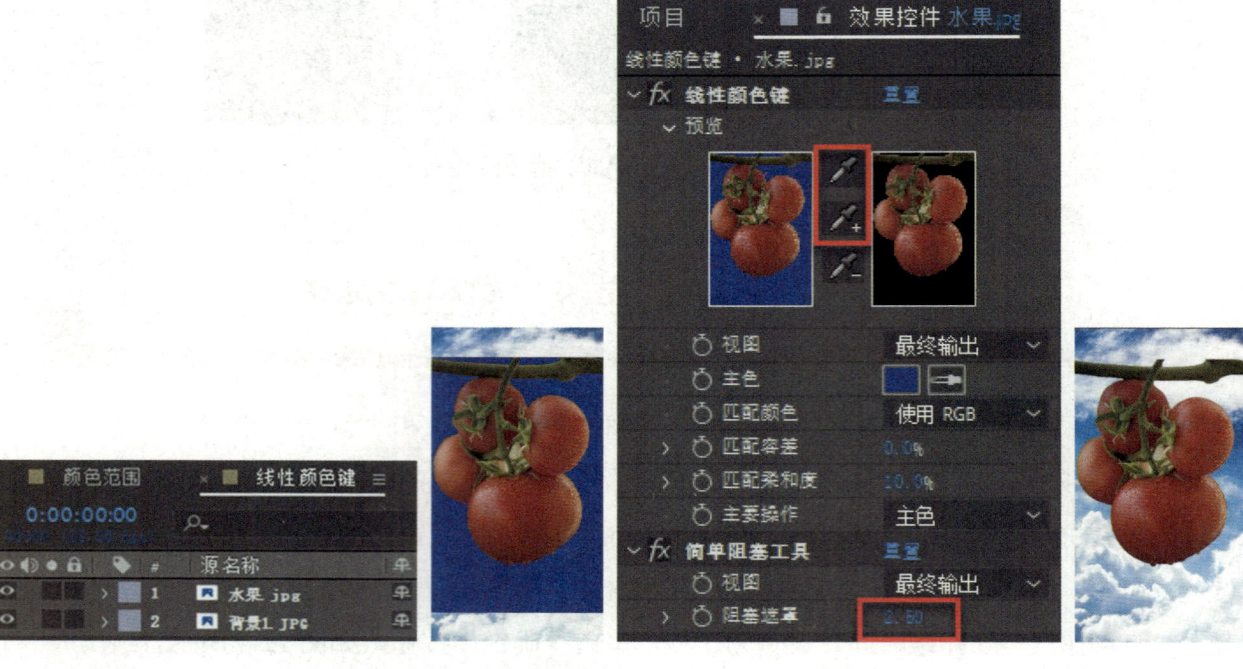

图 12-5 "线性颜色键"特效的设置

任务三 "颜色差值键"特效的使用

（1）按 Ctrl+N 组合键新建一个合成，将"合成名称"设置为"颜色差值键"，"宽度"设置为"720"px，"高度"设置为"576" px，"像素长宽比"设置为"方形像素"，"持续时间"设置为 2 秒，单击"确定"按钮。

（2）双击"项目"窗口的空白处，导入素材"水杯.jpg"和"背景 2.jpg"，将它们拖到时间轴面板中，使图层"水杯.jpg"在上层。选中图层"背景 2.jpg"，按 S 键，将"缩放"属性值设置为"107.0, 107.0%"。选中图层"水杯.jpg"，按 S 键，将"缩放"属性值设置为"166.0, 166.0%"，使其画面充满屏幕，如图 12-6 所示。

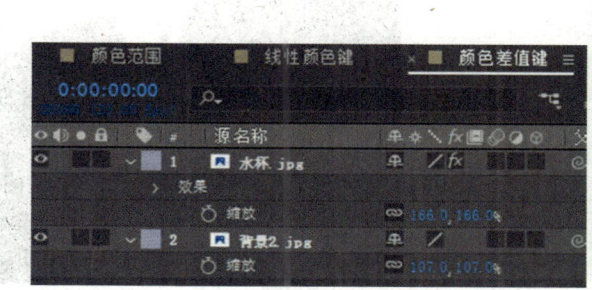

图 12-6 设置图层的"缩放"属性

（3）选中图层"水杯.jpg"，选择"效果"→"抠像"→"颜色差值键"命令，添加"颜色差值键"特效。在"效果控件"面板中，将"视图"设置为"已校正遮罩"，使"合成"窗口显示为 Alpha 通道蒙版视图，如图 12-7 所示。

图 12-7 设置"颜色差值键"特效的"视图"显示方式

选择"预览"选区中的第 2 个吸管工具，在"合成"窗口中吸取应该透明的区域，可选择该吸管工具在背景不是黑色的地方反复吸取，直到背景区域全部变成黑色。此时在水杯图片背景中颜色最浅的左上方位置单击，使比该位置颜色深的背景都变成黑色，如图 12-8 所示。

此时会发现水杯图片中水壶最厚部位的颜色不是白色，这意味着过度透明了，有过度抠像的现象，选择"预览"选区中的第 3 个吸管工具，在"合成"窗口水壶最厚的部位单击，使其变为白色，如图 12-9 所示。

图 12-8 吸取水杯图片的背景色使其全部变黑 　　　　图 12-9 调整过度抠像部位的颜色

在"效果控件"面板中将"视图"设置为"最终输出",使"合成"窗口显示"最终输出"视图效果,如图 12-10 所示。

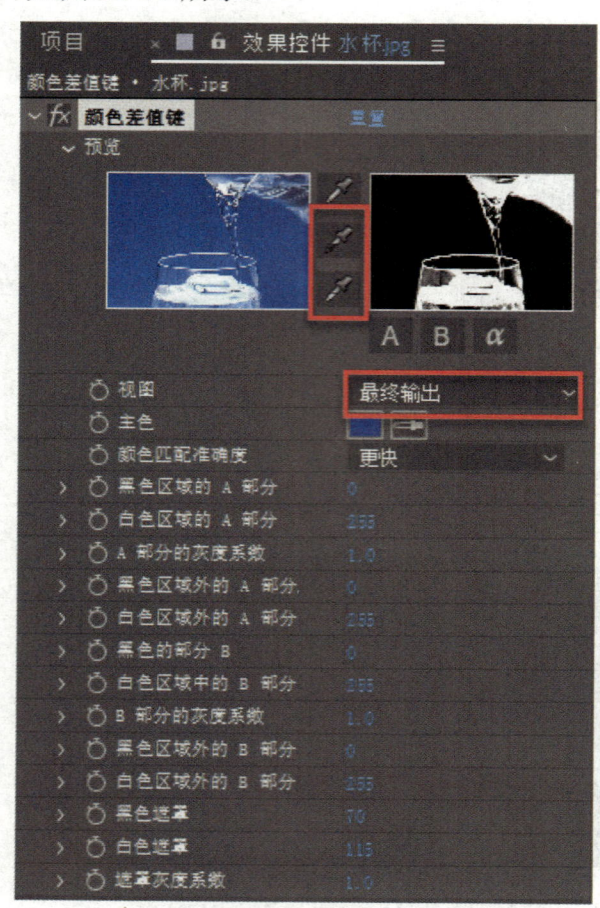

图 12-10 抠像后的效果

（4）由于在蓝色环境中拍摄半透明物体,物体本身会透出背景中的蓝色,因此需要将这些蓝色去掉。选择"效果"→"抠像"→"Advanced Spill Suppressor"命令,对玻璃上的蓝色进行高级溢出抑制,在"效果控件"面板中,将"抑制"设置为"20.0%",将多余的蓝色清除掉,如图 12-11 所示。

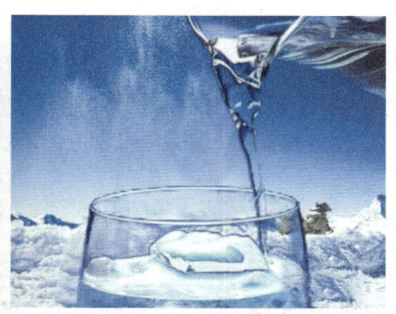

图 12-11 添加 "Advanced Spill Suppressor" 特效

（5）在"效果控件"面板中，可根据画面中玻璃杯的透明程度，适当地调整"黑色遮罩"和"白色遮罩"的数值，使得效果最佳，如图 12-12 所示。

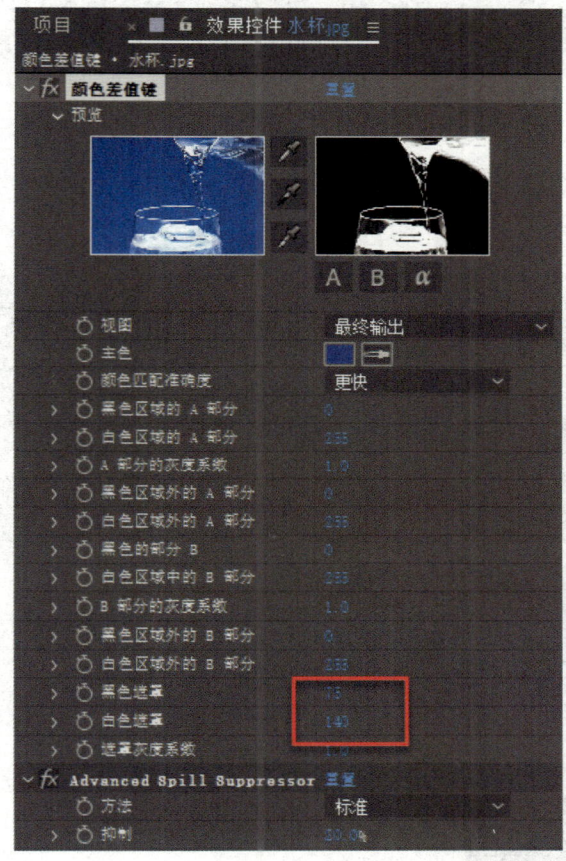

图 12-12 调整"颜色差值键"特效的参数

任务四 "内部/外部键"特效的使用

（1）按 Ctrl+N 组合键新建一个合成，将"合成名称"设置为"内部/外部键"，"宽度"设置为"720"px，"高度"设置为"576"px，"持续时间"设置为 2 秒，单击"确定"按钮。

（2）双击"项目"窗口的空白处，导入素材"豚鼠.jpg"和"背景 3.jpg"，将它们拖到时间轴面板中，并将图层"背景3.jpg"置于底层。选中图层"背景3.jpg"，按S键，将"缩放"属性值设置为"207.0, 207.0%"，使得画面满屏。

（3）选中豚鼠图层，选择"效果"→"抠像"→"内部/外部键"命令，在工具箱中选择钢笔工具，在"合成"窗口中沿豚鼠的外轮廓绘制一个封闭的蒙版路径，展开图层的属性，将蒙版的模式设置为"无"，即不应用蒙版效果，如图12-13所示。

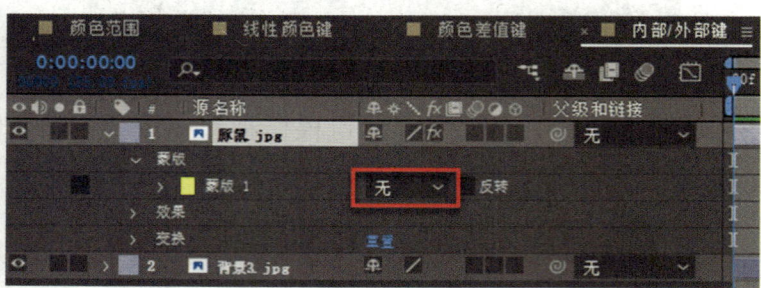

图12-13　绘制外轮廓蒙版路径

（4）在"合成"窗口中沿豚鼠内轮廓绘制一个封闭的蒙版路径，将蒙版的模式设置为"无"，即不应用蒙版效果，如图12-14所示。

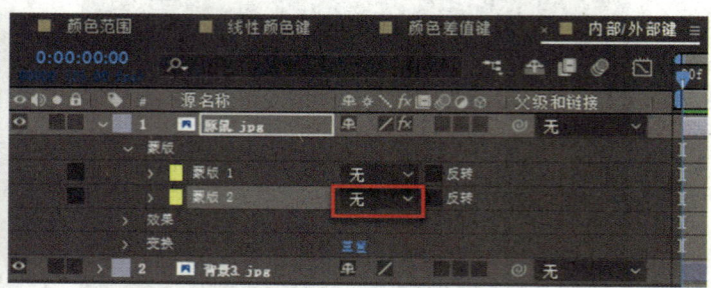

图12-14　绘制内轮廓蒙版路径

（5）在"效果控件"面板中，将"前景（内部）"设置为"蒙版2"，"背景（外部）"设置为"蒙版1"。系统会比较内外蒙版边缘像素差别进行抠像，使抠像效果趋于完美，尤其是豚鼠的毛发缕缕可见，如图12-15所示。

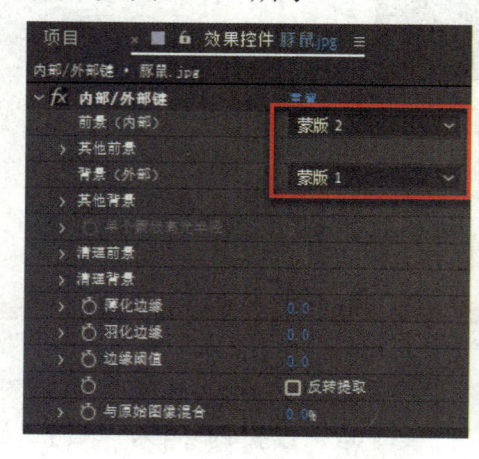

图12-15　"内部/外部键"特效的设置

（6）此时豚鼠的个头有点大，在时间轴面板中展开豚鼠图层的属性，将"缩放"属性值设置为"57.0, 57.0%"，"位置"属性值设置为"396.4, 188.6"，在"合成"窗口中将豚鼠拖到图 12-16 所示的位置。

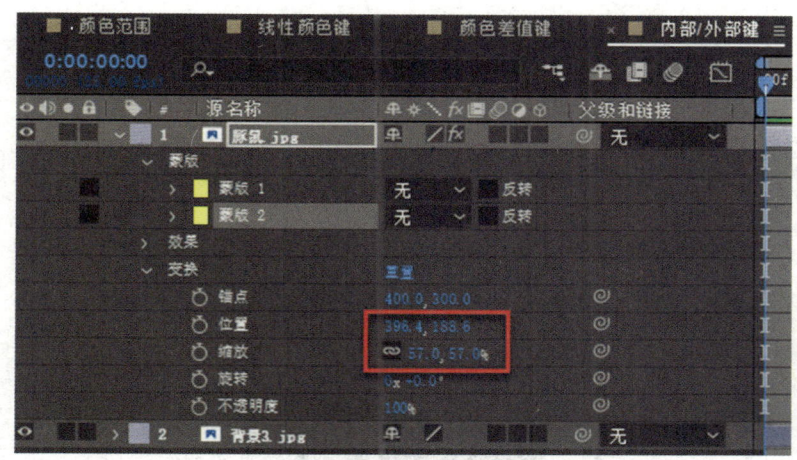

图 12-16　调整豚鼠的大小和位置

任务五　总合成

（1）按 Ctrl+N 组合键新建一个合成，将"合成名称"设置为"总合成"，"宽度"设置为"720" px，"高度"设置为"576" px，"持续时间"设置为 18 秒，单击"确定"按钮。

（2）在"项目"窗口中分别将对应的原始素材及抠像后的合成拖到时间轴面板中，并依次排列开，使得播放效果为先显示蓝屏素材再显示抠像效果。原始素材在时间轴上持续 1 秒，抠像后的效果则按实际长度排列，如图 12-17 所示。

图 12-17　在时间轴面板中排列素材

（3）按 Space 键进行预览测试，若效果满意，则选择"合成"→"添加到渲染队列"命令，在打开的"渲染队列"面板中，指定渲染的文件名称、保存路径和渲染格式，单击"渲染"按钮进行渲染输出。

相关知识

AE 2022 中内置了多种抠像工具，如图 12-18 所示。下面对主要的抠像工具进行介绍。

图 12-18　AE 2022 中内置的抠像工具

1. 颜色范围

该特效通过选择"效果"→"抠像"→"颜色范围"命令进行使用，通过从 RGB、YUV、Lab 等不同颜色空间中抠除指定的颜色范围，从而使图像具有一个透明区域。"颜色范围"特效通常用于前景与背景的颜色分量相差较大且背景颜色不单一的图像上，如图 12-19 所示。该特效的参数如下。

➢ ■：从蒙版缩略图中吸取抠像颜色。
➢ ■：增加抠像颜色范围。
➢ ■：减少抠像颜色范围。
➢ 模糊：对边界进行柔和模糊。
➢ 色彩空间：指定抠像颜色范围的颜色空间。Lab 使用亮度复合、绿～红轴和蓝～黄轴；YUV 为分量信号，包括一个亮度信号和两个色差信号；RGB 使用红、绿、蓝通道。
➢ 最小值/最大值：对颜色范围的开始和结束进行精细调整。L、Y、R 控制指定颜色空间的第一个分量；a、U、G 控制指定颜色空间的第二个分量；b、V、B 控制第三个分量。

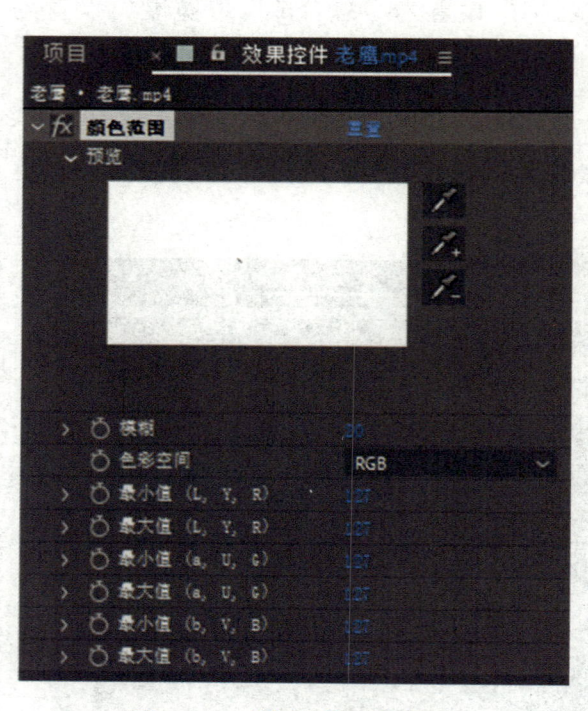

图 12-19　"颜色范围"特效

2. 线性颜色键

该特效通过选择"效果"→"抠像"→"线性颜色键"命令进行使用，通过指定 RGB、色相或色度的信息对像素进行抠像，如图 12-20 所示。该特效的参数如下。

- ![]：从缩略图中吸取抠像颜色。
- ![]：增加抠像颜色范围。
- ![]：减少抠像颜色范围。
- 视图：指定在"合成"窗口中的显示视图。
- 主色：选择要抠像的颜色。
- 匹配颜色：指定抠像的颜色空间。其中"使用 RGB"选项是以红、绿、蓝为基准；"使用色相"选项是以颜色的色相为基准，以标准色轮的位置进行计量；"使用色度"选项是以颜色的色调和饱和度为基准。
- 匹配容差：控制透明颜色的容差度，较高的数值产生透明较多。
- 匹配柔和度：用于调节透明区域和不透明区域的柔和度。
- 主要操作：指定抠像颜色是抠除还是保留。

图 12-20 "线性颜色键"特效

3. 提取

该特效通过选择"效果"→"抠像"→"提取"命令进行使用，通过指定一个亮度范围产生透明，抠除图像中所有与指定的抠除亮度相近的像素。"提取"特效主要用于抠除背景与保留对象明暗对比度强烈的素材，如图 12-21 所示。该特效的参数如下。

- 直方图：显示了层中亮度分布级别，以及在每个级别上的像素量。从左至右为图像从最暗到最亮的状态。拖动直方图下方灰色透明控制器，可以调节抠除像素的范围。其中，被灰色覆盖区域不透明，其他区域透明。
- 通道：用于选择柱状图基于何种通道。
- 黑场：控制亮度小于黑场数值的像素透明。该参数也可以通过拖动透明控制器左上角的控制柄进行控制。
- 白场：控制亮度大于白场数值的像素透明。该参数也可以通过拖动透明控制器右上角的控制柄进行控制。

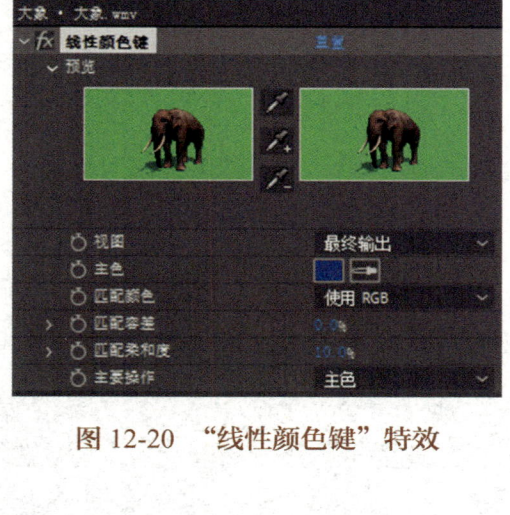

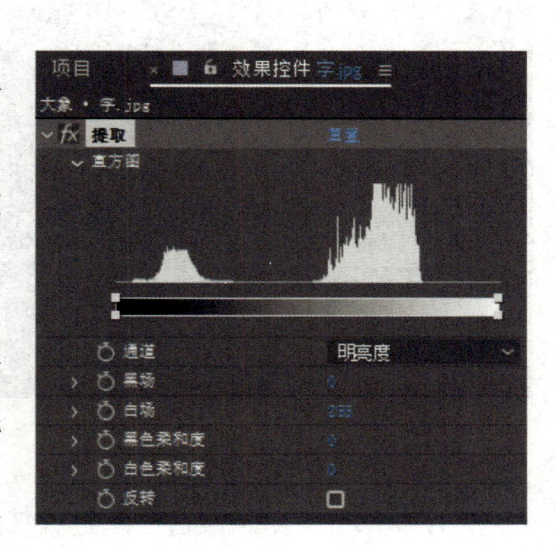

图 12-21 "提取"特效

➢ 黑色柔和度：控制暗色区域柔和度。该参数也可以通过拖动透明控制器左下角的控制柄进行控制。
➢ 白色柔和度：控制亮色区域柔和度。该参数也可以通过拖动透明控制器右下角的控制柄进行控制。
➢ 反转：反转透明区域。

4．颜色差值键

该特效通过选择"效果"→"抠像"→"颜色差值键"命令进行使用，通过两个不同的颜色对图像进行抠像，从而使一个图像具有两个透明区域，如图12-22所示。其中，蒙版A使指定抠像颜色之外的其他颜色区域透明，蒙版B使指定的抠像颜色区域透明。将两个蒙版透明区域进行组合得到第三个蒙版透明区域，这个新的透明区域就是最终的Alpha通道。"颜色差值键"特效的参数如下。

➢ ![]：从原始缩略图中吸取抠像颜色。
➢ ![]：从蒙版缩略图中单击透明区域，从而透明该区域。
➢ ![]：从蒙版缩略图中单击不透明区域，从而不透明该区域。
➢ 视图：指定在"合成"窗口中的显示视图，可以显示蒙版或抠像效果。
➢ 主色：选择抠像颜色。在使用吸管工具吸取颜色时，旁边的颜色块显示吸管工具指向的颜色。
➢ 颜色匹配准确度：指定用于抠像匹配颜色的类型。

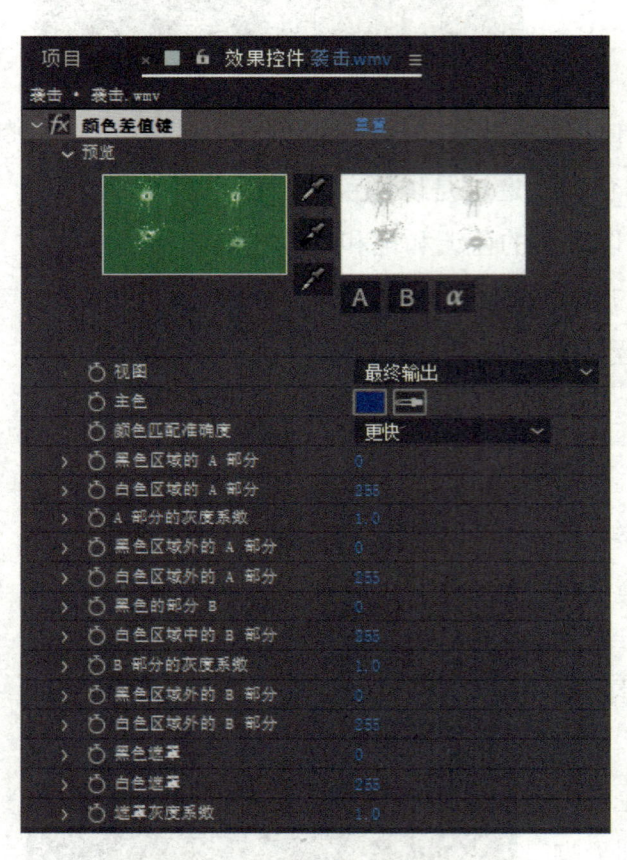

图12-22 "颜色差值键"特效

➢ A/B部分：对蒙版透明度进行精细调整。黑色调节每个蒙版的透明度，白色调节每一个蒙版的不透明度；灰度系数控制透明度值与线性级数的密切程度。当值为1时，级数是线性的，其他值产生非线性级数。

5．Keylight（1.2）

"Keylight（1.2）"特效是目前功能最为强大的抠像特效，不仅在处理反射、半透明面积和毛发方面功能非常强，还能进行调色。该特效通过选择"效果"→"Keying"→"Keylight（1.2）"

命令进行使用，如图 12-23 所示。该特效的参数如下。

图 12-23 "Keylight（1.2）"特效

- View：视图，用于设置图像在"合成"窗口中的显示方式，共提供了 11 种显示方式。
- Unpremultiply Result：非预乘结果，如果勾选该复选框，将图像设置为不带 Alpha 通道显示，否则为带 Alpha 通道显示效果。
- Screen Colour：屏幕颜色，用于设置需要抠除的颜色。一般在原图像中选择吸管工具直接选取颜色。
- Screen Gain：屏幕增益，用于设置屏幕抠除效果的强弱程度。数值越大，抠除程度就越强。
- Screen Balance：屏幕平衡，用于设置抠除颜色的平衡程度。数值越大，平衡效果越明显。
- Despill Bias：反溢出偏差，用于恢复过多抠除区域的颜色。
- Alpha Bias：Alpha 偏差，用于恢复过多抠除 Alpha 部分的颜色。
- Lock Biases Together：同时锁定偏差。在抠除时，设定偏差值。
- Screen Pre-blur：屏幕预模糊，用于设置抠除部分边缘的模糊效果。数值越大，模糊效果越明显。
- Screen Matte：屏幕蒙版，用于设置抠除区域影像的参数，如图 12-24 所示。
  - Clip Black/White：修剪黑色/白色，用于除去抠像区域的黑色或白色。

- Clip Rollback：修剪回滚，用于恢复修剪部分的影像。
- Screen Shrink/Grow：屏幕收缩/扩展，用于设置抠像区域影像的收缩或扩展参数。其中，减小数值为收缩该区域影像，增大数值为扩展该区域影像。
- Screen Softness：屏幕柔化，用于柔化抠像区域影像。数值越大，柔化效果越明显。
- Screen Despot Black/White：屏幕独占黑色/白色，用于显示图像中的黑色或白色区域。数值越大，显示效果越突出。
- Replace Method：替换方式，用于设置屏幕蒙版的替换方式，共提供了 4 种方式。
- Replace Colour：替换色，用于设置蒙版的替换颜色。

➢ Inside Mask：内侧遮罩，为图像添加并设置抠像内侧的遮罩参数，如图 12-25 所示。

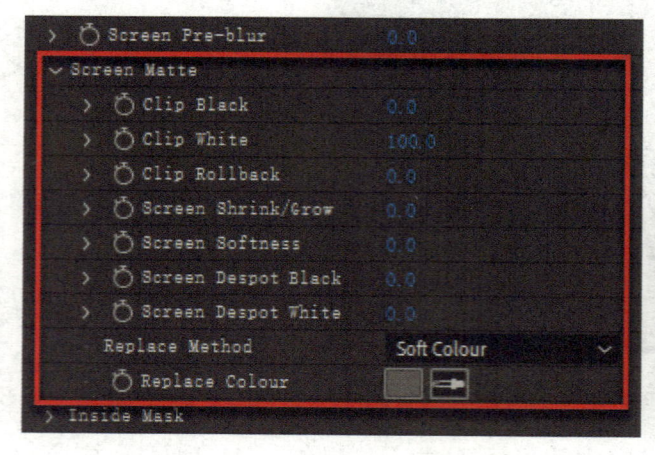

图 12-24　Screen Matte 参数　　　　　图 12-25　Inside Mask 参数

- Inside Mask：内侧遮罩，用于定义抠像的内侧遮罩层。
- Inside Mask Softness：内侧遮罩柔化，用于设置遮罩内侧的柔化程度。
- Invert：反转，勾选该复选框，将其设置为遮罩反转效果。
- Replace Method：替换方式，用于设置遮罩的替换方式，共提供了 4 种方式。其中，None 为遮罩效果未发生变化；Source 为原图像设置效果；Hard Colour 为对颜色的锐化效果；Soft Colour 为柔和颜色的效果。
- Replace Colour：替换色，用于设置替换方式运用过的颜色。
- Source Alpha：设置原图像中的 Alpha 显示方式。提供 Ignore（忽略）、Add To Inside Mask（添加到内侧遮罩）和 Normal（正常）3 种显示方式。

➢ Outside Matte：外侧遮罩，为图像添加并设置抠像外侧的遮罩属性。该选项与内侧遮罩较为类似，但参数设置比内侧遮罩简单，便于操作。

➢ Foreground Colour Correction：前景色校正，用于设置蒙版影像的色彩属性。具体参数如图 12-26 所示。

- Enable Colour Correction：启用颜色校正，勾选该复选框，可以对蒙版影像进行颜色校正。
- Saturation：饱和度，用于设置抠像影像的色彩饱和度。数值越大，饱和度越高。
- Contrast：对比度，用于设置抠像影像的明暗对比程度。
- Brightness：亮度，用于设置抠像影像的明暗程度。
- Colour Suppression：颜色抑制，通过设定抑制类型来抑制某一颜色的色彩平衡和数量。
- Colour Balancing：颜色平衡，通过 Hue 和 Sat 两个参数来控制蒙版的色彩平衡效果。

➤ Edge Colour Correction：边缘色校正，主要是对抠像边缘进行设置。该选项和前景校正的参数基本类似，具体参数如图 12-27 所示。

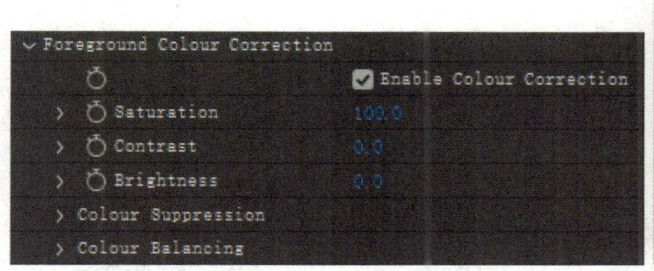

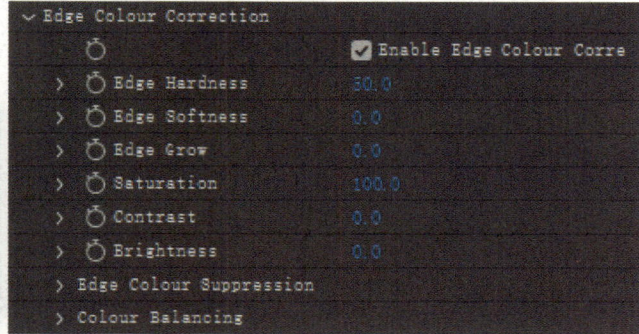

图 12-26　Foreground Colour Correction 参数　　图 12-27　Edge Colour Correction 参数

- Edge Hardness：边缘锐化，用于设置抠像蒙版边缘的锐化程度。
- Edge Softness：边缘柔化，用于设置抠像蒙版边缘的柔化程度。
- Edge Glow：边缘扩展，用于设置抠像蒙版边缘的大小。

➤ Source Crops：源裁剪，用于设置裁剪影像的属性类型及参数。具体参数如图 12-28 所示。

- X/Y Method：设置 X/Y 轴方向的裁剪方式。该选项提供了 4 种方式，其中，Colour 为边缘色；Repeat（重复）是对裁剪边缘像素的排列效果；Wrap（包围）为平铺画面，Reflect（映射）是在裁剪点上为图像作映射。
- Edge Colour：边缘色，用于设置裁剪边缘的颜色。
- Edge Colour Alpha：边缘色 Alpha，用于设置边缘中的 Alpha 通道颜色。
- Left/Right/Top/Bottom：左/右/上/下，用于设置裁剪边缘的尺寸大小。

6．Advanced Spill Suppressor（高级溢出抑制器）

因背景颜色的反射，抠除图像的边缘通常都有背景色溢出，可以使用"Advanced Spill Suppressor"特效来消除图像边缘残留的抠像颜色。该特效通过选择"效果"→"抠像"→

"Advanced Spill Suppressor"命令进行使用，如图12-29所示。具体参数如下。

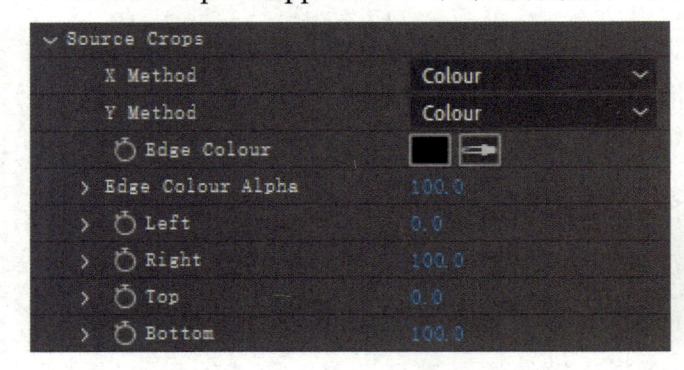

图12-28 Source Crops参数

图12-29 "Advanced Spill Suppressor"特效

➤ 方法：有"标准""极致"两种，默认是"标准"方法，能自动识别消除抠像颜色。当选择"极致"方法时，可以通过设置更多的参数来控制消除抠像颜色，如图12-30所示。

➤ 抑制：用于调节被抑制颜色程度，取值范围为0.0%~100.0%。

7. 简单阻塞工具

"简单阻塞工具"特效可对抠像边缘残留进行调节。选择"效果"→"遮罩"→"简单阻塞工具"命令，在"效果控件"面板中，当"阻塞遮罩"的数值为正值时，会收缩遮罩边缘；当"阻塞遮罩"的数值为负值时，会扩展遮罩边缘，如图12-31所示。

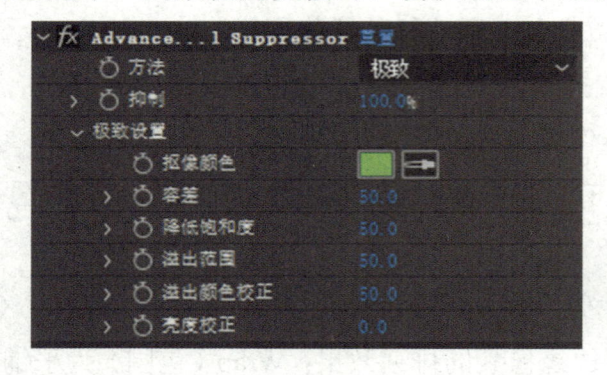

图12-30 "Advanced Spill Suppressor"特效的"极致"方法

图12-31 "简单阻塞工具"特效

项目拓展 "Keylight（1.2）"特效《COSPLAY演出播报》

本项目利用高级抠像工具Keylight（1.2）来实现抠像效果。《COSPLAY演出播报》的制作效果如图12-32所示。

项目十二　抠像技术《抠像集锦》

图 12-32　《COSPLAY 演出播报》的制作效果

（1）双击"项目"窗口的空白处，将全部素材导入。在"项目"窗口中将素材"夜景.JPG"拖到"项目"窗口底部的"新建合成"按钮 上，新建一个与素材一样大小的合成。

（2）在"项目"窗口中将素材"主持人.WMV"拖到时间轴面板的顶层，选中该图层，按 P 键展开"位置"属性，将"位置"属性值设置为"360.0，439.0"，使得画面下边缘与"合成"窗口的底端对齐，如图 12-33 所示。

图 12-33　调整图层的"位置"属性

（3）选中人物图层，选择"效果"→"Keying"→"Keylight（1.2）"命令，在"效果控件"面板中，选择"Screen Colour"右侧的吸管工具，在"合成"窗口的蓝色背景中单击，吸取要抠取的颜色；在"View"下拉列表中选择"Screen Matte"选项，以蒙版的显示方式显示图像，其中，黑色表示透明区域，白色表示不透明区域，灰色表示半透明区域，如图 12-34 所示。

将"Screen Gain"的数值设置为"154.0"，"Screen Balance"的数值设置为"100.0"，使得人物周围变成纯黑，但人物内部还不是纯白。

展开"Screen Matte"选项，对蒙版进行调整。"Clip Black"和"Clip White"分别控制着图像的透明区域和不透明区域。将"Clip Black"的数值设置为"0.0"，"Clip White"的数值设置为"2.0"，此时人身体内部变全白，如图 12-35 所示。

169

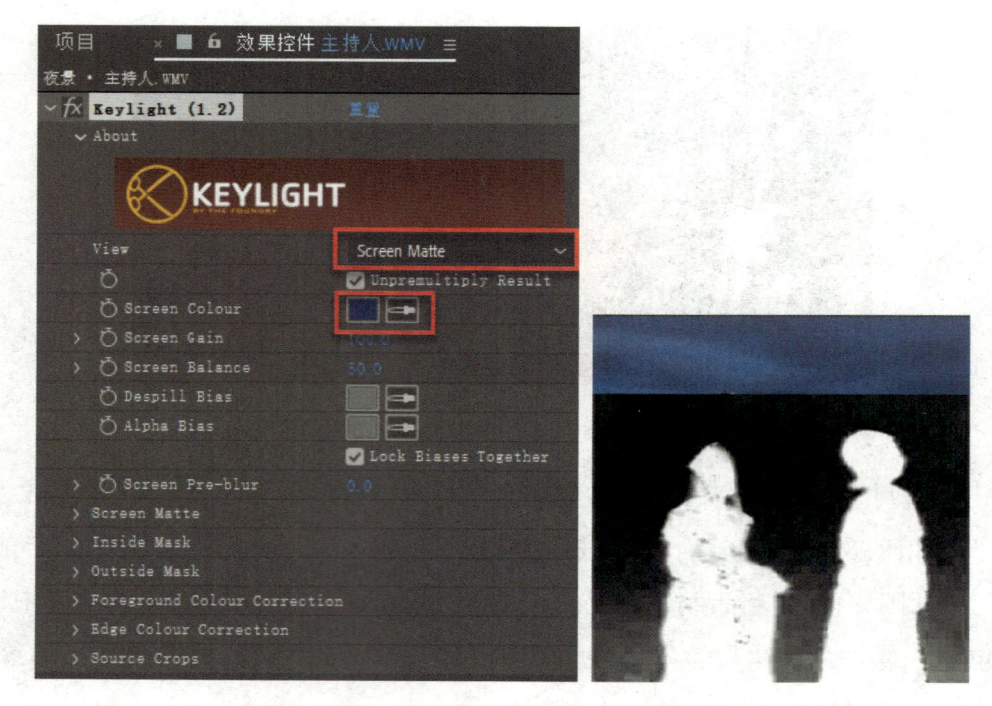

图 12-34 以蒙版的显示方式显示图像

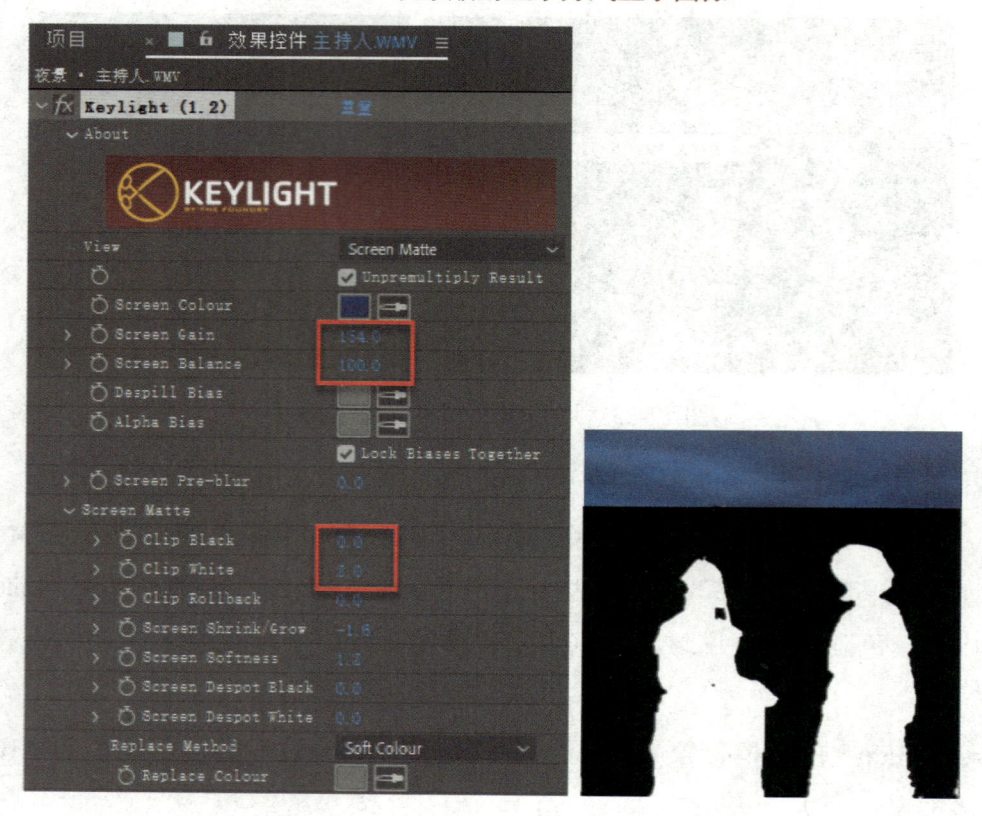

图 12-35 精细调整后的蒙版显示效果

在"View"下拉列表中选择"Final Result"选项，会发现人周边还有黑色的边。将"Screen Matte"选项下"Screen Shrink/Grow"的数值设置为"-1.6"，进行收边。将"Screen Softness"的数值设置为"1.2"，对边缘进行柔化，如图 12-36 所示。

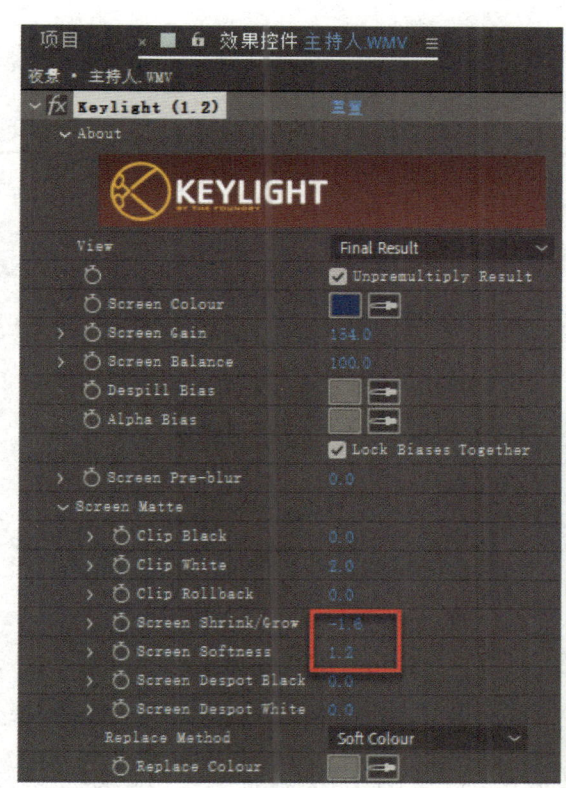

图 12-36　最终抠像效果

（4）按 Space 键进行预览测试，若效果满意，则选择"合成"→"添加到渲染队列"命令，在打开的"渲染队列"面板中，指定渲染的文件名称、保存路径和渲染格式，单击"渲染"按钮进行渲染输出。

项目评价反馈表

技 能 名 称	配分/分	评 分 要 点	学生自评	小组互评	教师评价
设置"颜色范围"特效	1	参数设置正确			
设置"线性颜色键"特效	1	参数设置正确			
设置"颜色差值键"特效	2	参数设置正确			
设置"内部/外部键"特效	2	参数设置正确			
设置"Advanced Spill Suppressor"特效	1	参数设置正确			
设置"Keylight（1.2）"特效	2	参数设置正确			
项目总体评价					

项目十三

调色技术《海滨掠影》

项目描述

在影视制作中，由于拍摄时间和天气的变化，拍摄的画面在色调上会不一致，需要进行校色。有时为了烘托气氛，往往需要对拍摄的素材进行色彩调整，这就需要利用各种调色工具来完成。本项目将重点讲解 AE 2022 中多种调色工具的不同使用特点。《海滨掠影》的制作效果如图 13-1 所示。

图 13-1 《海滨掠影》的制作效果

学习目标

1. **知识目标**：掌握 AE 2022 调色工具的特点；掌握调色工具的使用方法。
2. **技能目标**：能根据素材特点选择恰当的调色工具进行颜色校正。

项目分析

该项目通过对一张拍摄色调偏黄、色彩细节缺少的图片进行调整，分别运用了色阶、色相/饱和度、亮度和对比度、快速方框模糊、图层模式等技术手段来调整色彩，降低噪点，使得画面达到制作要求。

项目实施

（1）启动 AE 2022，双击"项目"窗口的空白处，导入素材"海滨.JPG"。在"项目"窗口中，将该素材拖到"项目"窗口底部的"新建合成"按钮 上，建立一个与素材大小相同的合成。

（2）由于原图色调偏黄，在时间轴面板中选中图层"海滨.JPG"，选择"效果"→"效果控件"命令，显示出"效果控件"面板。选择"效果"→"颜色校正"→"色阶"命令，添加"色阶"特效。在"效果控件"面板中，选中"红色"通道，将"红色输入白色"设置为"240.0"；选中"蓝色"通道，将"蓝色输入白色"设置为"245.0"，如图 13-2 所示。这样图像的色彩效果就变得自然了。

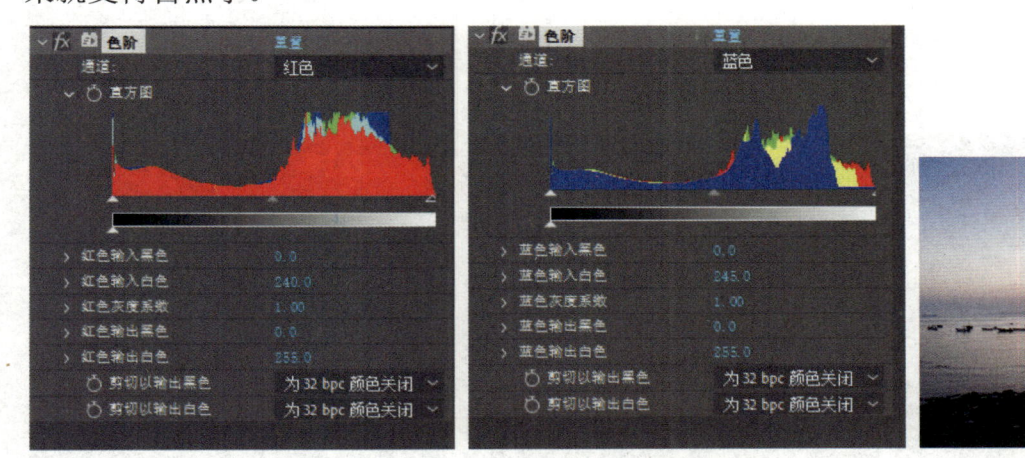

图 13-2　利用"色阶"特效调整色彩效果

（3）增加图像的色彩饱和度和柔和度。选中图层"海滨.JPG"，按 Ctrl+D 组合键复制一个图层。选中上面的图层，将图层的模式设置为"柔光"，增加图像的色彩饱和度和暗部厚重感，如图 13-3 所示。

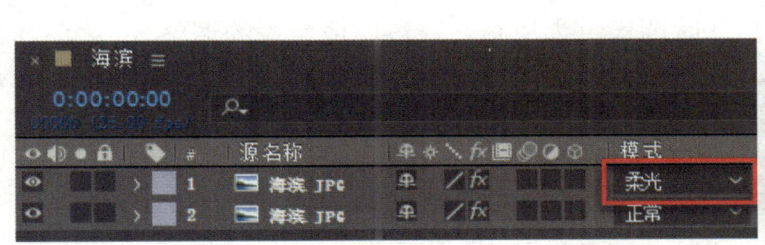

图 13-3　利用图层的模式进行调色

（4）在时间轴面板中选中上面的图层，选择"效果"→"模糊和锐化"→"快速方框模糊"命令，添加"快速方框模糊"特效。在"效果控件"面板中将"模糊半径"设置为"200.0"，使画面整体变得柔和，噪点降低，如图 13-4 所示。

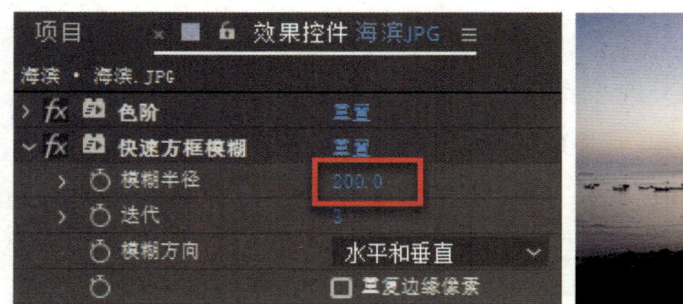

图 13-4 利用"快速方框模糊"特效调整画面质感

（5）在时间轴面板中选中上面的图层，选择"效果"→"颜色校正"→"色相/饱和度"命令，添加"色相/饱和度"特效。在"效果控件"面板中选中"绿色"通道，将"绿色饱和度"设置为"72"，"绿色亮度"设置为"2"。选中"黄色"通道，将"黄色饱和度"设置为"70"。选中"红色"通道，将"红色饱和度"设置为"64"，如图 13-5 所示。这样图像色彩就更为丰富了。

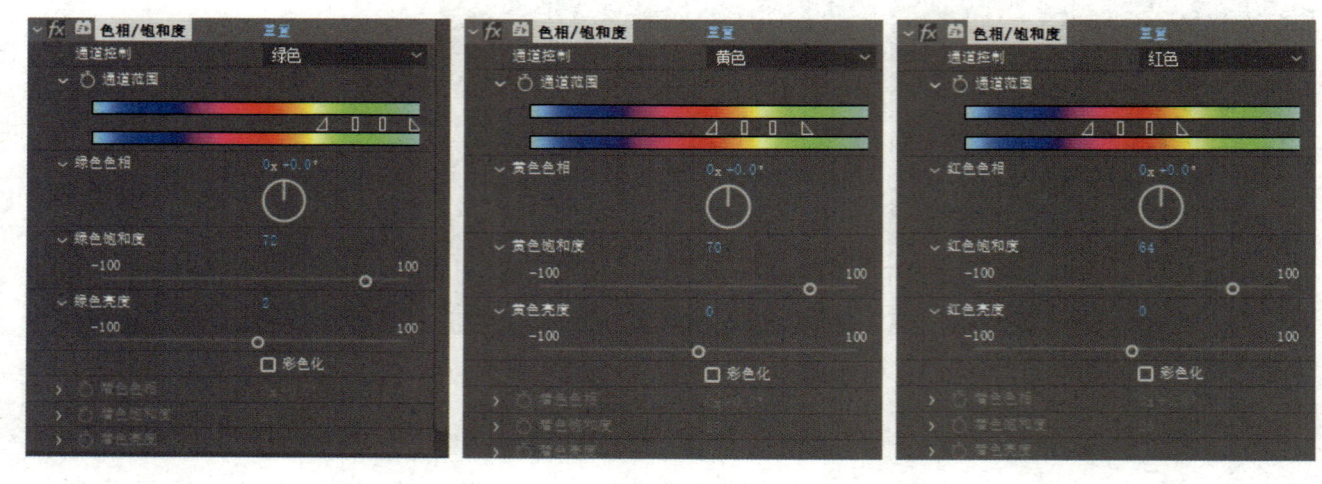

图 13-5 设置"色相/饱和度"特效参数

（6）在时间轴面板中选中下面的图层，选择"效果"→"颜色校正"→"亮度和对比度"命令，添加"亮度和对比度"特效。在"效果控件"面板中将"亮度"设置为"-10"，"对比度"设置为"60"，如图 13-6 所示。此时图像更为清晰，最终完成色彩的调整。

图 13-6 设置"亮度和对比度"特效参数

（7）最后渲染输出图片。选择"合成"→"帧另存为"→"文件"命令，在"渲染队列"面板中，选择"输出模块"选项右侧的选项，在弹出的"输出模块设置"对话框中，指定"格式"为"JPEG 序列"，单击"确定"按钮，返回"渲染队列"面板。选择"输出到"选项右侧的选项，在弹出的"将帧输出到："对话框中，指定文件输出的路径和文件名称，单击"保存"按钮，返回"渲染队列"面板。单击"渲染"按钮，渲染出一张图片。

相关知识

在 AE 2022 中，用户可以通过"效果"菜单下的"颜色校正"特效组对图层的颜色进行调整。该特效组提供了多种调色工具，常用的调色工具如下。

1．自动颜色/自动对比度/自动色阶

这 3 个命令可以对画面的颜色、对比度和色阶进行自动化处理。通过命令内置的参数，直接自动执行，使用便捷。

2．亮度和对比度

此特效通过设置图像的亮度和对比度来改变图像颜色，同时调整所有像素的高亮、暗部和中间色，但不能对单一通道进行调节。应用该特效后的效果如图 13-7 所示。该特效的参数如图 13-8 所示。

图 13-7　应用"亮度和对比度"特效的效果　　　图 13-8　"亮度和对比度"特效的参数

- 亮度：亮度设置。正值提高亮度，负值降低亮度。
- 对比度：对比度设置。正值提高对比度，负值降低对比度。

3．通道混合器

"通道混合器"特效能够使用当前颜色通道的混合值来修改一个颜色通道，红色开头的参数最终效果在红色通道，绿色开头的参数最终效果在绿色通道，蓝色开头的参数最终效果在蓝色通道，如图 13-9 所示。虽然该特效的参数调节较为复杂，但是可控性更高，能够实现其他调色工具难以实现的效果。当需要改变影片色调时，该特效即是首选。

- 红色-红色：设置原始红色通道的数值用于最终效果的红色通道中的值。
- 红色-绿色：设置原始绿色通道的数值用于最终效果的红色通道中的值。
- 红色-蓝色：设置原始蓝色通道的数值用于最终效果的红色通道中的值。
- 红色-恒量：设置一个恒量数，决定各原始通道的数值，并以相同的数值加到最终效果的红色通道中。

最终效果的红色通道就是以上4项设置计算的结果之和。以此类推绿色通道和蓝色通道。

➢ 单色：对所有输出通道应用相同的数值，产生灰度图像。

在"效果控件"面板中，红色开头的参数最终效果在红色通道，绿色开头的最终效果在绿色通道，蓝色开头的最终效果在蓝色通道。

"通道混合器"特效对图像中的各个通道进行混合调节，虽然调节参数较为复杂，但是该特效可控性也更高。当需要改变影片色调时，该特效就是首选。

4．颜色平衡

该特效通过对图像的红色、绿色、蓝色通道进行调节，分别调节颜色在暗部、中间色调和高亮部分的强度，如图13-10所示。

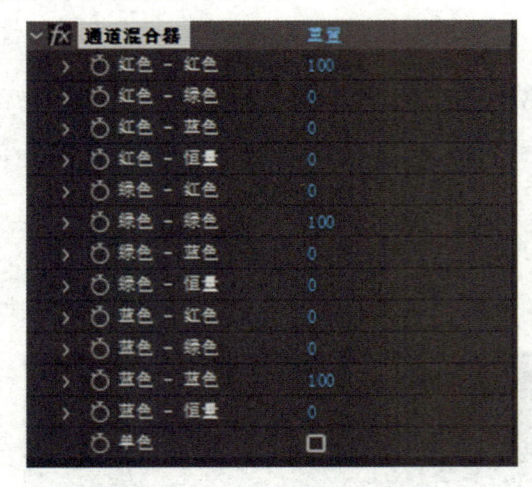

图13-9 "通道混合器"特效　　　　图13-10 "颜色平衡"特效

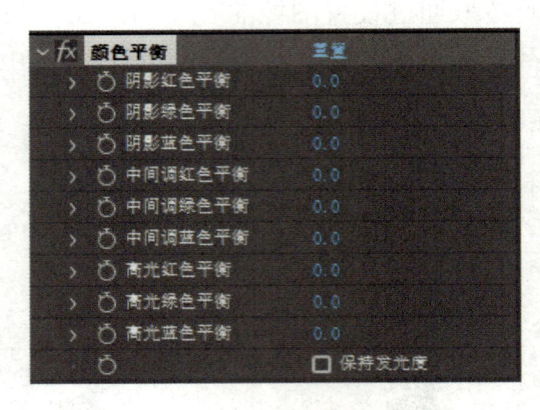

➢ 阴影红色、绿色、蓝色平衡：暗部红色、绿色、蓝色颜色通道。

➢ 中间调红色、绿色、蓝色平衡：中间色调红色、绿色、蓝色颜色通道。

➢ 高光红色、绿色、蓝色平衡：高亮部红色、绿色、蓝色颜色通道。

➢ 保持发光度：改变颜色时保留图像的平均亮度。勾选该复选框可以保持图像的色调平衡。

当需要对图像的不同区域进行精细调节时（如使暗部泛红、高亮偏蓝），"颜色平衡"特效将很容易实现。

5．颜色平衡（HLS）

此特效和"颜色平衡"特效类似，但此特效改变的颜色信息不是红色、绿色、蓝色颜色通道而是色相、亮度和饱和度，如图13-11所示。

➢ 色相：调节图像色调。

➢ 亮度：调节图像亮度。

➢ 饱和度：调节图像饱和度。

6. 颜色稳定器

此特效从一个参考画面或轴心点画面的指定区域中对色彩曝光进行采样，以便调整其他画面的曝光。使用该特效能够删除因光照引起的画面抖动，以及有效平衡色彩的曝光，如图 13-12 所示。

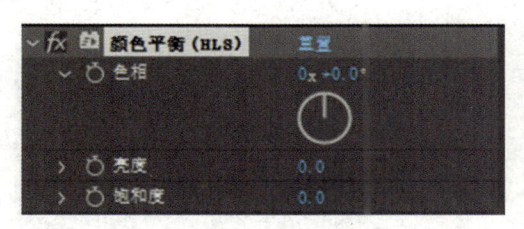

图 13-11 "颜色平衡（HLS）"特效　　　　图 13-12 "颜色稳定器"特效

- 稳定：颜色稳定的形式，包括亮度、色阶和曲线 3 种。
- 黑场：用来指定稳定需要的最暗点。
- 中间：用来指定稳定需要的中间颜色。
- 白场：用来指定稳定需要的最亮点。
- 样本大小：取样点的大小。

7. 曲线

该特效与 Photoshop 中的"曲线"命令完全类似，可以对图像的各个通道进行控制，从而调节图像色调范围。"曲线"特效可以使用 0～255 的灰阶调节颜色，如图 13-13 所示。"曲线"特效是 AE 2022 中非常重要的一个调色工具。

- 通道：可以在"通道"下拉列表中指定调节的图像通道。不仅可以调节图像的 RGB 通道，还可以对红色、绿色、蓝色和 Alpha 通道分别进行调节。
- ■：曲线工具。选择曲线工具，单击曲线，可以在曲线上增加控制点。如果要删除控制点，只需将其拖至坐标区域外即可。按住鼠标左键拖动控制点，即可对曲线进行编辑。
- ■：铅笔工具。选择铅笔工具，可以在坐标区域中通过拖动游标，绘制一条曲线。
- 打开：打开工具，可以打开存储的曲线调节文件。
- 保存：存储工具，可以将调节完成的曲线存储为一个后缀为 .amp 或 .acv 的文件，以供再次使用。
- 自动：自动调节工具，可以对画面进行曲线自动调节。
- 平滑：平滑工具，可以平滑曲线。
- 重置：重置工具，可以对已调整的曲线进行直线重置。

8. 色相/饱和度

该特效通过调整色相、饱和度及亮度来调节画面的色调，可以对单个颜色的色调和饱和度进行调整，如图 13-14 所示。

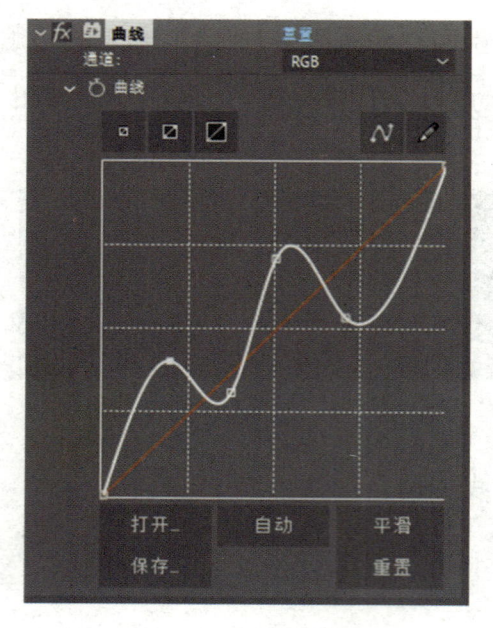

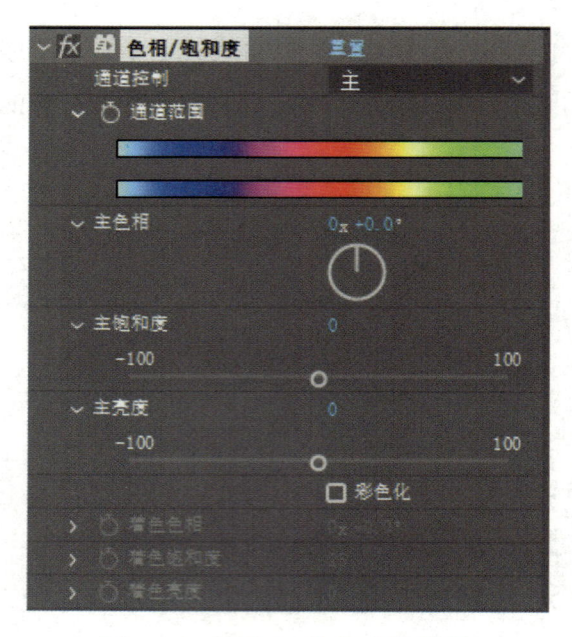

图 13-13 "曲线"特效　　　　　图 13-14 "色相/饱和度"特效

- 通道控制：指定要调节的颜色通道。"主"选项同时调节所有颜色。
- 通道范围：控制所调节的颜色通道的范围。两个色条表示其在色轮上的顺序。上面的色条表示调节前的颜色，下面的色条表示在满饱和度下进行的调节如何影响整个色调。当对单独的通道进行调节时，下面的色条会显示控制滑块。拖动白色竖条可以调节颜色范围，拖动白色三角可以调整羽化量。例如，当要改变图片中红色果实的颜色时，只要背景色中没有明显的红色，就可以采用"色相/饱和度"特效的调色方法，首先选中红色通道，调整色条下的控制滑块，使得色彩控制在一个合理范围内；然后调整红色色相，使红色果实的颜色发生改变，而环境中的颜色没有明显的改变，如图 13-15 所示。

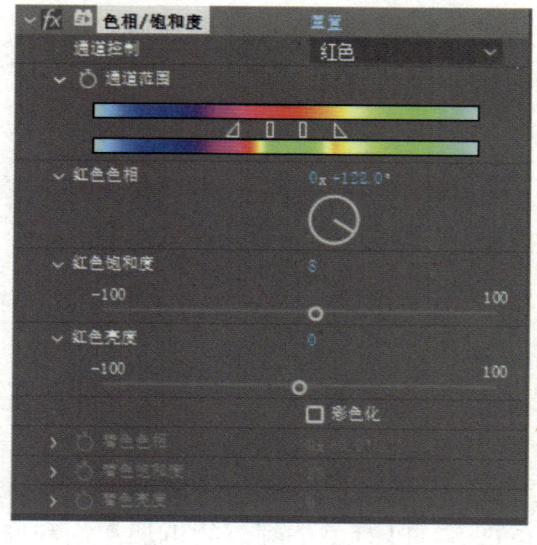

图 13-15 利用"色相/饱和度"特效进行调色

- 色相：色调。控制所调节的颜色通道的色调。利用颜色控制轮盘（代表色轮）改变总的色调。
- 饱和度：通过调节滑块，控制所调节的颜色通道的饱和度。
- 亮度：通过调节滑块，控制所调节的颜色通道的亮度。
- 彩色化：对图像添加单色处理。勾选该复选框可以将灰阶图转换为带有色调的单色图。
- 着色色相：彩色化色调。通过颜色控制轮盘，控制彩色化图像后的色调。
- 着色饱和度：彩色化饱和度。通过调节滑块，控制彩色化图像后的饱和度。
- 着色亮度：彩色化亮度。通过调节滑块，控制彩色化图像后的亮度。

9．色阶

该特效用于修改图像的高亮、暗部及中间色调，可以将输入的颜色级别重新映像到新的颜色输出级别，也是调色中比较重要的命令，如图13-16所示。

- 通道：指定要修改的图像通道，包括 RGB、红色、绿色、蓝色和 Alpha 通道。
- 直方图：可以通过该图了解到像素值在图像中的分布情况。
- 输入黑色：控制输入图像中黑色的阈值。输入黑色在直方图中由左方的三角滑块控制。
- 输入白色：控制输入图像中白色的阈值。输入白色在直方图中由右方的三角滑块控制。
- 灰度系数：控制画面灰度，在直方图中由中间的三角滑块控制。
- 输出黑色：控制输出图像中黑色的阈值。输出黑色在直方图下方的灰阶条中由左方的三角滑块控制。
- 输出白色：控制输出图像中白色的阈值。输出白色在直方图下方的灰阶条中由右方的三角滑块控制。
- 剪切以输出黑色：如果是打开状态，则表示图像最黑的部分由"输出黑色"决定；如果是关闭状态，则不理会"输出黑色"的设置，黑色就是黑色。
- 剪切以输出白色：如果是打开状态，则表示图像最亮的部分由"输出白色"决定；如果是关闭状态，则不理会"输出白色"的设置，白色就是白色。

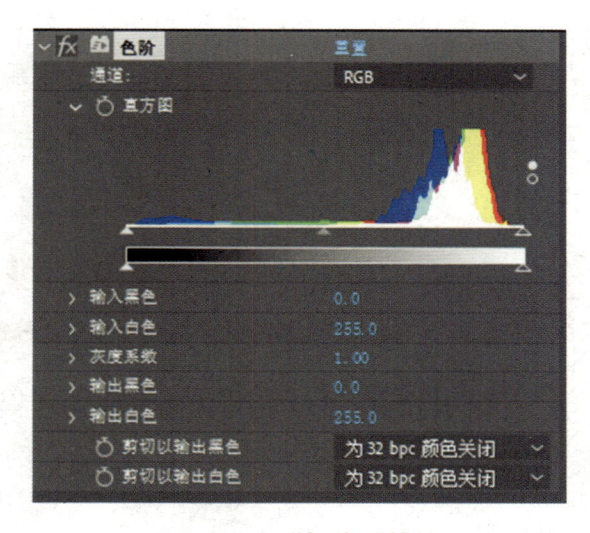

图13-16 "色阶"特效

10．色调

该特效可以对图像进行重新着色处理，如图13-17所示。

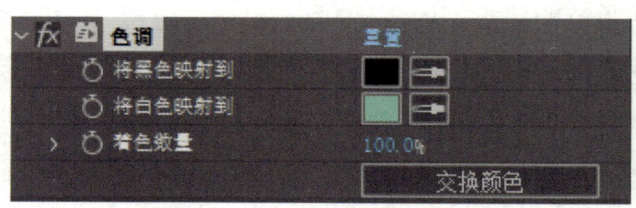

图 13-17 "色调"特效

➢ 将黑色映射到：图像中的暗色像素被映射为该项所指定的颜色。
➢ 将白色映射到：图像中的亮色像素被映射为该项所指定的颜色。
➢ 着色数量：用于控制色彩化强度。

项目拓展　调色集锦《苏州园林》

本项目根据素材特点、利用多种调色工具，调整出户外各种光线色调。《苏州园林》的制作效果如图 13-18 所示。

图 13-18 《苏州园林》的制作效果

（1）双击"项目"窗口的空白处，将素材全部导入。

（2）按 Ctrl+N 组合键新建合成，将"合成名称"设置为"苏州园林"，"宽度"设置为"720"px，"高度"设置为"576"px，"像素长宽比"设置为"方形像素"，"帧速率"设置为"25"帧/秒，"持续时间"设置为 40 秒，单击"确定"按钮，如图 13-19 所示。

（3）在"项目"窗口中将所有素材拖到时间轴面板中，将时间轴指针移到第 5 秒处，将每个图层的出点移到时间轴指针处。选中所有图层并按 S 键，显示出"缩放"属性，将所有图层的"缩放"属性值设置为"24.0,24.0%"，如图 13-20 所示。

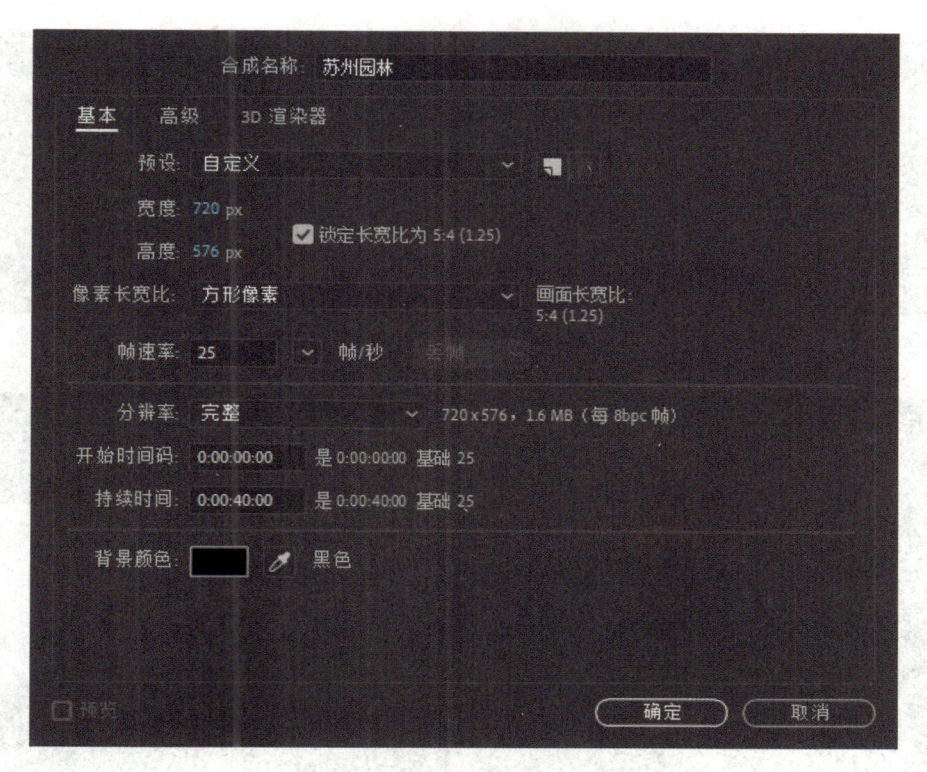

图 13-19 "合成设置"对话框

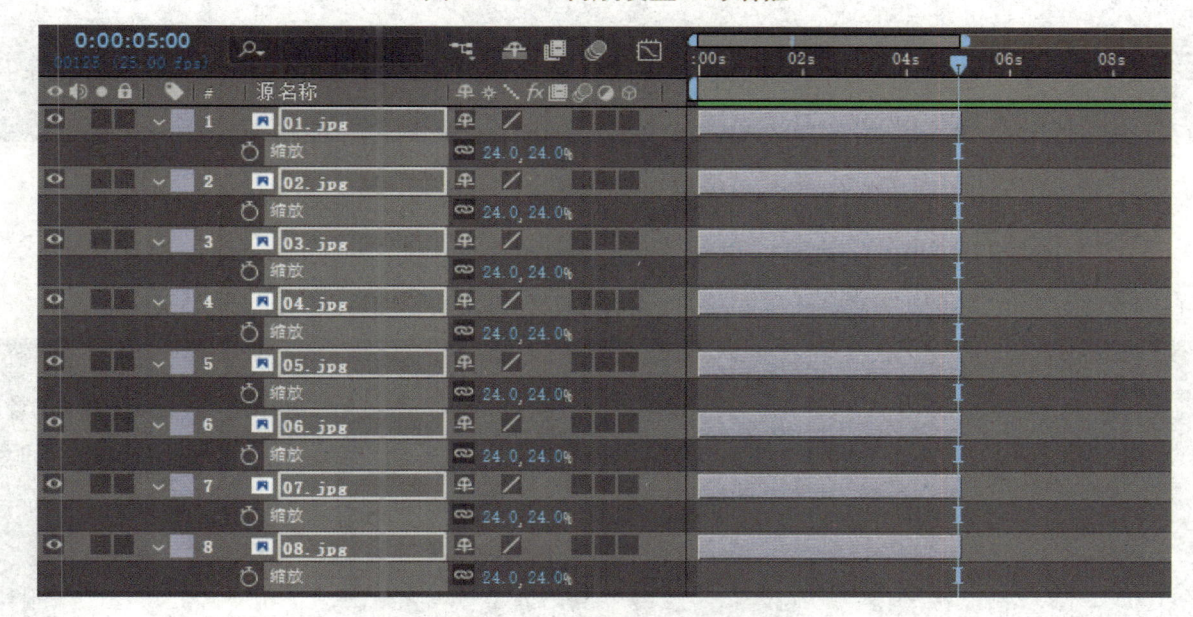

图 13-20 调整图层的出点

（4）将每一个图层依次后移，彼此连接起来，如图 13-21 所示。

（5）选中图层"01.jpg"，选择"效果"→"颜色校正"→"颜色平衡（HLS）"命令，添加"颜色平衡（HLS）"特效。在"效果控件"面板中将"饱和度"设置为"-100.0"，画面呈现黑白效果，如图 13-22 所示。

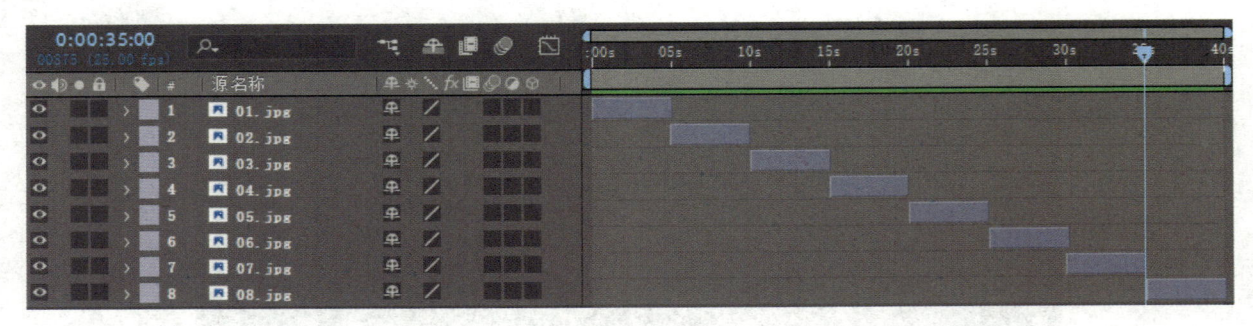

图 13-21　在时间轴上排列素材

图 13-22　利用"颜色平衡（HLS）"特效制作黑白效果

（6）选中图层"02.jpg"，选择"效果"→"颜色校正"→"曲线"命令，添加"曲线"特效。在"效果控件"面板中调整曲线形状，以便对画面进行调色，如图 13-23 所示。

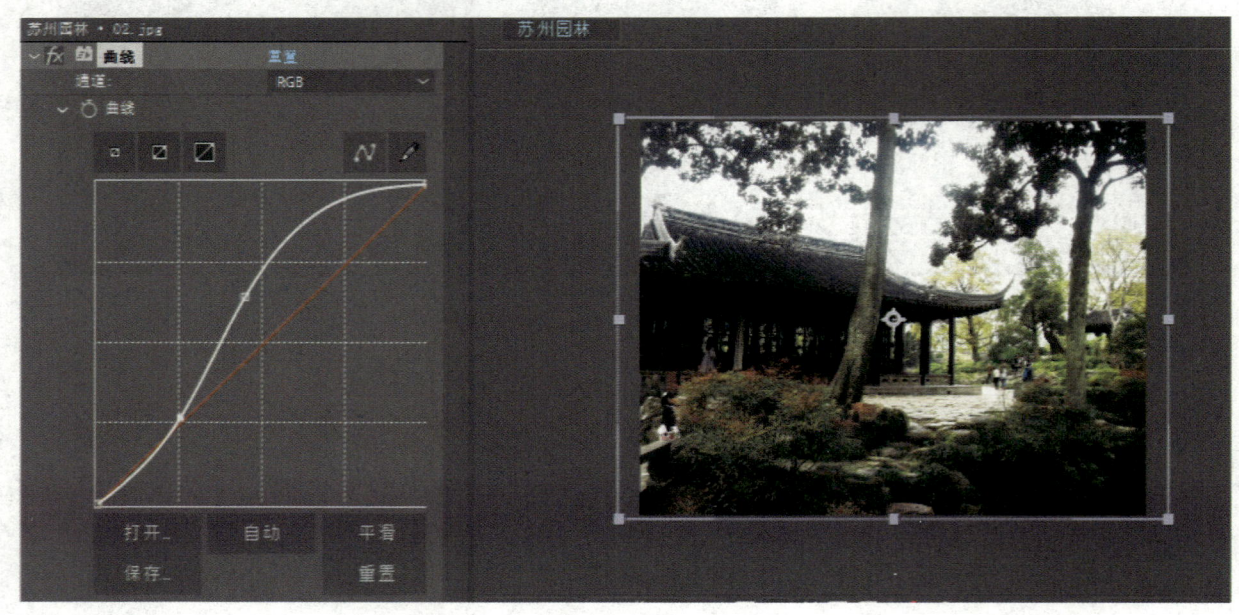

图 13-23　利用"曲线"特效进行调色

（7）选中图层"03.jpg"，选择"效果"→"颜色校正"→"亮度和对比度"命令，添加"亮度和对比度"特效。在"效果控件"面板中将"亮度"设置为"50"，"对比度"设置为"20"，使画面变亮、明暗对比增强，如图13-24所示。

图13-24 利用"亮度和对比度"特效进行调色

（8）选中图层"04.jpg"，选择"效果"→"颜色校正"→"色相/饱和度"命令，添加"色相/饱和度"特效。在"效果控件"面板中勾选"彩色化"复选框，将"着色色相"设置为"0x-121.0°"，"着色饱和度"设置为"67"，"着色亮度"设置为"-16"，以便制作夜晚冷光下的效果，如图13-25所示。

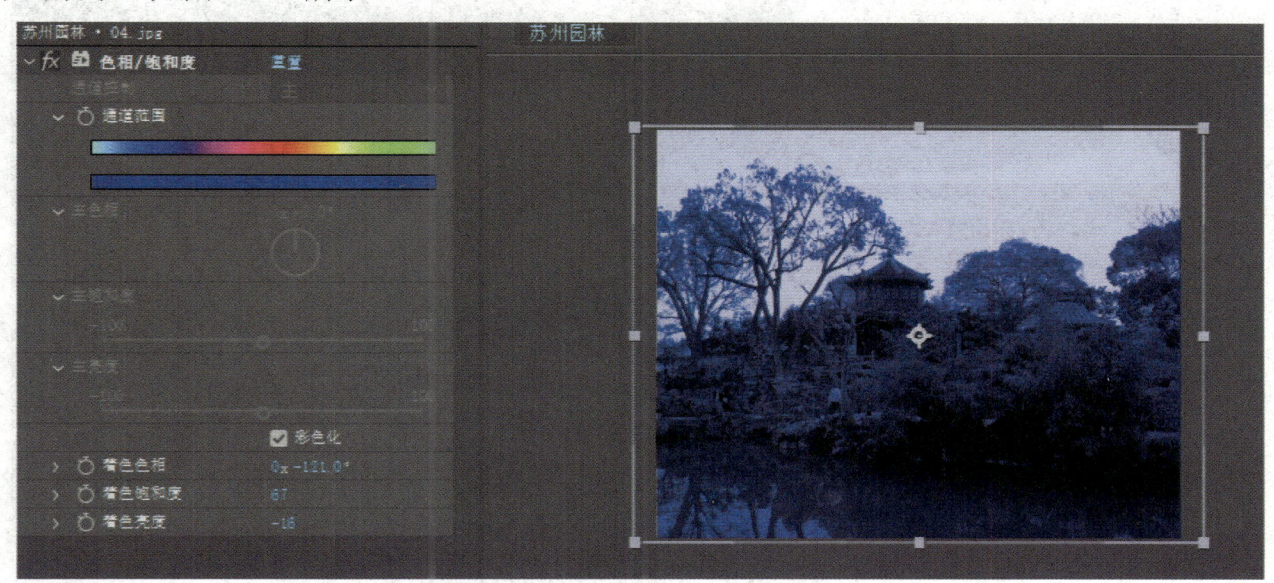

图13-25 利用"色相/饱和度"特效制作夜晚冷光下的效果

（9）选中图层"05.jpg"，选择"效果"→"颜色校正"→"颜色平衡"命令，添加"颜色平衡"特效。在"效果控件"面板中设置以下参数，以便制作夕阳黄昏的效果，如图13-26所示。

图13-26 利用"颜色平衡"特效制作夕阳黄昏的效果

（10）选中图层"06.jpg"，选择"效果"→"颜色校正"→"色阶"命令，添加"色阶"特效。在"效果控件"面板中将"输入黑色"设置为"18.0"，"输入白色"设置为"228.0"，"灰度系数"设置为"1.50"，以便对画面进行亮度调整，如图13-27所示。

图13-27 利用"色阶"特效进行亮度调整

（11）选中图层"07.jpg"，选择"效果"→"颜色校正"→"通道混合器"命令，添加"通道混合器"特效。在"效果控件"面板中设置以下参数，以便制作阳光明媚的效果，如图13-28所示。

图13-28 利用"通道混合器"特效制作阳光明媚的效果

（12）选中图层"08.jpg"，选择"效果"→"颜色校正"→"色调"命令，添加"色调"特效。在"效果控件"面板中将"将黑色映射到"设置为墨绿色，这样就将画面中的黑色指定为墨绿色，从而改变画面的整体色调，如图13-29所示。

图13-29 利用"色调"特效改变画面的整体色调

（13）按Space键进行预览，观看动画效果是否满意。若效果满意，则选择"合成"→"添加到渲染队列"命令，在打开的"渲染队列"面板中，指定渲染的文件名称、保存路径和渲染格式，单击"渲染"按钮进行渲染输出。

项目评价反馈表

技 能 名 称	配分/分	评 分 要 点	学 生 自 评	小 组 互 评	教 师 评 价
设置"色阶"特效	1	设置方法正确			
设置"色相/饱和度"特效	1	设置方法正确			
设置"亮度和对比度"特效	1	设置方法正确			
设置"快速方框模糊"特效	1	设置方法正确			
设置"图层的模式"特效	1	设置方法正确			
设置"颜色平衡(HLS)"特效	1	设置方法正确			
设置"曲线"特效	1	设置方法正确			
设置"通道混合器"特效	1	设置方法正确			
设置"色调"特效	1	设置方法正确			
项目总体评价					

项目十四

"碎片"特效《快乐的生活》

项目描述

"碎片"特效经常应用在影视栏目包装的文字动画中，能带来较强的视觉动感和节奏感。因为 AE 2022 自身具有"碎片"特效，所以本项目将重点讲解该特效的使用方法。《快乐的生活》的制作效果如图 14-1 所示。

图 14-1 《快乐的生活》的制作效果

学习目标

1. 知识目标：掌握 AE 2022 中"碎片"特效的使用方法，明确该特效参数的作用。
2. 技能目标：能利用"碎片"特效制作破碎效果的动画。

项目分析

该项目通过为文字图层添加"碎片"特效和光效，模拟实现沿一定路径破碎的效果。

项目实施

（1）启动 AE 2022，按 Ctrl+N 组合键新建一个合成，将"合成名称"设置为"文字"，"宽度"设置为"720"px，"高度"设置为"576"px，"像素长宽比"设置为"方形像素"，"帧速率"设置为"25"帧/秒，"持续时间"设置为 5 秒，单击"确定"按钮。

（2）选择工具箱中的文字工具，在"合成"窗口中单击，输入文字"快乐的生活"。选中文字图层，选择"效果"→"透视"→"斜面 Alpha"命令，使文字具有立体感，如图 14-2 所示。

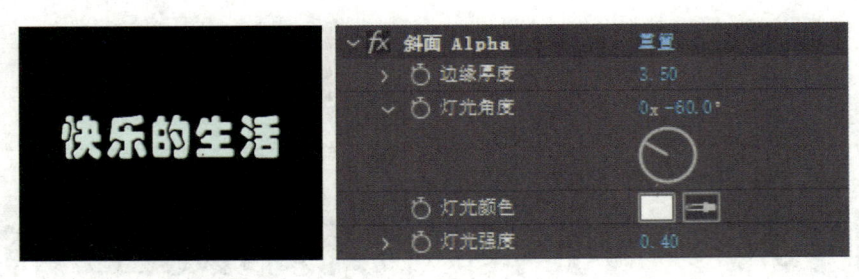

图 14-2 设置文字效果

（3）按 Ctrl+N 组合键新建合成，将"合成名称"设置为"渐变"。在合成"渐变"中，按 Ctrl+Y 组合键新建纯色层，选中该纯色层，选择"效果"→"生成"→"梯度渐变"命令，添加"梯度渐变"特效。在"效果控件"面板中，将"渐变起点"设置为"722.0, 296.0"，"渐变终点"设置为"2.0, 288.0"，从而制作出左白右黑的渐变效果，如图 14-3 所示。

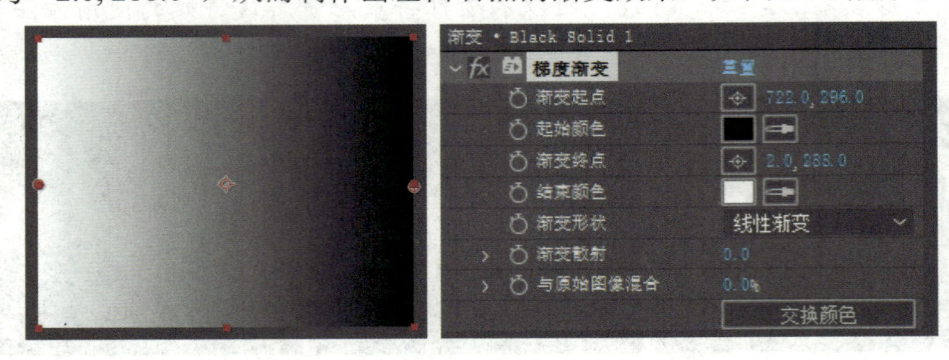

图 14-3 制作左白右黑的渐变效果

（4）按 Ctrl+N 组合键新建合成，将"合成名称"设置为"破碎效果"。按 Ctrl+Y 组合键新建纯色层，选中该纯色层，选择"效果"→"生成"→"梯度渐变"命令，添加"梯度渐变"特效。在"效果控件"面板中，将"渐变起点"设置为"352.0, 294.0"，"起始颜色"设置为浅绿色 RGB（0, 255, 150），"渐变终点"设置为"-188.0, 236.0"，"结束颜色"设置为黑色，"渐变形状"设置为"径向渐变"，如图 14-4 所示。

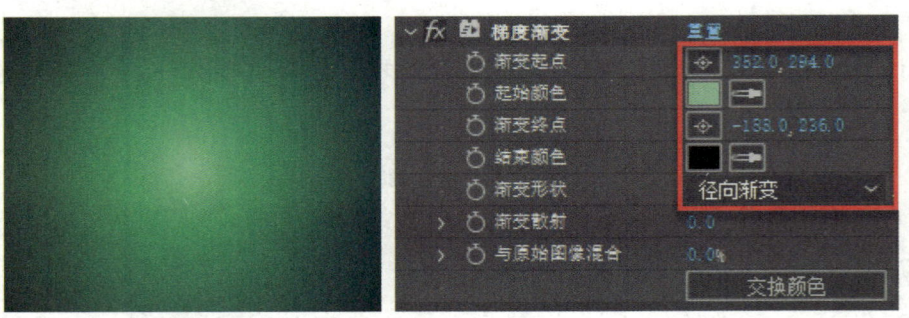

图 14-4 设置"梯度渐变"（径向渐变）特效

（5）在"项目"窗口中将合成"渐变"和"文字"拖到时间轴面板中，使图层"文字"在上层，隐藏图层"渐变"。选中图层"文字"，选择"效果"→"模拟"→"碎片"命令，给图层添加"碎片"特效，如图 14-5 所示。

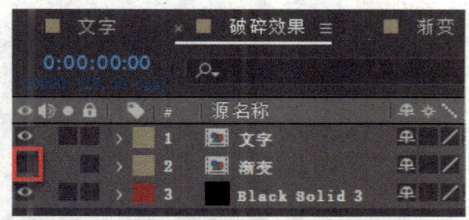

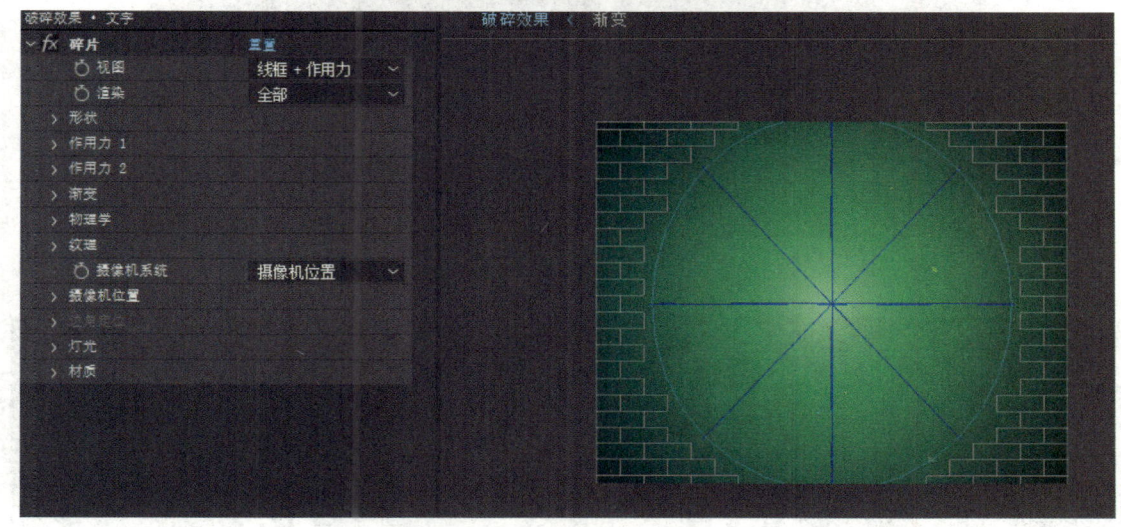

图 14-5　添加"碎片"特效

（6）设置"碎片"特效参数。选中图层"文字"，在"效果控件"面板中，将"视图"设置为"已渲染"，"形状"选项下的"图案"设置为"八边形及正方形"，"自定义碎片图"指定为渐变层。将"重复"设置为"70.00"，以便增加碎片的数目。在"作用力 1"选项下，将"半径"设置为"5.00"，从而改变爆炸力的半径。在"作用力 2"选项下，将"半径"设置为"5.00"。在"渐变"选项下，将"碎片阈值"设置为"0%"，"渐变图层"指定为渐变层，使爆炸顺序按照渐变效果执行。在"物理学"选项下，将"随机性"设置为"0.50"，"粘度"设置为"0.20"，"重力"设置为"0.85"，如图 14-6 所示。将时间轴指针移到第 0 帧处，启动"碎片阈值"属性关键帧，将时间轴指针移到第 5 秒处，将"碎片阈值"设置为"100%"。

（7）添加阴影效果。选中图层"文字"，选择"效果"→"透视"→"投影"命令，给碎片添加阴影效果，增加碎片立体感。

（8）添加发光效果。选择"效果"→"风格化"→"发光"命令，给碎片添加了发光效果。

（9）添加镜头光晕效果。按 Ctrl+Y 组合键新建一个纯色层，选中该图层，选择"效果"→"生成"→"镜头光晕"命令，添加"镜头光晕"特效。将时间轴指针移到第 0 帧处，在"效果控件"面板中，启动"光晕中心"属性关键帧，将其属性值设置为"-24.0，278.0"。将时间轴指针移到第 4 秒 21 帧处，将其属性值设置为 "648.0, 286.0"，如图 14-7 所示。

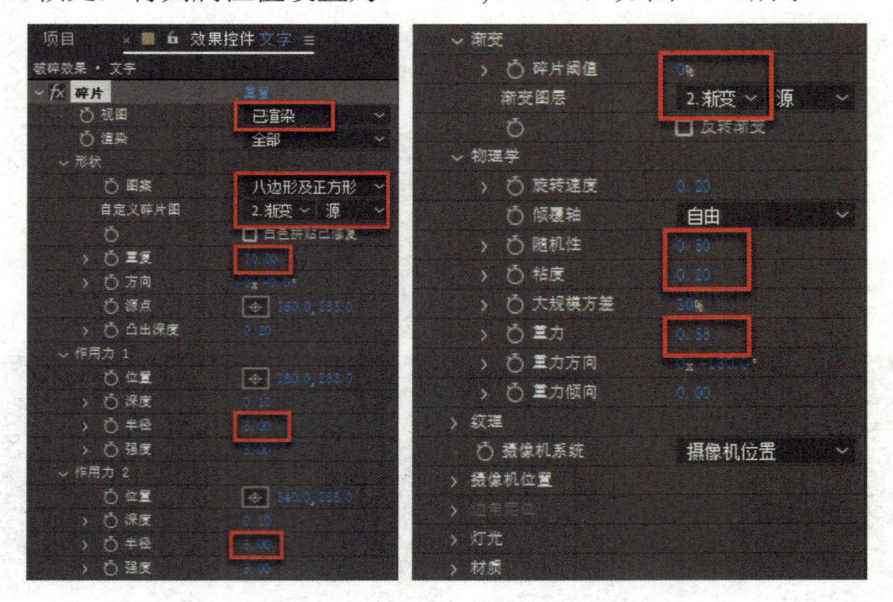

图 14-6 设置"碎片"特效参数

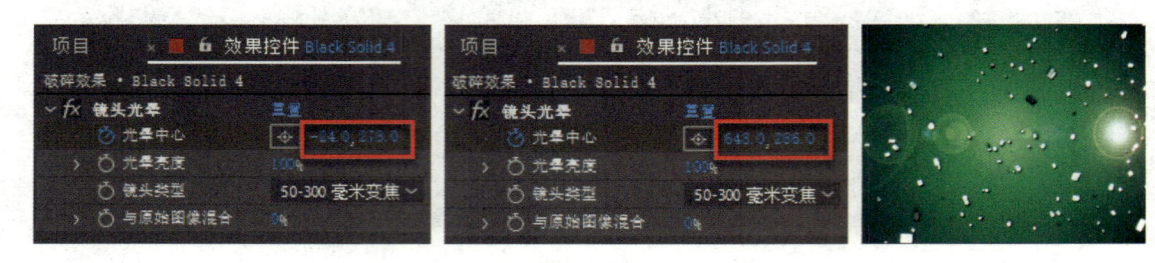

图 14-7 添加并设置"镜头光晕"特效

（10）按 Space 键进行预览，观看动画效果是否满意。若效果满意，则选择"合成"→"添加到渲染队列"命令，在打开的"渲染队列"面板中，指定渲染的文件名称、保存路径和渲染格式，单击"渲染"按钮进行渲染输出。

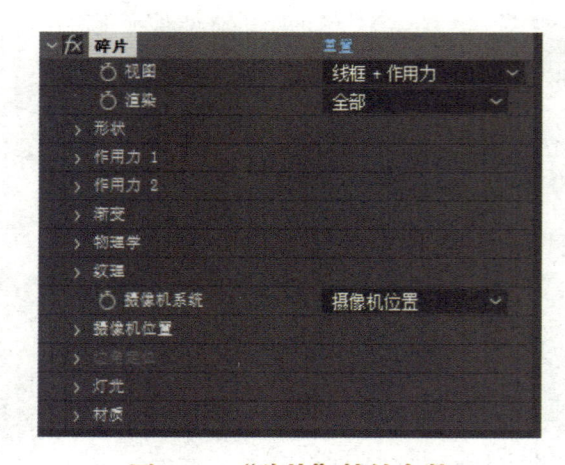

图 14-8 "碎片"特效参数

相关知识

在 AE 2022 中，"碎片"特效既可以逼真地模仿物体爆破的过程，也可以控制物体的爆破顺序、碎片形状、碎片材质、场景灯光、摄像机位置等。

选中要爆破的图层，选择"效果"→"模拟"→"碎片"命令，在"效果控件"面板中显示"碎片"特效参数，如图 14-8 所示。

下面将对"碎片"特效参数进行介绍。

（1）视图：控制预览的显示方式。其中，"已渲染"

方式用于显示特效最终效果;"线框"方式以线框显示碎片效果,这种方式可以加快预览;"线框+作用力"方式可以在"合成"窗口中显示碎片的受力状态。

(2)渲染:在该下拉列表中选择"全部"选项,可以将破碎后的粒子和残余物体一起渲染;选择"块"选项,只渲染破碎后的粒子,或者只渲染残余物体;选择"图层"选项,将破碎后的粒子和残余物体单独渲染。

(3)形状:控制碎片的形状。该选项不仅可以内置众多的碎片形状,还可以自己定义碎片的形状。其参数如下。

- 图案:在该下拉列表中列出了系统预制的部分碎片的形状。
- 自定义碎片图:可以指定合成中的一个图层来影响爆炸碎片的形状。
- 白色拼贴已修复:可以使用白色平铺的适配功能。
- 重复:控制碎片的重复数目。数值越高,产生的碎片越多。
- 方向:控制爆炸的角度。
- 源点:控制碎片裂纹的开始位置。在合成图像窗口中拖动效果点可以改变其位置。
- 凸出深度:控制碎片厚度。数值越高,碎片越厚。

(4)作用力1/作用力2:定义使物体破碎的外力。在"碎片"特效中可以指定两个力场。在默认情况下,系统仅使用"作用力1"。其参数如下。

- 位置:定义在 XY 轴平面上的位置。
- 深度:定义在 Z 轴上的位置。
- 半径:控制力的半径。数值越大,半径越大,目标受力面积也就越大。当力的半径为0时,目标不会发生任何变化。
- 强度:控制爆炸强度。数值越高,碎片飞散越远。当数值为负值时,飞散方向与正值时相反。当强度为0时,无法产生飞散的爆炸碎片。但是在力的半径范围内的目标会受到重力影响。

(5)渐变:该选项可以指定一个渐变图层,利用该图层的明暗渐变来控制粒子的破碎运动方式。它不影响碎片形状,只影响爆炸效果。其参数如下。

- 碎片阈值:设置碎片的阈值。
- 渐变图层:在该下拉列表中指定一个层为碎片的渐变层。
- 反转渐变:勾选该复选框,可以反转渐变层。

(6)物理学:动力学控制。该选项可以对碎片的旋转速度、翻滚坐标及重力等进行设置。其参数如下。

- 旋转速度:控制产生碎片的旋转速度。当数值为0时,碎片不会翻滚旋转。数值越高,旋转速度越快。

- 倾覆轴：在该下拉列表中可以设置爆炸后的碎片如何翻滚旋转。在默认状态下为"自由"选项，碎片可以自由翻滚。选择"无"选项，不产生翻滚。
- 随机性：控制碎片飞散的效果。较高的值产生不规则的、凌乱的碎片飞散效果。
- 黏度：控制碎片的黏度。较高的值使碎片聚集在一起。
- 大规模方差：控制碎片集中的百分比。
- 重力：为碎片施加一个重力，和自然界中的重力一样。其参数控制重力大小。
- 重力方向：通过设置其角度数值来控制重力的方向。
- 重力倾向：可以为重力设置一个倾斜度。

（7）纹理：该选项可以对碎片的颜色、纹理贴图进行设置。其参数如下。
- 颜色：控制碎片的颜色。
- 不透明度：控制碎片的不透明度。
- 正面模式/侧面模式/背面模式：控制碎片正面/侧面/背面的贴图方式。该下拉列表中有"颜色""图层""着色图层""颜色+不透明度""图层+不透明度""着色图层+不透明度"6个选项，默认是"图层"选项，用于将指定的图层纹理贴在碎片的正面/侧面/背面。如果选择"颜色"选项，则可以给碎片的面设置特定颜色；如果选择"着色图层"选项，则系统在当前图像的基础上，根据设定的颜色对其进行色彩处理后作为碎片贴图；如果选择"颜色+不透明度"选项、"图层+不透明度"选项或"着色图层+不透明度"选项，则根据"不透明度"参数的设置，对碎片进行半透明处理。
- 正面图层/侧面图层/背面图层：可为碎片的正面/侧面/背面指定使用哪个图层进行纹理贴图。

（8）摄像机系统：其下拉列表中有"摄像机位置""边角定位""合成摄像机"3个选项，选择不同的摄像机系统，则效果也有所不同。"合成摄像机"选项由合成图像中的摄像机进行控制，在选择该选项前，必须确保合成图像中已经建立摄像机；"边角定位"选项由边角定位参数控制效果；当特效层为3D层时，建议使用"合成摄像机"选项。

（9）摄像机位置：当摄像机系统选择"摄像机位置"选项时，该选项参数被激活。其参数如下。
- X、Y、Z 轴旋转：控制摄像机在 X、Y、Z 轴上的旋转角度。
- X、Y、Z 位置：控制摄像机在三维空间中的位置属性。用户可以在参数栏中设置摄像机位置，也可以在"合成"窗口中拖动摄像机控制点的位置。
- 焦距：控制摄像机的焦距。
- 交换顺序：在该下拉列表中可以选择摄像机的变化顺序。

（10）边角定位：当摄像机系统选择"边角定位"选项时，该选项参数被激活。系统在层的 4 个角产生控制点，并通过控制点改变层形状。其参数如下。

- 左上角/右上角/左下角/右下角：分别控制 4 个角控制点的位置。用户可以调整控制点参数，也可以在"合成"窗口中选择控制点，按住鼠标左键拖动其位置。
- 自动焦距：勾选该复选框，系统可以自动调整焦距。

（11）灯光：控制特效中所使用的灯光参数。其参数如下。

- 灯光类型：在该下拉列表中可以选择使用的灯光方式。如果选择点光源方式，则系统使用点光源照明；如果选择远光源方式，则系统使用远光照明；如果选择首选合成光源方式，则系统使用合成图像中的第一盏灯为特效场景照明。
- 灯光强度：控制灯光强度。
- 灯光颜色：控制灯光颜色。
- 灯光位置：调整灯光位置。用户也可以直接在"合成"窗口中移动灯光控制点的位置。
- 灯光深度：控制灯光在 Z 轴上的深度位置。
- 环境光：控制环境光的强度。

（12）材质：控制特效场景中素材的材质属性。其参数如下。

- 漫反射：控制漫反射强度。
- 镜面反射：控制镜面反射强度。
- 高光锐度：控制高光锐化度。

项目拓展　多重碎片《玻璃破碎》

本项目利用"碎片"特效制作 2 次击打玻璃产生破碎的动画。《玻璃破碎》的制作效果如图 14-9 所示。

图 14-9 《玻璃破碎》的制作效果

（1）启动 AE 2022，双击"项目"窗口的空白处，导入图片素材"玻璃.jpg"和"天空.jpg"。

（2）按 Ctrl+N 组合键新建合成，将"合成名称"设置为"玻璃破碎"，"宽度"设置为"720"

px,"高度"设置为"576"px,"帧速率"设置为"25"帧/秒,"持续时间"设置为 5 秒,单击"确定"按钮,如图 14-10 所示。

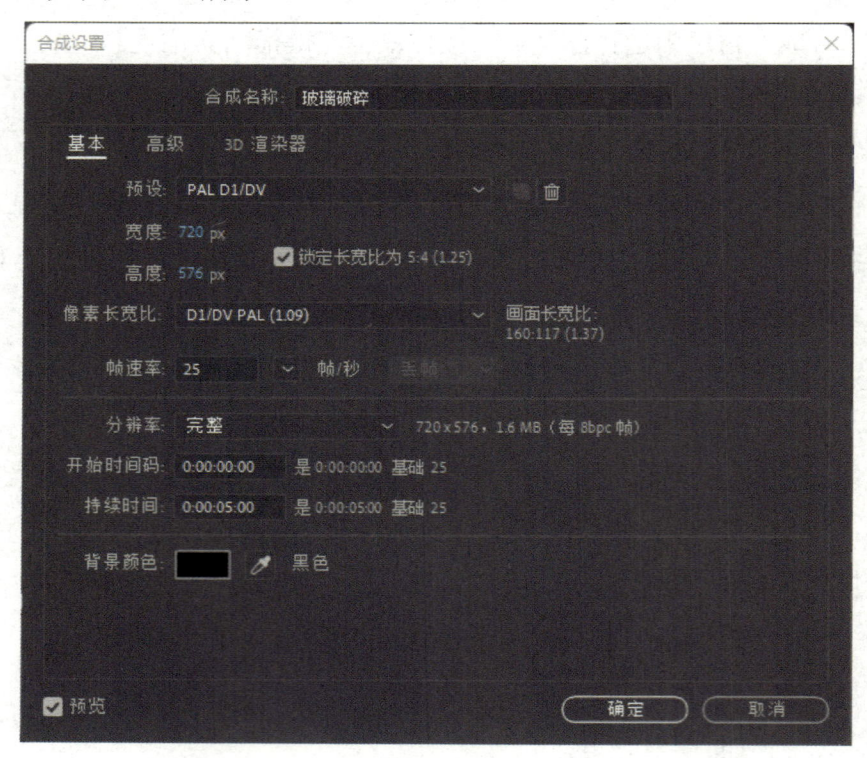

图 14-10 "合成设置"对话框

（3）在"项目"窗口中将素材"玻璃.jpg"和"天空.jpg"拖到时间轴面板中,将图层"天空.jpg"放置在下层。选中天空图层,按 S 键显示"缩放"属性,将"缩放"属性值设置为"93.0,93.0%",调整天空图层的大小,使其充满屏幕。

（4）选中图层"玻璃.jpg",在工具箱中选择钢笔工具,在天棚区域绘制一个三角形蒙版,展开图层的"蒙版"选项,勾选"反转"复选框,如图 14-11 所示。

图 14-11 利用蒙版选取天棚部分玻璃

（5）选中图层"玻璃.jpg",继续在天棚区域绘制多个蒙版,将新绘制的蒙版的模式设置为"相减",使天棚玻璃透明,显示出天空,如图 14-12 所示。

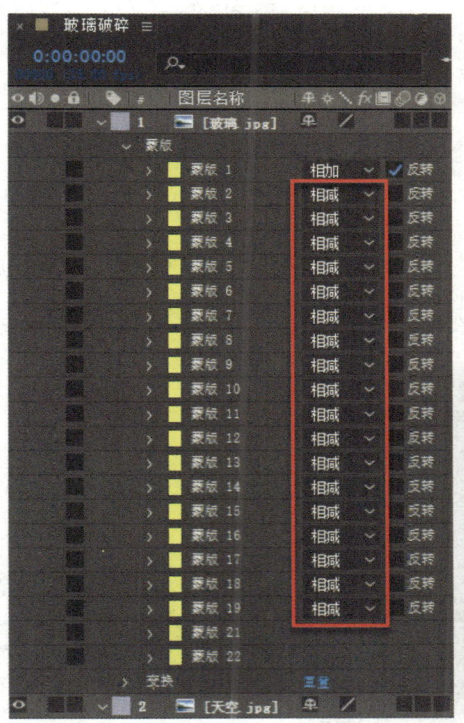

图 14-12 绘制多个蒙版并设置其模式

（6）选中图层"玻璃.jpg"，按 Ctrl+D 组合键复制该图层。选中复制的图层，按 Enter 键，将该图层名称修改为"玻璃 1.jpg"。隐藏图层"玻璃.jpg"，展开图层"玻璃 1.jpg"的属性，取消勾选"反转"复选框，将蒙版的模式修改为"相加"，如图 14-13 所示。这样就将墙体和欲爆破的天棚玻璃分隔开来。

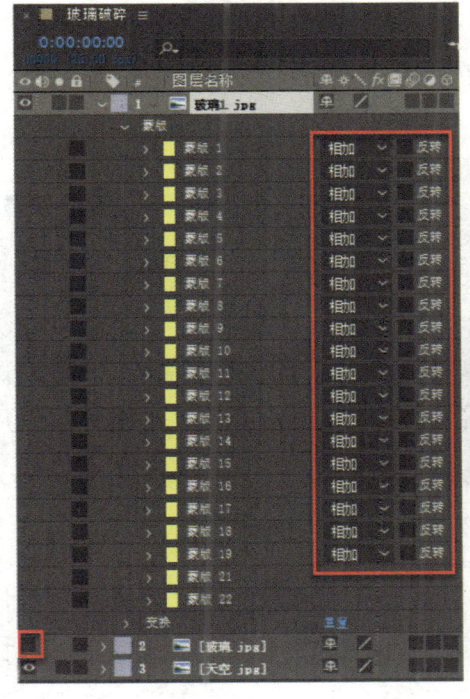

图 14-13 设置图层"玻璃 1.jpg"的蒙版

195

（7）制作第 1 次天棚玻璃破碎效果。选中图层"玻璃 1.jpg"，选择"效果"→"模拟"→"碎片"命令，给该图层添加"碎片"特效。在"效果控件"面板中，将"视图"设置为"已渲染"，展开"形状"选项，将"图案"设置为"玻璃"，"重复"设置为"60.00"，"凸出深度"设置为"0.03"，使碎片厚度减少。

展开"作用力 1"选项，将"位置"设置为"359.1, 534.2"，"深度"设置为"0.10"，"半径"设置为"0.15"。将时间轴指针移到第 20 帧处，启动"深度"属性关键帧。将时间轴指针移到第 1 秒处，将"深度"设置为"-1.00"，如图 14-14 所示。

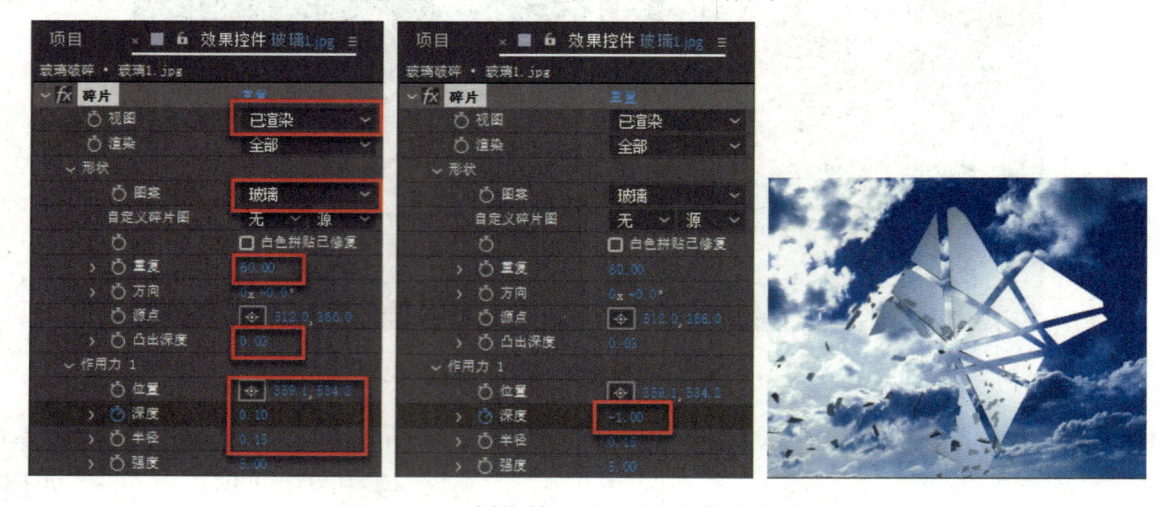

图 14-14　制作第 1 次天棚玻璃破碎效果

（8）制作第 2 次天棚玻璃破碎效果。展开"作用力 2"选项，将"位置"设置为"621.8, 422.1"，"半径"设置为"0.20"，"深度"设置为"-1.00"。将时间轴指针移到第 1 秒 5 帧处，启动"作用力 2"的"深度"属性关键帧。将时间轴指针移到第 1 秒 10 帧处，将"深度"设置为"2.00"，如图 14-15 所示。

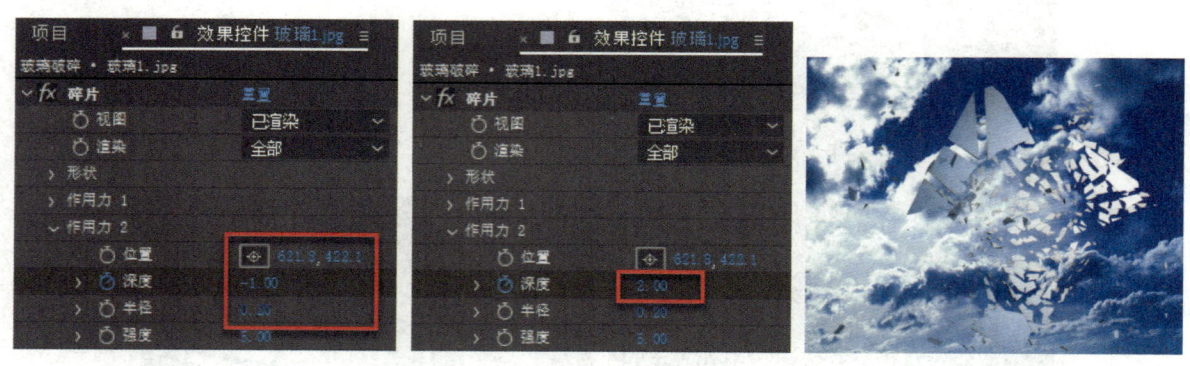

图 14-15　制作第 2 次天棚玻璃破碎效果

（9）设置玻璃碎片投影。选中图层"玻璃 1.jpg"，按 Ctrl+D 组合键复制一个图层，选中复制出来的图层，按 Enter 键，将图层名称修改为"阴影"。选中图层"阴影"，选择"效果"→"透视"→"径向阴影"命令，在"效果控件"面板中，勾选"仅阴影"复选框，仅显示阴影

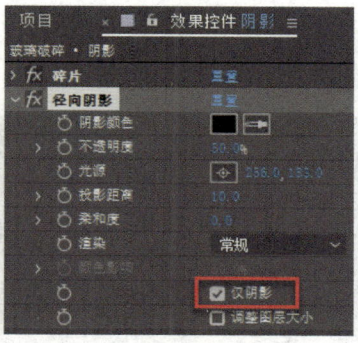

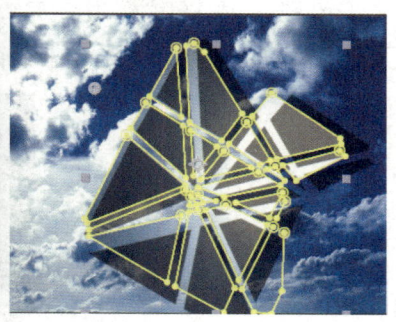

效果，如图 14-16 所示。

图 14-16　设置玻璃碎片投影

（10）恢复图层"玻璃.jpg"的显示，会发现碎片在投射到墙壁上时产生阴影，同时在天空中也产生阴影，因此需要屏蔽掉碎片在天空中的阴影。选中图层"阴影"，选择"图层"→"预合成"命令，在弹出的"预合成"对话框中选中"将所有属性移动到新合成"单选按钮，单击"确定"按钮，于是重组了图层"阴影"的所有属性。将新的阴影合成层拖到图层"玻璃 1.jpg"的下面，如图 14-17 所示。

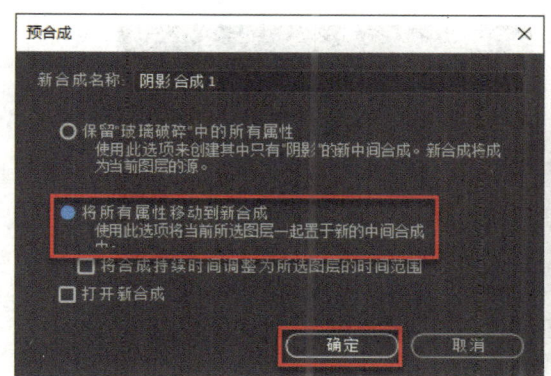

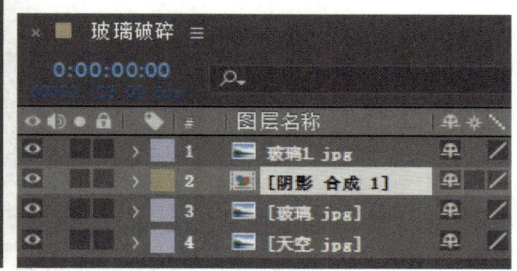

图 14-17　重组图层"阴影"

（11）展开图层"玻璃.jpg"的"蒙版"选项，选中所有蒙版，按 Ctrl+C 组合键进行复制，再选中重组的阴影合成层，按 Ctrl+V 组合键进行粘贴，此时天空中的投影被屏蔽，只有落在墙壁上的阴影，如图 14-18 所示。

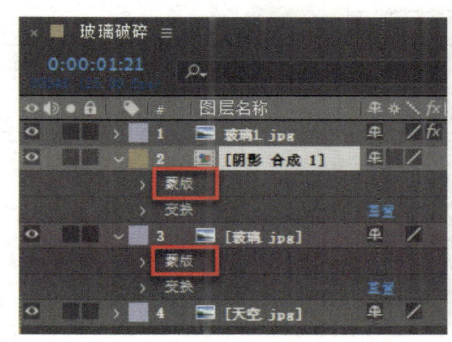

图 14-18　去掉天空部分的碎片阴影

（12）因为阴影投射到物体上会根据物体形状变形，所以需要利用"置换图"特效对阴影进行变形处理。选择"效果"→"扭曲"→"置换图"命令，在"效果控件"面板的"置换图层"下拉列表中选择图层"玻璃.jpg"，如图 14-19 所示。

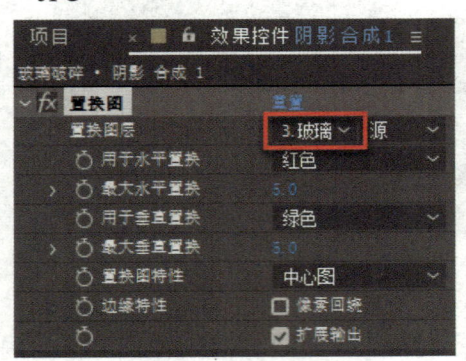

图 14-19　利用"置换图"特效对阴影进行变形处理

（13）选中图层"玻璃 1.jpg"和"阴影合成 1"，选择"效果"→"模糊和锐化"→"定向模糊"命令，添加"定向模糊"特效。在"效果控件"面板中，将"模糊长度"设置为"2.0"，使玻璃产生破碎的运动模糊效果，如图 14-20 所示。

图 14-20　设置"定向模糊"特效

（14）按 Space 键进行预览测试，观看动画效果是否满意。若效果满意，则选择"合成"→"添加到渲染队列"命令，在打开的"渲染队列"面板中，指定渲染的文件名称、保存路径和渲染格式，单击"渲染"按钮进行渲染输出。

项目评价反馈表

技能名称	配分/分	评分要点	学生自评	小组互评	教师评价
"碎片"特效的添加	1	设置方法正确			
"碎片"特效参数的设置	4	设置方法正确			
去掉碎片投射在天空中的阴影	4	设置方法正确			
"置换图"特效的使用	1	使用方法正确			
"定向模糊"特效的使用	1	使用方法正确			
项目总体评价					

综合篇

项目十五

影视特技合成场景《绚烂夜色》

项目描述

在影视制作中，通过后期合成技术可以为场景增添绚丽效果，让画面更加生动。本项目将使用"镜头光晕"特效制作光晕效果，使用"单元格图案""亮度和对比度""发光"等特效制作光束。《绚烂夜色》的制作效果如图 15-1 所示。

图 15-1 《绚烂夜色》的制作效果

学习目标

1. 知识目标：掌握 AE 2022 的"镜头光晕""单元格图案""亮度和对比度""发光"等特效技术的使用方法，能根据制作需要选择恰当的合成方法。

2. 技能目标：能根据影视表达需要，利用一系列特效合成技术恰当地烘托场景氛围。

项目分析

该项目强调光效的添加，为简单画面制作绚烂、梦幻的光束效果，并通过文字图层的属性关键帧完成标题动画的制作。

项目实施

（1）启动 AE 2022，按 Ctrl+N 组合键新建一个合成，将"合成名称"设置为"绚烂夜色"，

"宽度"设置为"720"px,"高度"设置为"576"px,"像素长宽比"设置为"方形像素","帧速率"设置为"25"帧/秒,"持续时间"设置为6秒10帧,单击"确定"按钮。

(2)双击"项目"窗口的空白处,导入所有素材。

(3)在"项目"窗口中将素材"01.JPG"拖到时间轴面板中,展开图层的属性,单击"缩放"属性的"约束比例"按钮取消长宽比约束,将"缩放"属性值设置为"18.0,19.2%"。

(4)选择"图层"→"新建"→"纯色"命令,新建一个纯色层,将纯色层的颜色设置为蓝色RGB(0,39,255)。在时间轴面板中选中该纯色层,选择工具箱中的钢笔工具,在"合成"窗口的右上角绘制蒙版路径。展开图层的属性,将纯色层的"不透明度"属性值设置为"69%","蒙版羽化"属性值设置为"400.0,400.0 像素",从而在画面右上角制作了天空光晕效果,如图15-2所示。

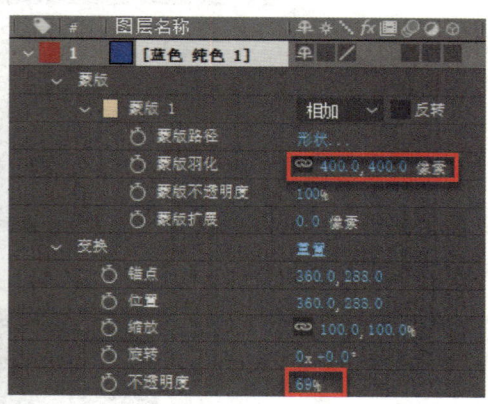

图15-2 制作天空光晕效果

(5)在"项目"窗口中将素材"03.tga"拖到时间轴面板的顶层,展开该图层的属性,将"不透明度"属性值设置为"54%"。将时间轴指针移到第0帧处,启动"缩放"属性关键帧。将时间轴指针移到第7帧处,将"缩放"属性值设置为"70.0,70.0%"。

(6)在"项目"窗口中将素材"02.avi"拖到时间轴面板的顶层。右击该图层,在弹出的快捷菜单中选择"时间"→"启用时间重映射"命令,将鼠标指针移到该图层的右端,将图层的出点拖到时间轴的右端,同时将图层尾部的关键帧也拖到右端。这样通过对素材进行时间重置,延长了素材的播放时间。将图层"02.avi"的模式设置为"相加",如图15-3所示。

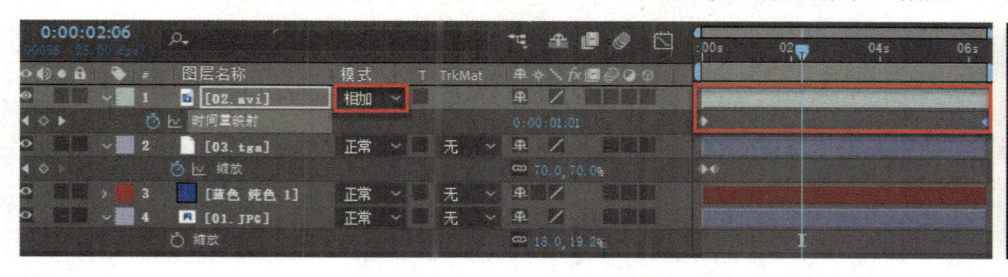

图15-3 启用时间重映射并设置图层的模式

(7)选择"图层"→"新建"→"纯色"命令,新建一个纯色层。在时间轴面板中选中该纯色层，选择"效果"→"生成"→"单元格图案"命令，给纯色层添加"单元格图案"特效，如图15-4所示。

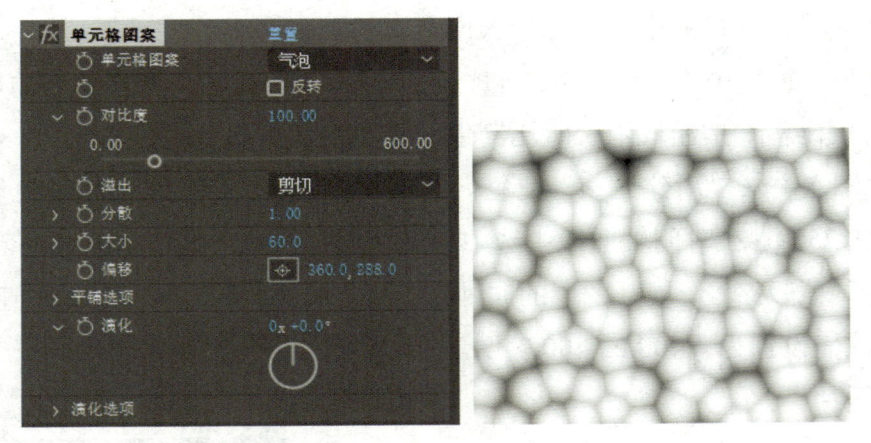

图15-4 "单元格图案"特效

（8）在"效果控件"面板中，将"单元格图案"设置为"印版"，"分散"设置为"0.00"，"大小"设置为"20.0"，使之产生马赛克效果。将时间轴指针移到第0帧处，启动"演化"属性关键帧。将时间轴指针移动最右端，将"演化"属性值设置为"6x+0.0°"。将图层的模式设置为"相加"，如图15-5所示。

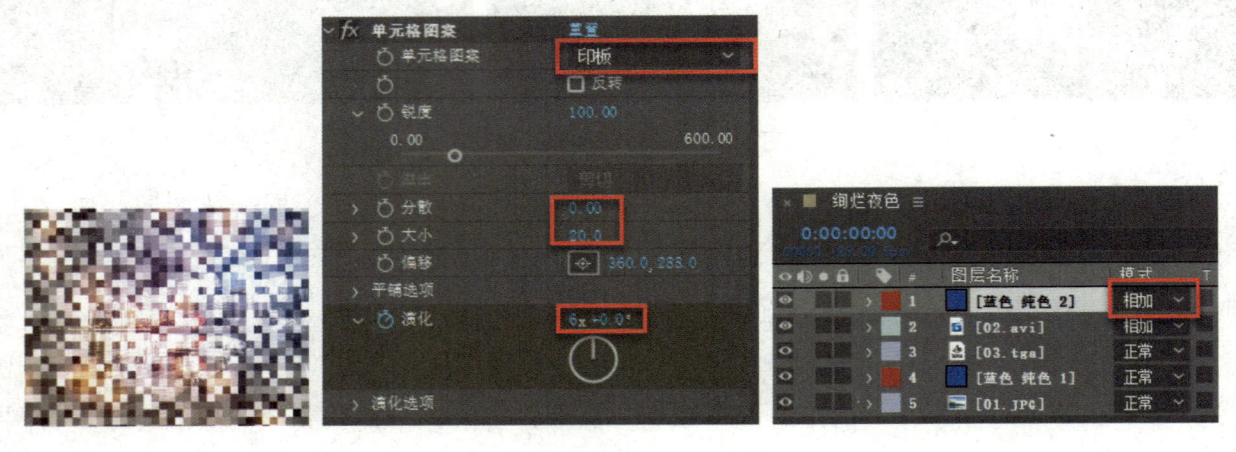

图15-5 设置"单元格图案"特效

（9）选择"效果"→"颜色校正"→"亮度和对比度"命令，为纯色层添加"亮度和对比度"特效。在"效果控件"面板中将"亮度"设置为"-50"，"对比度"设置为"100"，如图15-6所示。

（10）选择"效果"→"模糊和锐化"→"定向模糊"命令，添加"定向模糊"特效。在"效果控件"面板中将"方向"设置为"0x+90.0°"，"模糊长度"设置为"100.0"。选择"效果"→"风格化"→"发光"命令，添加"发光"特效。在"效果控件"面板中将"发光阈值"设置为"36.1%"，"发光半径"设置为"10.0"，"发光强度"设置为"3.0"，"发光颜色"设置为"A和B颜色"，其中，"A颜色"和"B颜色"分别为黄色和红色，如图15-7所示。

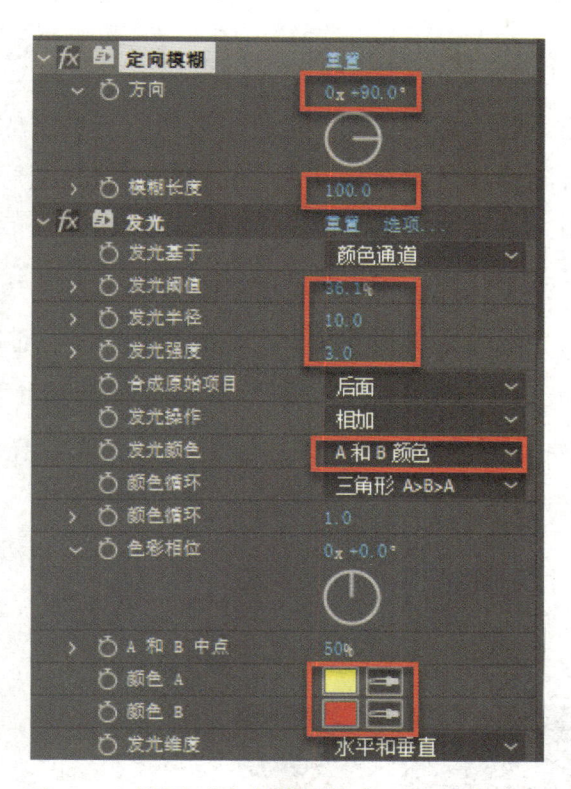

图 15-6　设置"亮度和对比度"特效　　　　图 15-7　设置"定向模糊"和"发光"特效

（11）将纯色层调整为 3D 图层，展开图层的属性，单击"缩放"属性的"约束比例"按钮解开长宽比锁定，将"缩放"属性值设置为"800.0, 110.0, 100.0%"。

在三维空间中调整该图层的旋转角度和不透明度。这里将"方向"属性值设置为"325.7°，6.9°，358.9°"，"X 轴旋转"属性值设置为"0x-96.0°"，"Y 轴旋转"属性值设置为"0x-140.0°"，"Z 轴旋转"属性值设置为"0x+101.0°"，"不透明度"属性值设置为"60%"。

选中该纯色层，选择工具箱中的钢笔工具，在"合成"窗口中绘制一个蒙版路径，展开蒙版的属性，将"蒙版羽化"属性值设置为"60.0, 60.0 像素"，如图 15-8 所示。

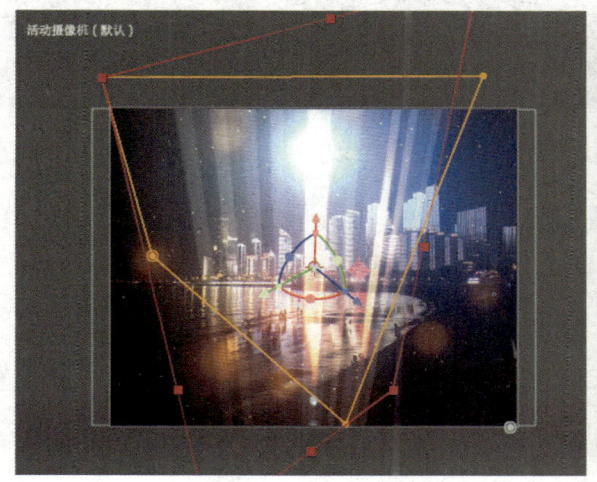

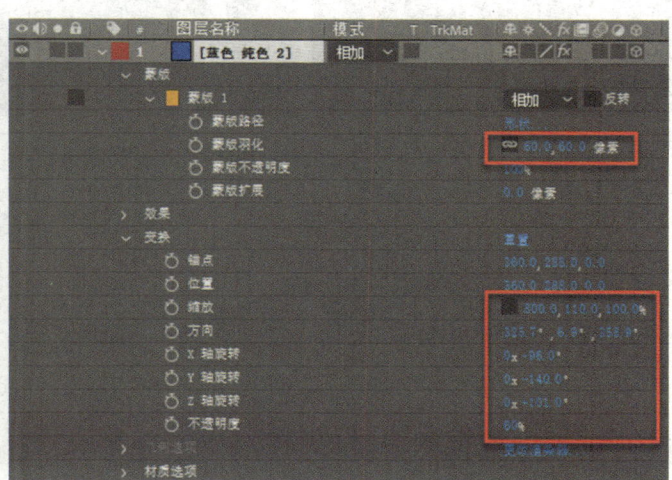

图 15-8　调整 3D 图层效果

（12）选中"图层"→"新建"→"纯色"命令，新建一个纯色层，将纯色层颜色设置为黑色。选中该纯色层，选择"效果"→"生成"→"镜头光晕"命令，添加"镜头光晕"特效。将时间轴指针移到第 1 秒 21 帧处，将该图层的入点调整到时间轴指针处。在"效果控件"面板中将"光晕中心"设置为"360.0, 78.0"，启动"光晕中心"属性关键帧。将时间轴指针移到第 2 秒 12 帧处，将"光晕中心"设置为"462.0, 238.7"。将时间轴指针移到第 2 秒 21 帧处，将"光晕中心"设置为"358.0, 308.0"。将时间轴指针移到第 4 秒 20 帧处，将"光晕中心"设置为"16.0, 424.0"。将时间轴指针移到第 4 秒 11 帧处，启动"光晕亮度"属性关键帧。将时间轴指针移到第 4 秒 21 帧处，将"光晕亮度"设置为"0%"。将"镜头类型"设置为"105 毫米定焦"，纯色层的模式设置为"相加"。

选择"效果"→"颜色校正"→"色相/饱和度"命令，添加"色相/饱和度"特效。在"效果控件"面板中，勾选"彩色化"复选框，将"着色色相"设置为"0x+186.0°"，"着色饱和度"设置为"40"，如图 15-9 所示。

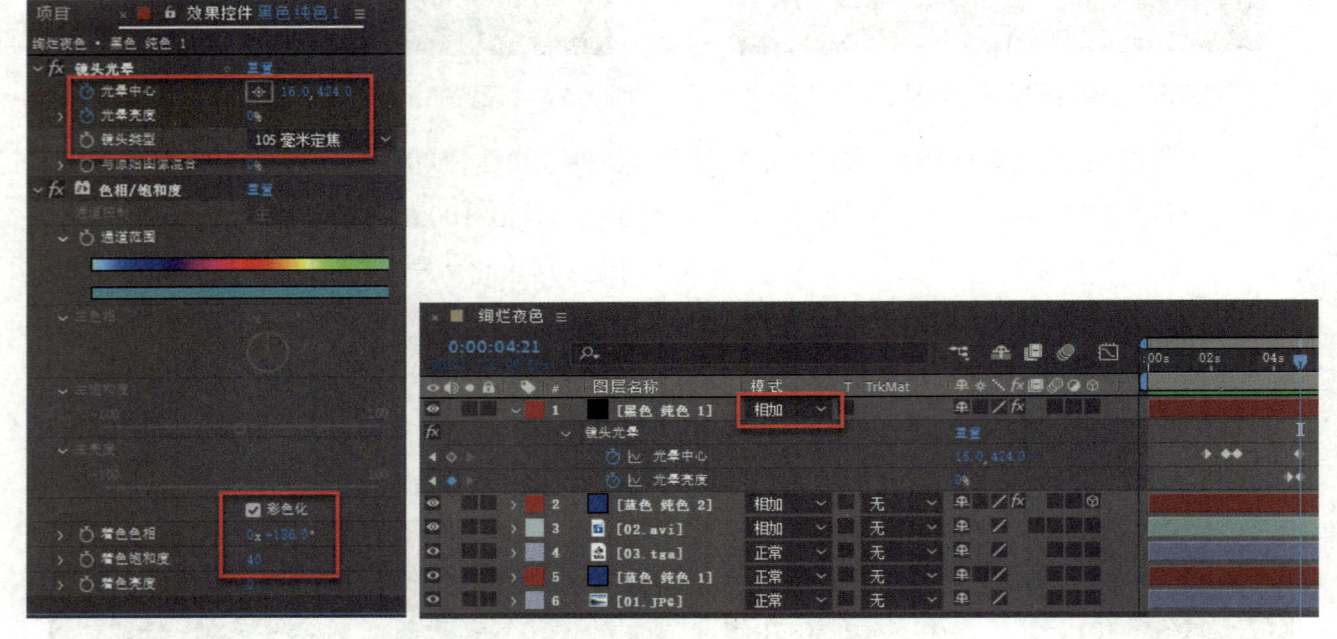

图 15-9　设置"镜头光晕"和"色相/饱和度"特效

（13）按 Ctrl+N 组合键新建一个合成，将"合成名称"设置为"图片"，"宽度"设置为"720" px，"高度"设置为"576" px，"像素长宽比"设置为"方形像素"，"帧速率"设置为"25"帧/秒，"持续时间"设置为 6 秒 10 帧，单击"确定"按钮。

（14）在"项目"窗口中将素材"06.JPG""07.JPG""08.JPG"拖到时间轴面板中，将图层"08.JPG"放置在顶层，图层"06.JPG"放置在底层。选中这 3 个图层并按 S 键，显示出这 3 个图层的"缩放"属性，将"缩放"属性值设置为"3.0, 3.0%"。

（15）将时间轴指针移到第 23 帧处，选择图层"08.JPG"，展开图层的属性，启动"位置"属性关键帧和"旋转"属性关键帧，将"位置"属性值设置为"800.0, 312.0"，"旋转"属性值设置为"3x+0.0°"。将时间轴指针移到第 1 秒 11 帧处，将"旋转"属性值设置为"2x+0.0°"。将时间轴指针移到第 2 秒 5 帧，单击"旋转"属性左侧的"添加关键帧"按钮◆，添加关键帧。将时间轴指针移到第 2 秒 20 帧处，将"旋转"属性值设置为"0x+0.0°"，"位置"属性值设置为"-63.0, 312.0"。将时间轴指针移到第 1 秒 3 帧处，启动"缩放"属性关键帧。将时间轴指针移到第 1 秒 13 帧处，将"缩放"属性值设置为"10.0, 10.0%"。将时间轴指针移到第 2 秒 5 帧处，单击"缩放"属性左侧的"添加关键帧"按钮◆，添加关键帧。将时间轴指针移到第 2 秒 16 帧处，将"缩放"属性值设置为"3.0, 3.0%"，如图 15-10 所示。

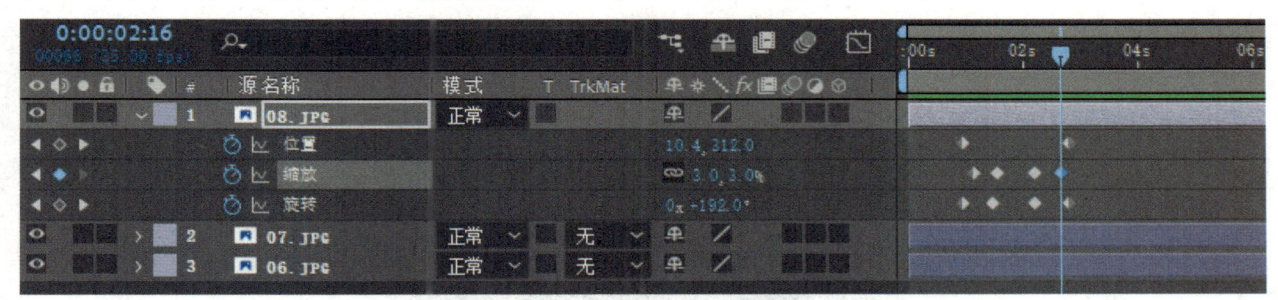

图 15-10 设置图层属性关键帧动画

（16）选择图层"08.JPG"的"变换"选项，按 Ctrl+C 组合键进行属性复制，分别选中图层"07.JPG"和"06.JPG"，按 Ctrl+V 组合键，将设置了关键帧动画的属性粘贴过来。此时，这 3 个图层具有了相同的动画属性。

选中这 3 个图层，按 U 键显示所有关键帧属性。将时间轴指针移到第 1 秒 21 帧处，框选图层"07.JPG"的所有关键帧使其向右移动，使得左侧的第 1 个关键帧与时间轴指针对齐，如图 15-11 所示。

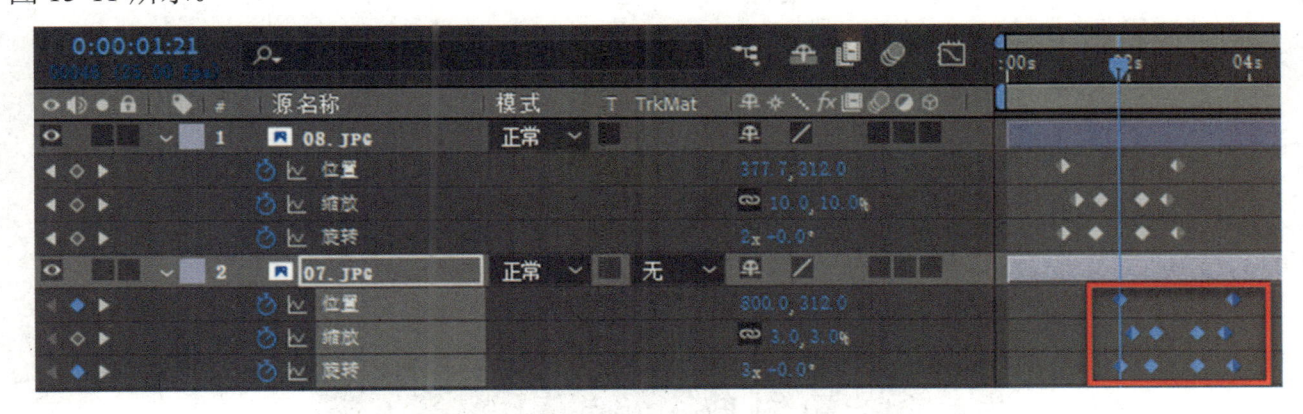

图 15-11 调整图层"07.JPG"的关键帧位置

将时间轴指针移到第 2 秒 18 帧处，框选图层"06.JPG"的所有关键帧使其向右移动，使得左侧的第 1 个关键帧与时间轴指针对齐，如图 15-12 所示。动画效果如图 15-13 所示。

图 15-12 调整图层"06.JPG"的关键帧位置

图 15-13 动画效果

（17）切换到合成"绚烂夜色"中，在"项目"窗口中将合成"图片"拖到时间轴面板的顶层。

（18）按 Ctrl+N 组合键新建一个合成，将"合成名称"设置为"文字"，"宽度"设置为"720"px，"高度"设置为"576"px，"像素长宽比"设置为"方形像素"，"帧速率"设置为"25"帧/秒，"持续时间"设置为 6 秒 10 帧，单击"确定"按钮。

（19）选择工具箱中的文字工具，在"合成"窗口中输入文字"绚烂夜色"。选中文字，在"字符"面板中设置字体、字号，调整文字在画面中的位置，如图 15-14 所示。

图 15-14 设置文字属性和位置

（20）将时间轴指针移到第 3 秒处，将文字图层的入点移到时间轴指针处。将时间轴指针移到第 3 秒 23 帧处，展开文字图层的属性，启动"位置"属性关键帧，将"位置"属性值设置为"911.0, 406.0"。将时间轴指针移到第 4 秒 19 帧处，将"位置"属性值设置为"393.0, 406.0"，如图 15-15 所示。

图 15-15　设置"位置"属性关键帧

（21）选中文字图层，按 Ctrl+D 组合键复制图层。选中上层的图层，选择"效果"→"模糊和锐化"→"定向模糊"命令，添加"定向模糊"特效。在"效果控件"面板中将"模糊长度"设置为"70.0"，如图 15-16 所示。将时间轴指针移到第 4 秒 22 帧处，启动"模糊长度"属性关键帧。将时间轴指针移到第 5 秒 20 帧处，将"模糊长度"属性值设置为"0.0"。文字图层在时间轴面板中的设置如图 15-17 所示。

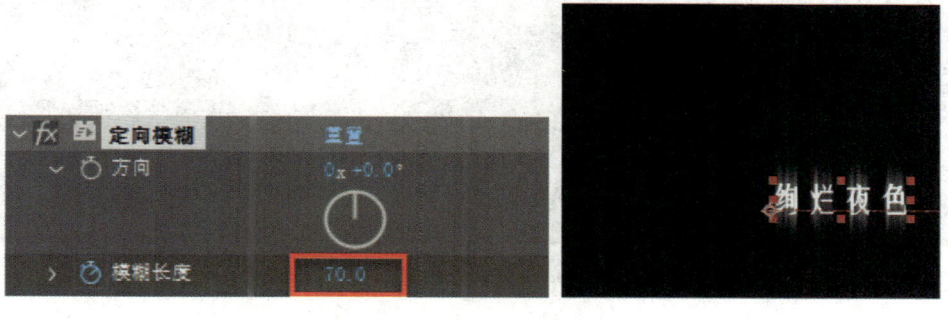

图 15-16　"定向模糊"特效

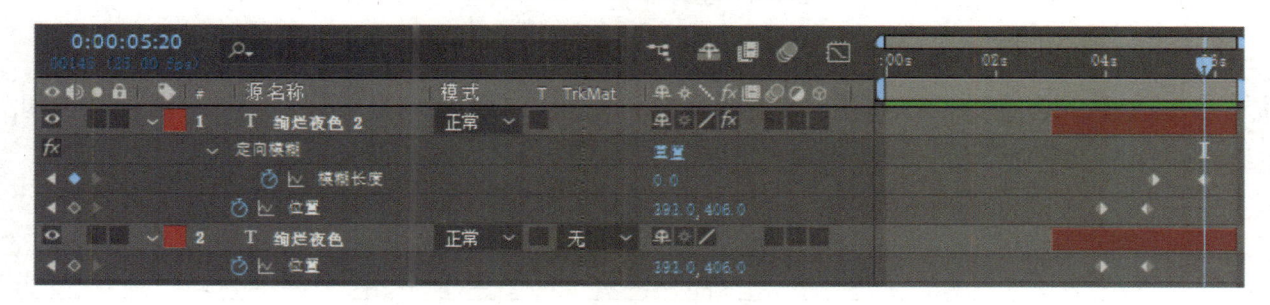

图 15-17　文字图层在时间轴面板中的设置

（22）切换到合成"绚烂夜色"中，在"项目"窗口中将合成"文字"拖到时间轴面板的顶层。

（23）选择"图层"→"新建"→"纯色"命令，新建一个黑色纯色层。将时间轴指针移到第 3 秒处，将该纯色层的入点移到时间轴指针处。

选择"效果"→"生成"→"镜头光晕"命令，添加"镜头光晕"特效。在"效果控件"面板中将"光晕中心"设置为"706.0, 18.0"。将时间轴指针移到第 5 秒处，启动"光晕中心"

属性关键帧。将时间轴指针移到第 5 秒 13 帧处,将"光晕中心"设置为"518.0, 382.0"。将时间轴指针移到第 5 秒 23 帧处,将"光晕中心"设置为"706.0, 18.0",如图 15-18 所示。在时间轴面板中将该纯色层的模式设置为"相加",所有图层在时间轴面板中的排序如图 15-19 所示。

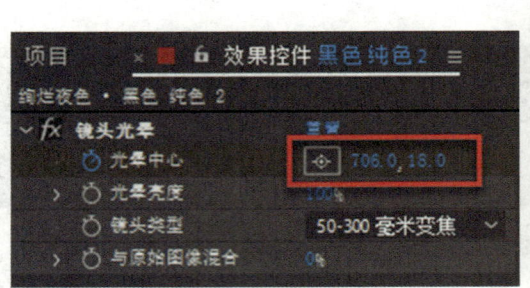

图 15-18 "镜头光晕"特效

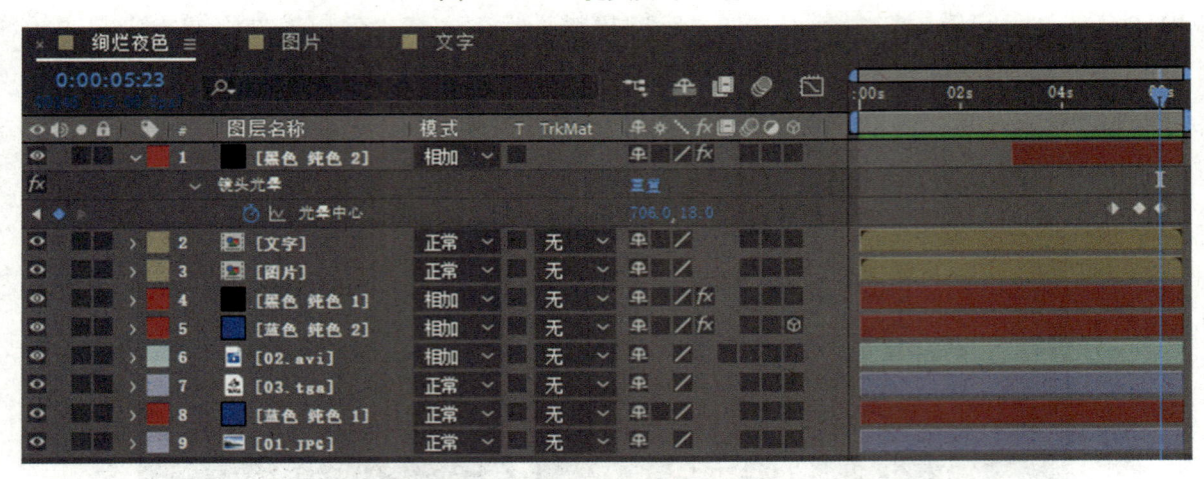

图 15-19 所有图层在时间轴面板中的排序

(24)在"项目"窗口中将素材"背景音乐.mp3"拖到时间轴面板的底层。

(25)按 Space 键进行预览测试,观看动画效果是否满意。若效果满意,则选择"合成"→"添加到渲染队列"命令,在打开的"渲染队列"面板中,指定渲染的文件名称、保存路径和渲染格式,单击"渲染"按钮进行渲染输出。

项目评价反馈表

技 能 名 称	配分/分	评分要点	学生自评	小组互评	教师评价
设置"单元格图案"特效	1	设置方法正确			
设置"定向模糊"特效	1	设置方法正确			
设置"发光"特效	1	设置方法正确			
设置"亮度和对比度"特效	1	设置方法正确			
设置"色相/饱和度"特效	1	设置方法正确			
设置"镜头光晕"特效	2	设置方法正确			
项目总体评价					

项目十六

栏目包装片头《飞跃青岛》

项目描述

栏目包装片头的制作是 AE 的重要应用领域。栏目包装通常是指对电视节目、栏目、频道甚至是电视台的整体形象进行一种外在形式要素的规范和强化。这些外在的形式要素（包括声音、图像、颜色等诸要素），其表现形式多样，遵循着特定的原则，制作技术精致、特色突出。本项目将重点讲解栏目包装片头中的主流表现手法和制作技术。《飞跃青岛》的制作效果如图 16-1 所示。

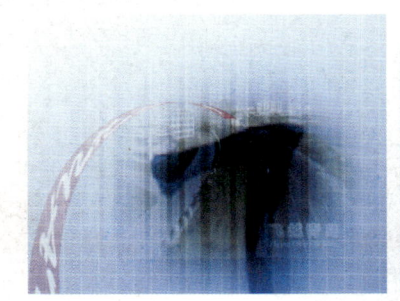

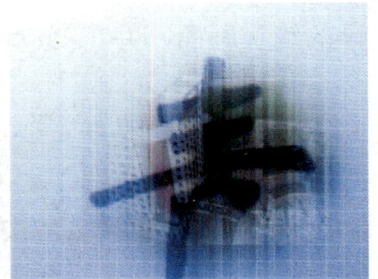

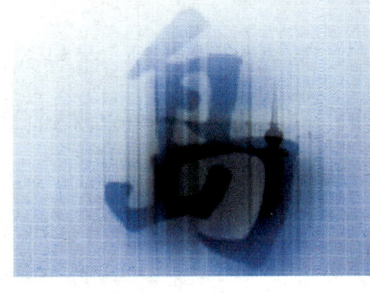

图 16-1 《飞跃青岛》的制作效果

学习目标

1. 知识目标：掌握使用 AE 2022 制作手写字动画的方法，并通过 AE 2022 中的蒙版、关键帧动画和多种特效制作技术完成栏目包装的制作。

2. 技能目标：能根据制作需求合理地组织和处理素材、利用 AE 2022 的合成技术进行栏目片头制作。

项目分析

该项目被分解为 5 个任务，由多个镜头画面组成。首先对镜头画面进行设计和素材制作；然后使用"写入"特效进行"飞""跃""青""岛"手写字的制作；其次使用"分形杂色"特效制作晃动的竖条，添加动态元素，并利用蒙版、调色技术、图层模式来丰富晃动竖条的表现力；再次使用"梯度渐变"和"网格"特效制作渐变的网格背景；最后在时间轴面板中排列各种素材，使用"线性擦除"特效将最终的 LOGO 标题以动画的形式显现出来。

项目实施

任务一 组织和处理素材

该栏目主要是介绍青岛的人文、地理、经济等方面的内容，在片头的制作中不仅要体现出这些要素，还要体现片头的动感节奏，需要多种线条元素、手写字进行配合，因此需要提前设计出不同的镜头画面，并在 Photoshop 中制作出相关的素材。

任务二 制作手写字

1. 制作手写字"飞"

（1）启动 AE 2022，双击"项目"窗口的空白处，导入所有素材。在导入素材"飞跃青岛.psd"时，在"飞跃青岛.psd"对话框中，将"导入种类"设置为"合成-保持图层大小"，其他参数保持默认设置，单击"确定"按钮。

（2）按 Ctrl+N 组合键新建合成，在"合成设置"对话框中将"合成名称"设置为"飞"，"宽度"设置为"720"px，"高度"设置为"576"px，"像素长宽比"设置为"方形像素"，"持续时间"设置为 3 秒 14 帧，"背景颜色"设置为黑色，单击"确定"按钮，如图 16-2 所示。

（3）在"项目"窗口中将素材"飞.psd"拖到时间轴面板中，展开文字图层的属性，将"缩放"属性值设置为"544.0，544.0%"。在"合成"窗口中单击窗口底部的"切换透明网格"按

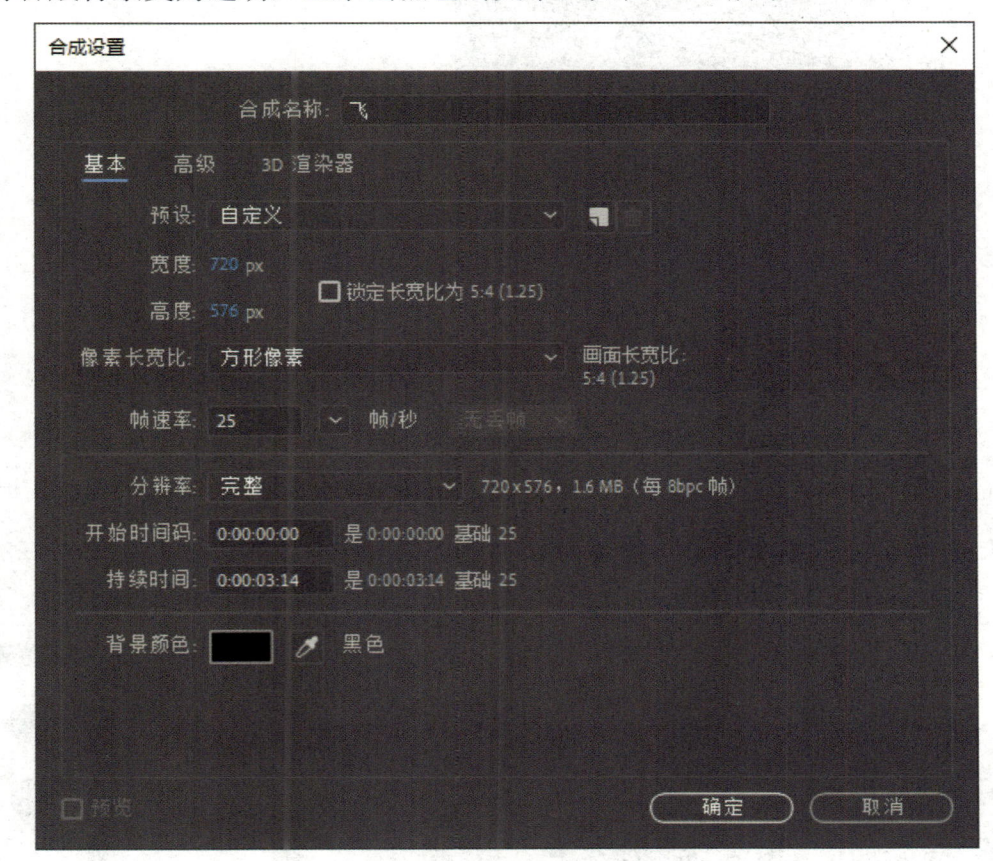

钮■，使得合成背景变为透明，显示出黑色的文字，如图16-3所示。

图16-2 "合成设置"对话框

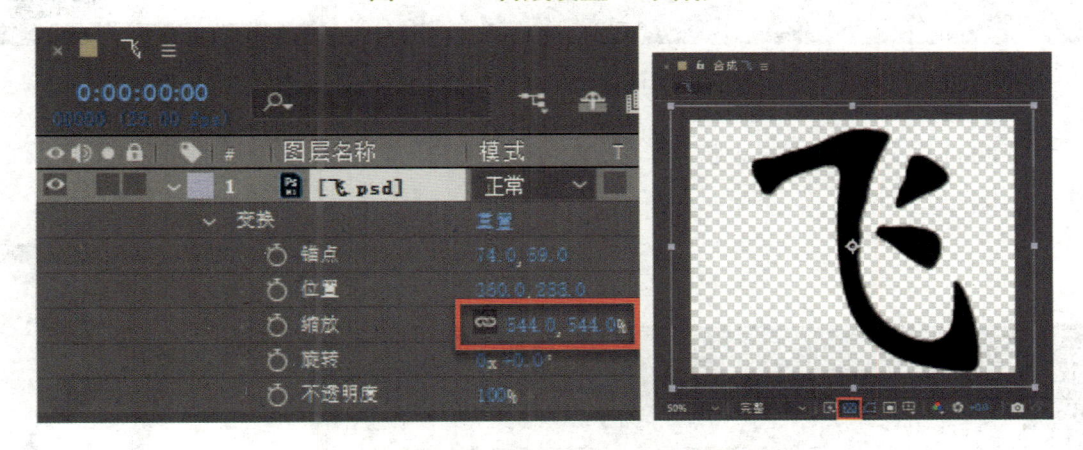

图16-3 设置"缩放"属性和合成背景透明

（4）选中该文字图层，选择"效果"→"效果控件"命令，显示出"效果控件"面板。选择"效果"→"生成"→"写入"命令，添加"写入"特效。在"效果控件"面板中，将"颜色"设置为红色，"画笔大小"设置为"11.8"，"画笔硬度"设置为"100%"，单击"画笔位置"右侧的"定位"按钮■，在"合成"窗口中将红色笔触移到文字笔画开始的位置并单击，在"效果控件"面板中启动"画笔位置"属性关键帧，如图16-4所示。

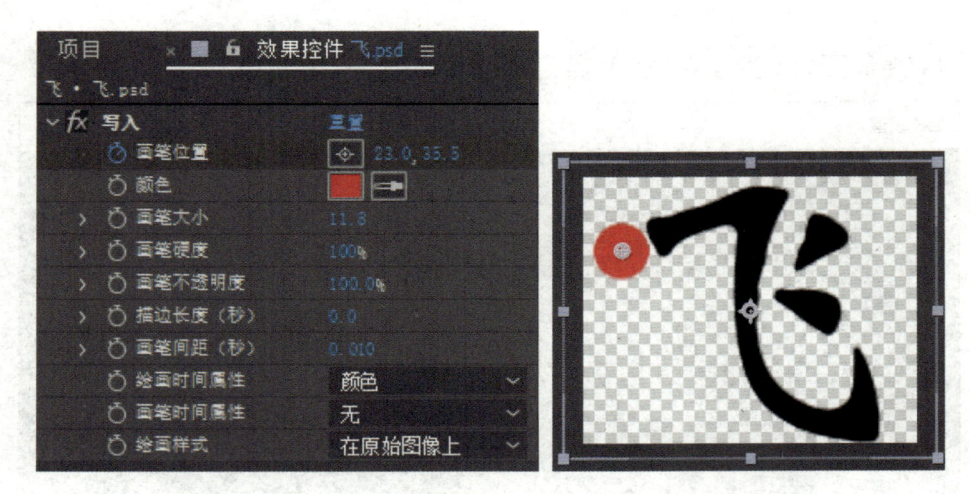

图16-4 设置"写入"特效

（5）在时间轴面板中选中文字图层，按 U 键，设置了关键帧的"画笔位置"属性被显示出来。将时间轴指针移到第 8 帧处，在"合成"窗口中将笔触中心点拖到文字第一笔画结束的位置，如图 16-5 所示。

图16-5 将笔触中心点拖到文字第一笔画结束的位置

（6）将时间轴指针移到第 19 帧处，在"合成"窗口中将笔触中心点拖到文字第二笔画中间的位置，如图 16-6 所示。

图16-6 将笔触中心点拖到文字第二笔画中间的位置

（7）将时间轴指针移到第 1 秒 6 帧处，在"合成"窗口中将笔触中心点拖到文字第二笔画下方的位置，如图 16-7 所示。

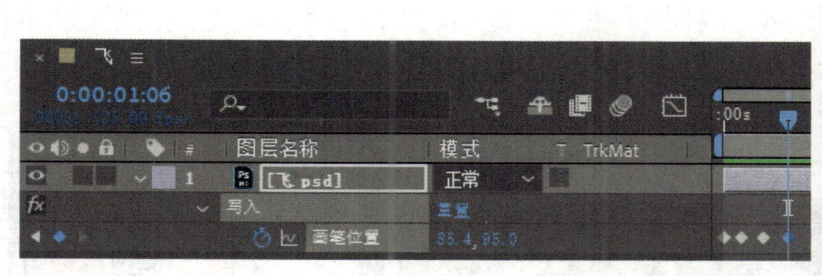

图 16-7　将笔触中心点拖到文字第二笔画下方的位置

（8）将时间轴指针移到第 1 秒 16 帧处，在"合成"窗口中将笔触中心点拖到文字第二笔画下方的转折处，如图 16-8 所示。

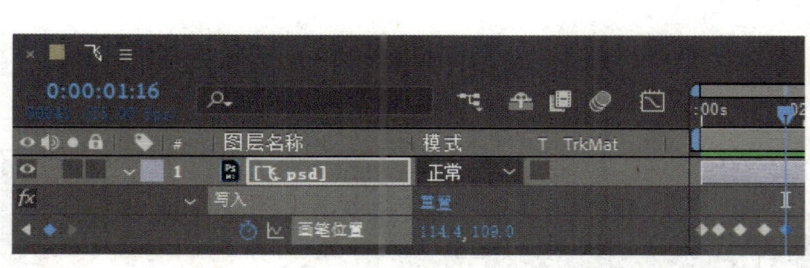

图 16-8　将笔触中心点拖到文字第二笔画下方的转折处

（9）将时间轴指针移到第 2 秒处，在"合成"窗口中将笔触中心点拖到文字第二笔画结束的位置，如图 16-9 所示。

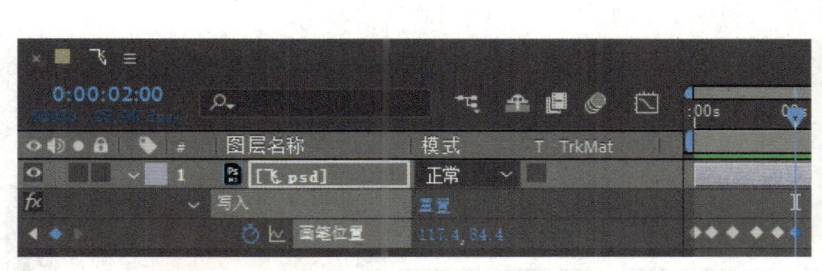

图 16-9　将笔触中心点拖到文字第二笔画结束的位置

（10）将时间轴指针移到第 2 秒 2 帧处，在"合成"窗口中将笔触中心点拖到文字第三笔画开始的位置，如图 16-10 所示。

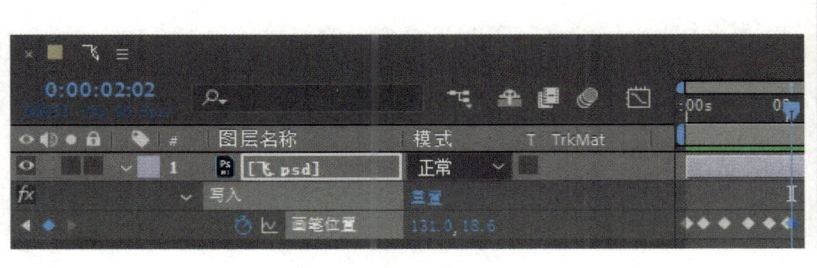

图 16-10　将笔触中心点拖到文字第三笔画开始的位置

（11）将时间轴指针移到第 2 秒 11 帧处，在"合成"窗口中将笔触中心点拖到文字第三笔画结束的位置，如图 16-11 所示。

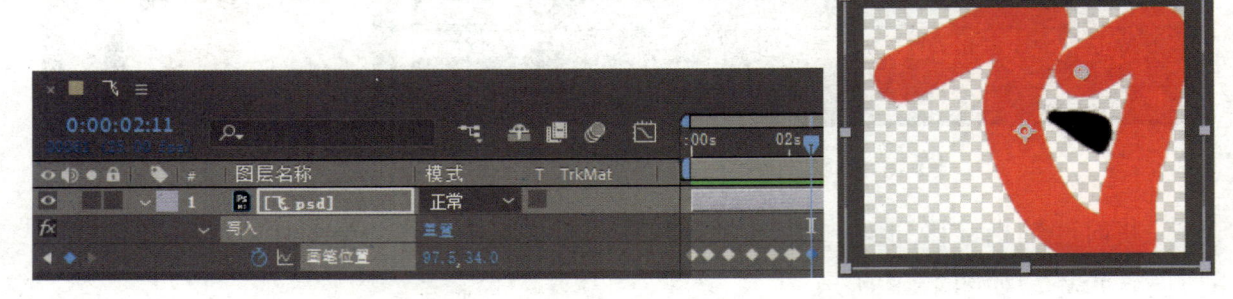

图 16-11　将笔触中心点拖到文字第三笔画结束的位置

（12）将时间轴指针移到第 2 秒 13 帧处，在"合成"窗口中将笔触中心点拖到文字第四笔画开始的位置，如图 16-12 所示。

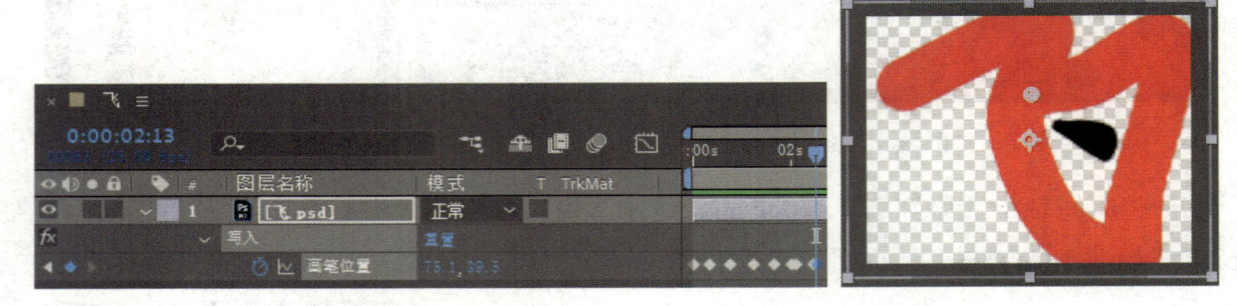

图 16-12　将笔触中心点拖到文字第四笔画开始的位置

（13）将时间轴指针移到第 2 秒 16 帧处，在"合成"窗口中将笔触中心点拖到文字第四笔画结束的位置，如图 16-13 所示。

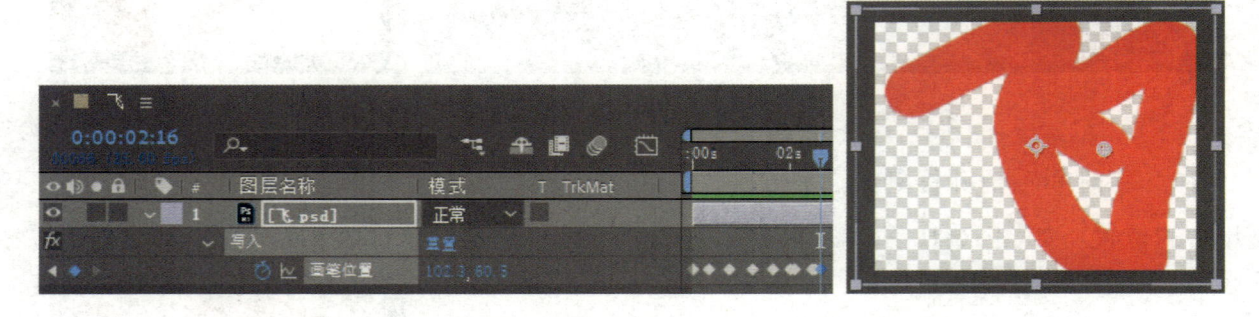

图 16-13　将笔触中心点拖到文字第四笔画结束的位置

（14）在"效果控件"面板中单击"绘画样式"下拉按钮，在下拉列表中选择"显示原始图像"，拖动时间轴指针观看文字的书写情况，如图 16-14 所示。

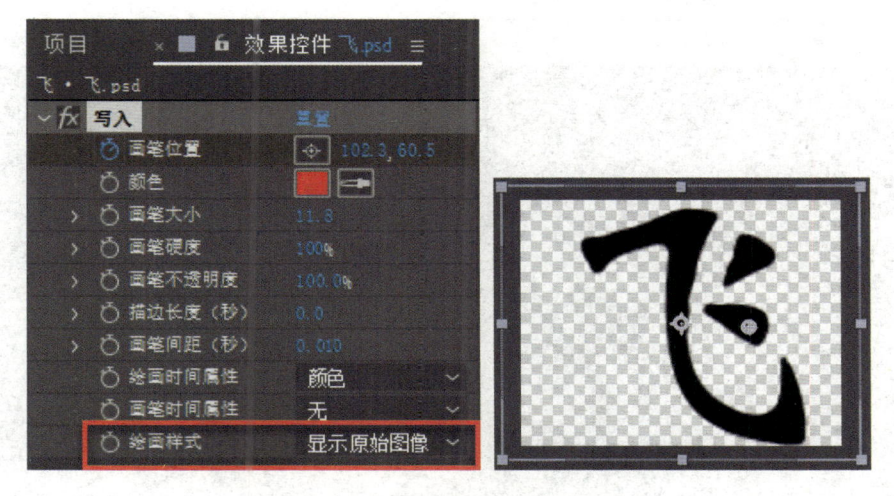

图16-14 设置"绘画样式"

> 💡 **注意**
>
> 若笔画在某处露出其他笔画的毛刺时,则可以将时间轴指针移到该位置,在"合成"窗口拖动笔触中心点,微调该笔触的位置,使得绘制的笔触路径不覆盖其他笔画,从而去除掉其他笔画的毛刺。

(15)选中该文字图层,选择"效果"→"透视"→"投影"命令,添加"投影"特效。在"效果控件"面板中将"不透明度"设置为"70%","距离"设置为"8.0","柔和度"设置为"32.0",如图16-15所示。

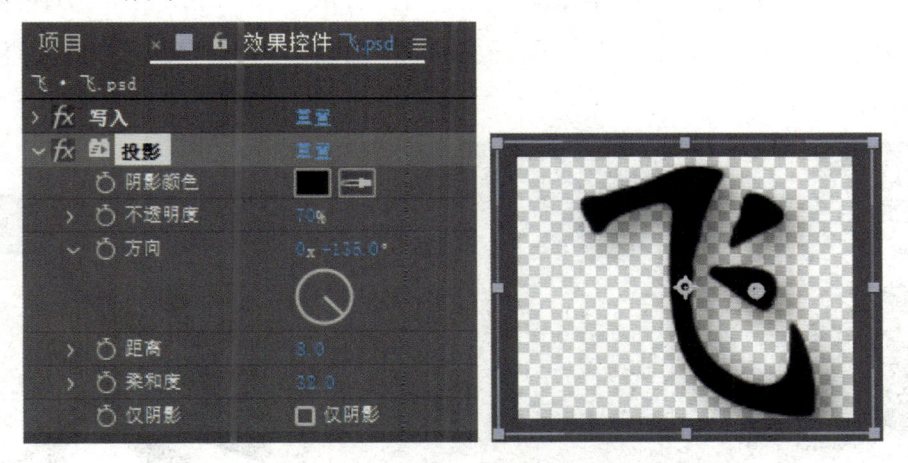

图16-15 设置"投影"特效

2.制作手写字"跃"

(1)按Ctrl+N组合键新建合成,在"合成设置"对话框中,将"合成名称"设置为"跃","宽度"设置为"720"px,"高度"设置为"576"px,"像素长宽比"设置为"方形像素","持续时间"设置为4秒8帧,"背景颜色"设置为黑色,单击"确定"按钮,如图16-16所示。

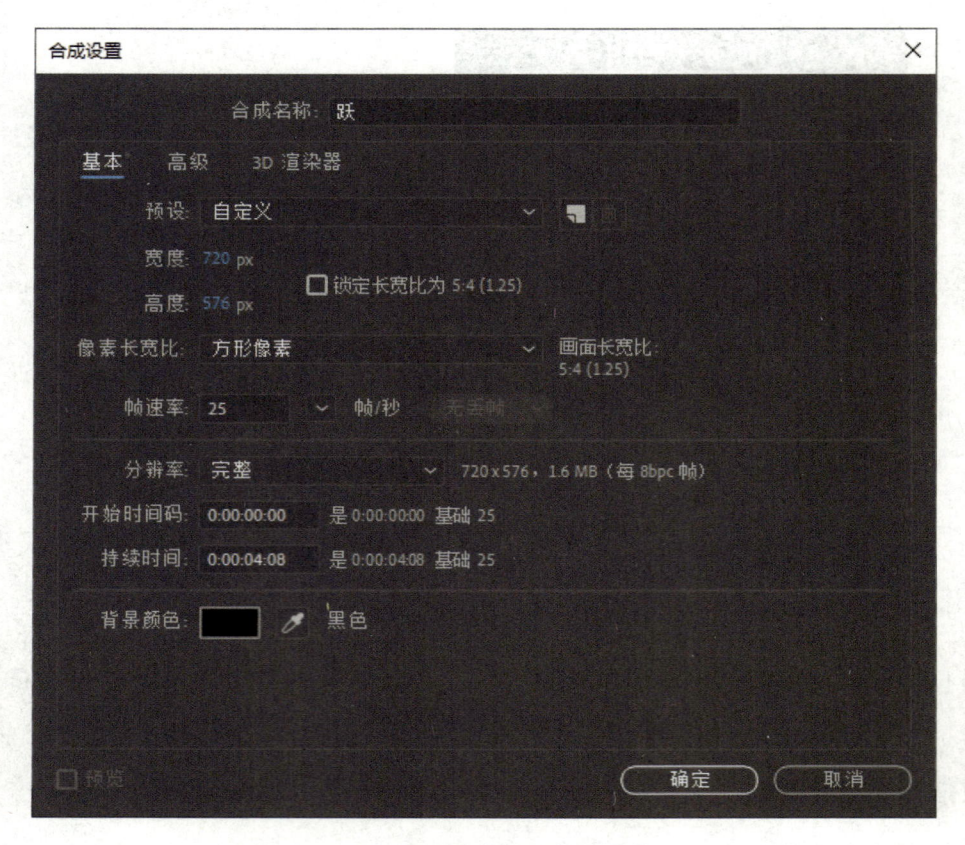

图 16-16 "合成设置"对话框

（2）在"项目"窗口中将素材"跃.psd"拖到时间轴面板中，此时"合成"窗口中的背景仍处于透明状态（若背景不处于透明状态，则单击"合成"窗口底部的"切换透明网格"按钮使背景透明），显示出黑色的文字"跃"。展开文字图层的属性，将"缩放"属性值设置为"520.3, 520.3%"，如图 16-17 所示。

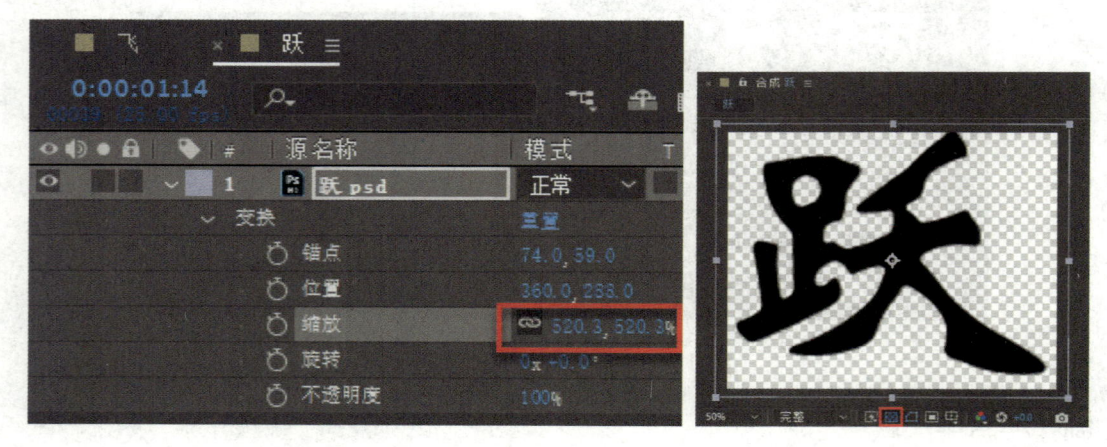

图 16-17 设置"缩放"属性

（3）选中该文字图层，选择"效果"→"生成"→"写入"命令，添加"写入"特效。在"效果控件"面板中，将"颜色"设置为红色，"画笔大小"设置为"10.0"，"画笔硬度"设置为"100%"，单击"画笔位置"右侧的"定位"按钮，在"合成"窗口中将红色笔触移到文

216

字笔画开始的位置并单击，在"效果控件"面板中启动"画笔位置"属性关键帧，如图16-18所示。

图16-18 设置"写入"特效

（4）在时间轴面板中选中文字图层，按U键，设置了关键帧的"画笔位置"属性被显示出来。将时间轴指针移到第7帧处，在"合成"窗口中将笔触中心点拖到文字第一笔画结束的位置，如图16-19所示。

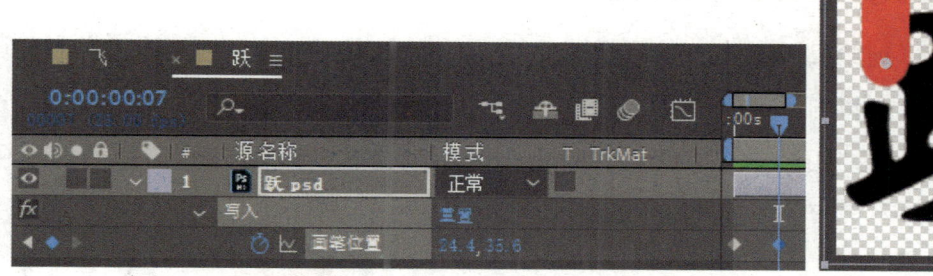

图16-19 将笔触中心点拖到文字第一笔画结束的位置

（5）将时间轴指针移到第9帧处，在"合成"窗口中将笔触中心点拖到文字第二笔画开始的位置，为绘制第二笔画做准备，如图16-20所示。

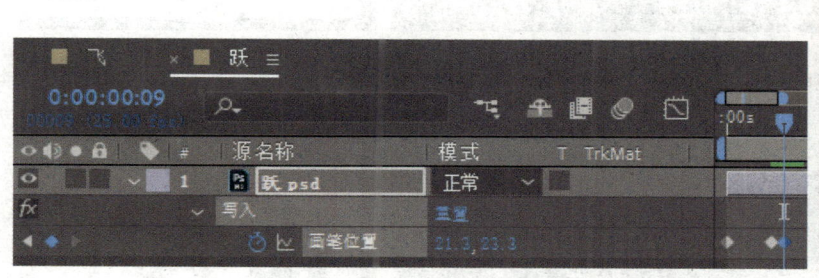

图16-20 将笔触中心点拖到文字第二笔画开始的位置

（6）将时间轴指针移到第14帧处，在"合成"窗口中将笔触中心点拖到文字第二笔画转折的位置，如图16-21所示。

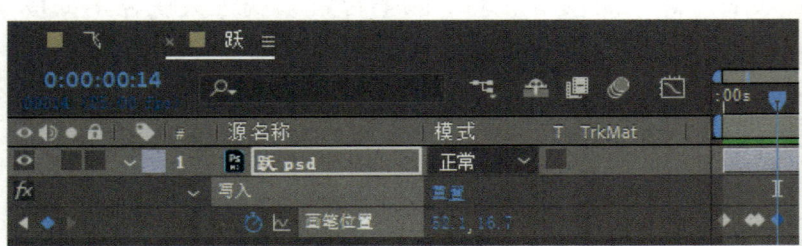

图 16-21　将笔触中心点拖到文字第二笔画转折的位置

（7）将时间轴指针移到第 20 帧处，在"合成"窗口中将笔触中心点拖到文字第二笔画结束的位置，如图 16-22 所示。

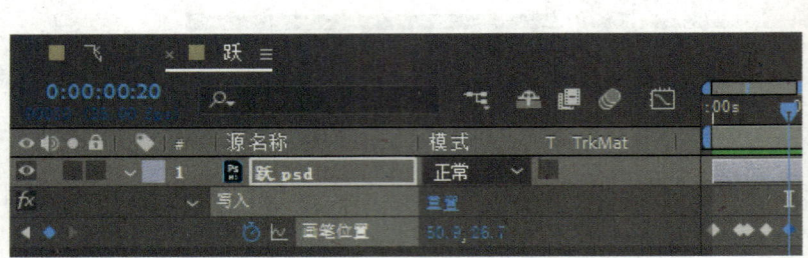

图 16-22　将笔触中心点拖到文字第二笔画结束的位置

（8）将时间轴指针移到第 21 帧处，在"合成"窗口中将笔触中心点上移到已绘制区域作为过渡，如图 16-23 所示。将时间轴指针移到第 22 帧处，在"合成"窗口中将笔触中心点拖到文字第三笔画开始的位置，如图 16-24 所示。此操作的目的是让笔触跳到第三笔画开始的位置，但其跳转经过的路径不能经过未描绘的笔画。

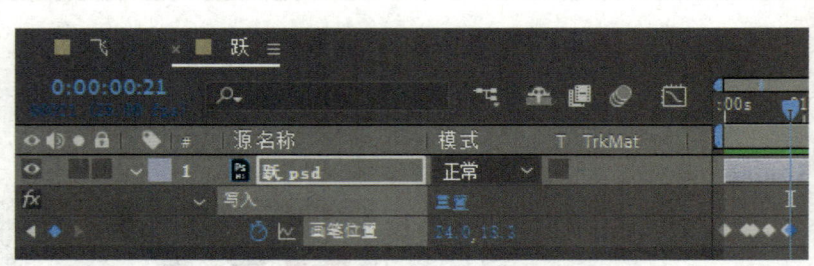

图 16-23　将笔触中心点上移到已绘制区域

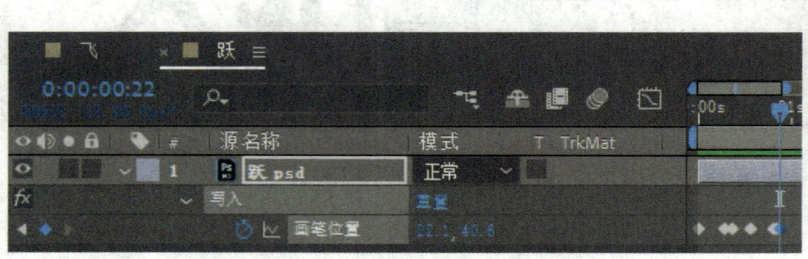

图 16-24　将笔触中心点拖到文字第三笔画开始的位置

(9)将时间轴指针移到第 1 秒处,在"合成"窗口中将笔触中心点拖到文字第三笔画结束的位置,如图 16-25 所示。

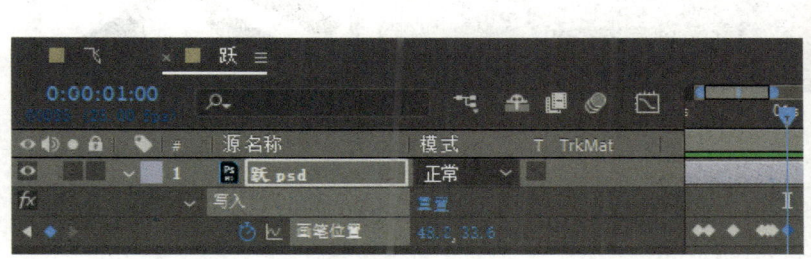

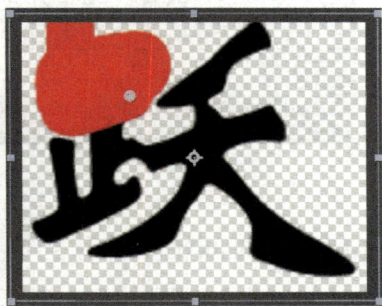

图 16-25　将笔触中心点拖到文字第三笔画结束的位置

(10)将时间轴指针移到第 1 秒 1 帧处,在"合成"窗口中将笔触中心点拖到文字第四笔画开始的位置,如图 16-26 所示。

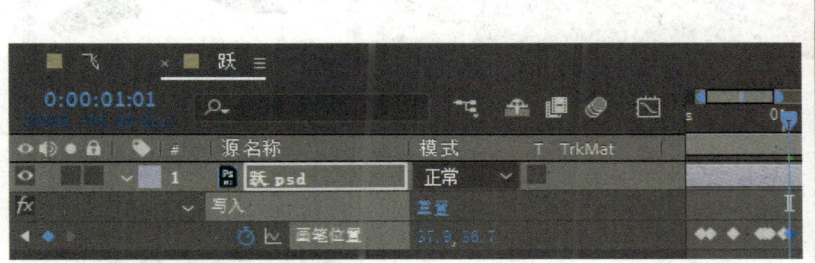

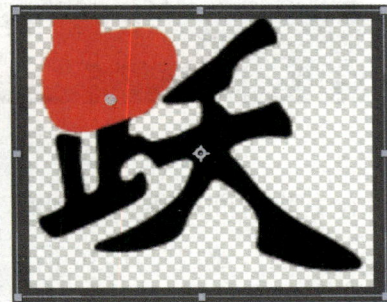

图 16-26　将笔触中心点拖到文字第四笔画开始的位置

(11)将时间轴指针移到第 1 秒 4 帧处,在"合成"窗口中将笔触中心点拖到文字第四笔画结束的位置,如图 16-27 所示。

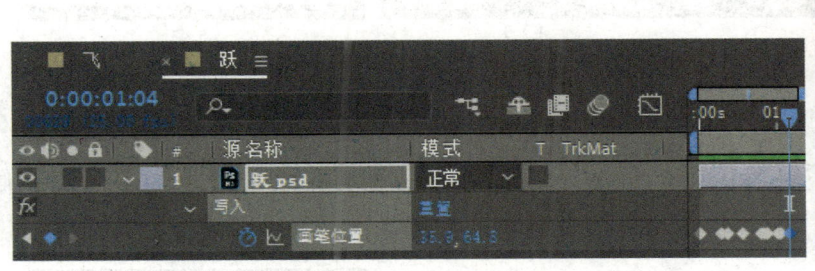

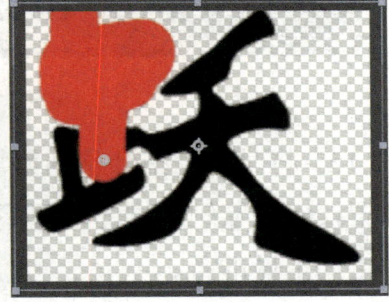

图 16-27　将笔触中心点拖到文字第四笔画结束的位置

(12)将时间轴指针移到第 1 秒 7 帧处,在"合成"窗口中将笔触中心点拖到文字第五笔画开始的位置,如图 16-28 所示。由于该笔画比较短,通过调整画笔笔触的粗细就能实现整个第五笔画的书写。

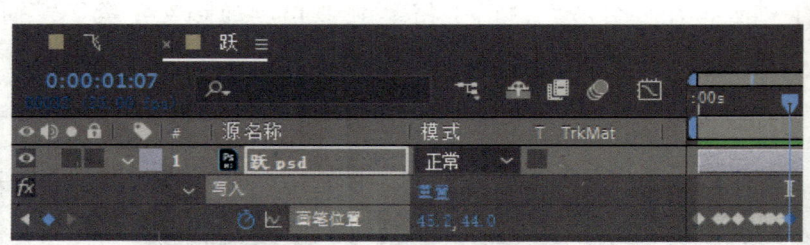

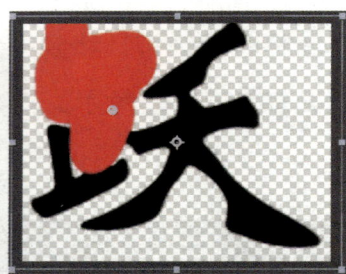

图 16-28　将笔触中心点拖到文字第五笔画开始的位置

（13）将时间轴指针移到第 1 秒 8 帧处，在"合成"窗口中将笔触中心点拖到文字第六笔画开始的位置，如图 16-29 所示。

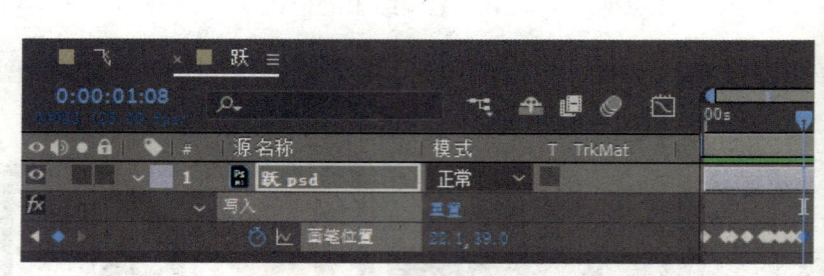

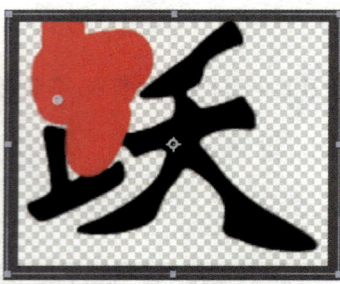

图 16-29　将笔触中心点拖到文字第六笔画开始的位置

（14）将时间轴指针移到第 1 秒 12 帧处，在"合成"窗口中将笔触中心点拖到文字第六笔画结束的位置，如图 16-30 所示。

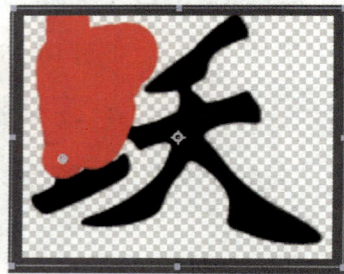

图 16-30　将笔触中心点拖到文字第六笔画结束的位置

（15）将时间轴指针移到第 1 秒 13 帧处，在"合成"窗口中将笔触中心点拖到文字左外侧的位置，确保笔触经过的位置不要覆盖新的笔画，如图 16-31 所示。该位置是为下一步笔触跳转在空间上做准备。

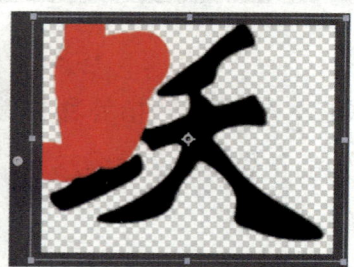

图 16-31　将笔触中心点拖到文字左外侧的位置

（16）将时间轴指针移到第 1 秒 14 帧处，在"合成"窗口中将笔触中心点拖到左下角外侧文字第七笔画开始的位置，如图 16-32 所示。

图 16-32　将笔触中心点拖到文字第七笔画开始的位置

（17）将时间轴指针移到第 1 秒 18 帧处，在"合成"窗口中将笔触中心点拖到文字第七笔画结束的位置，如图 16-33 所示。

图 16-33　将笔触中心点拖到文字第七笔画结束的位置

（18）将时间轴指针移到第 1 秒 19 帧处，在"合成"窗口中将笔触中心点拖到"合成"窗口顶部的位置，如图 16-34 所示。在拖动过程中确保笔触不要覆盖新的笔画，该位置是为下一步笔触跳转在空间上做准备。

图 16-34　将笔触中心点拖到"合成"窗口顶部的位置

（19）将时间轴指针移到第 1 秒 20 帧处，在"合成"窗口中拖动笔触中心点沿窗口顶部外侧到文字第八笔画开始的位置，如图 16-35 所示。

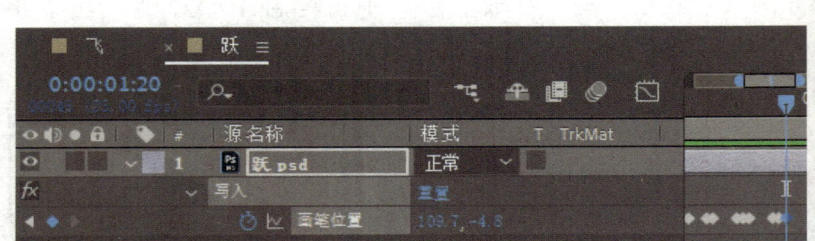

图 16-35　拖动笔触中心点沿窗口顶部外侧到文字第八笔画开始的位置

（20）将时间轴指针移到第 1 秒 24 帧处，在"合成"窗口中将笔触中心点拖到文字第八笔画中间的位置，如图 16-36 所示。该处停顿是为了将笔画进行转向。

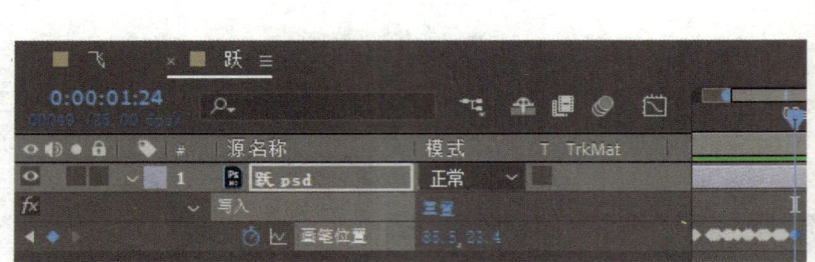

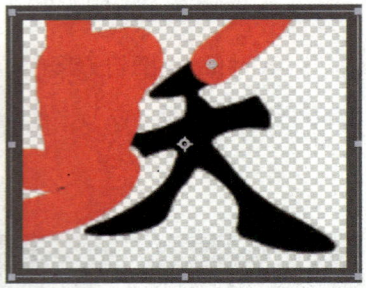

图 16-36　将笔触中心点拖到文字第八笔画中间的位置

（21）将时间轴指针移到第 2 秒 3 帧处，在"合成"窗口中将笔触中心点拖到文字第八笔画结束的位置，如图 16-37 所示。该处停顿是为了将笔画进行转向。

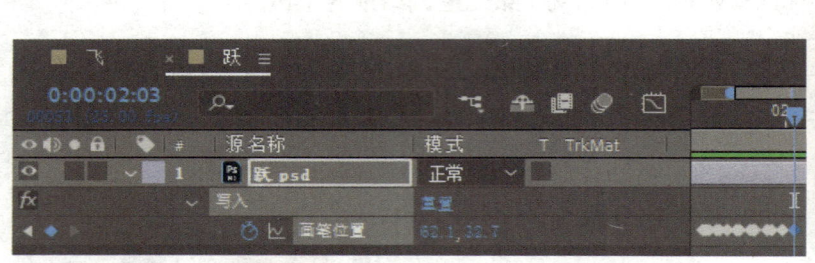

图 16-37　将笔触中心点拖到文字第八笔画结束的位置

（22）将时间轴指针移到第 2 秒 5 帧处，在"合成"窗口中将笔触中心点拖到文字第九笔画开始的位置，如图 16-38 所示。

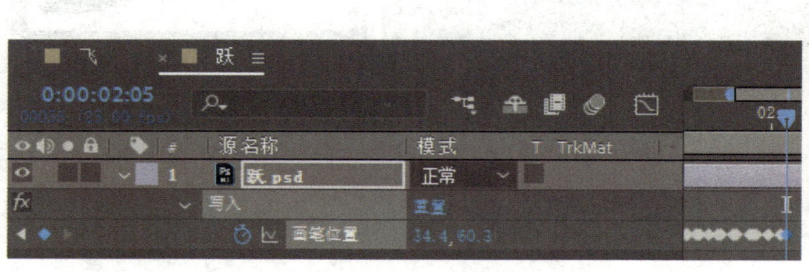

图 16-38　将笔触中心点拖到文字第九笔画开始的位置

(23）将时间轴指针移到第 2 秒 11 帧处，在"合成"窗口中将笔触中心点拖到文字第九笔画结束的位置，如图 16-39 所示。

图 16-39　将笔触中心点拖到文字第九笔画结束的位置

（24）将时间轴指针移到第 2 秒 12 帧处，在"合成"窗口中将笔触中心点拖到文字第十笔画开始的位置，如图 16-40 所示。

图 16-40　将笔触中心点拖到文字第十笔画开始的位置

（25）将时间轴指针移到第 2 秒 18 帧处，在"合成"窗口中将笔触中心点拖到文字第十笔画中间的位置，如图 16-41 所示。该位置是为了调整笔触绘制方向而设置的。

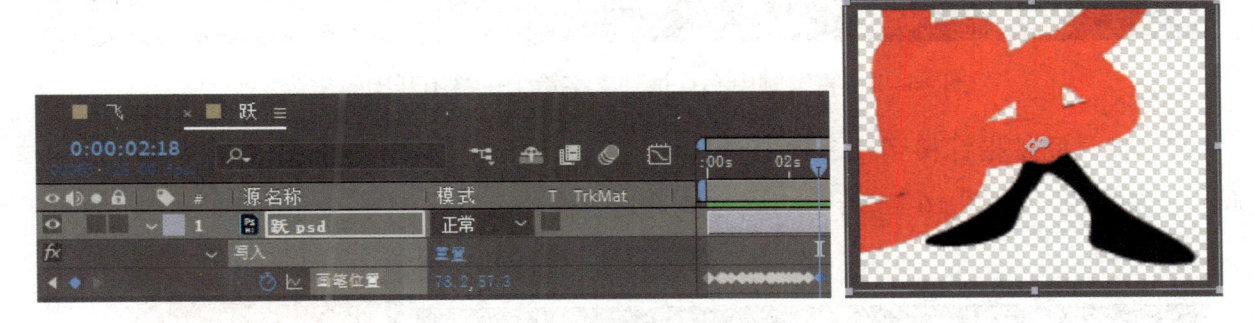

图 16-41　将笔触中心点拖到文字第十笔画中间的位置

（26）将时间轴指针移到第 2 秒 23 帧处，在"合成"窗口中将笔触中心点拖到文字第十笔画下半段中间的位置，如图 16-42 所示。该中间位置是为了调整笔触绘制方向而设置的。

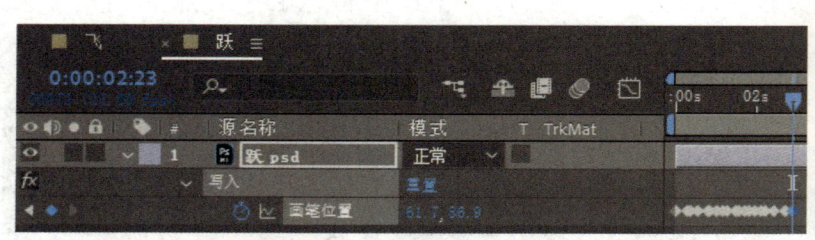

图 16-42 将笔触中心点拖到文字第十笔画下半段中间的位置

（27）将时间轴指针移到第 3 秒 2 帧处，在"合成"窗口中将笔触中心点拖到文字第十笔画结束的位置，如图 16-43 所示。

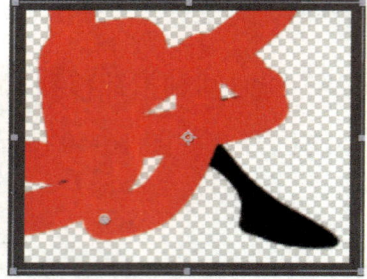

图 16-43 将笔触中心点拖到文字第十笔画结束的位置

（28）将时间轴指针移到第 3 秒 4 帧处，在"合成"窗口中将笔触中心点拖到文字第十一笔画开始的位置，如图 16-44 所示。

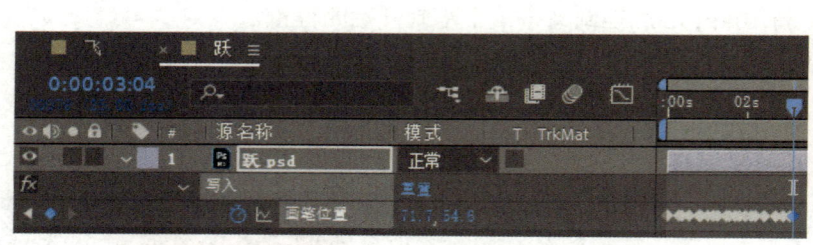

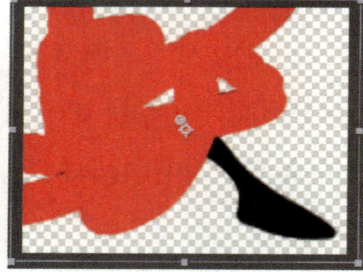

图 16-44 将笔触中心点拖到文字第十一笔画开始的位置

（29）将时间轴指针移到第 3 秒 10 帧处，在"合成"窗口中将笔触中心点拖到文字第十一笔画中间的位置，如图 16-45 所示。该位置是为了调整笔触绘制方向而设置的。

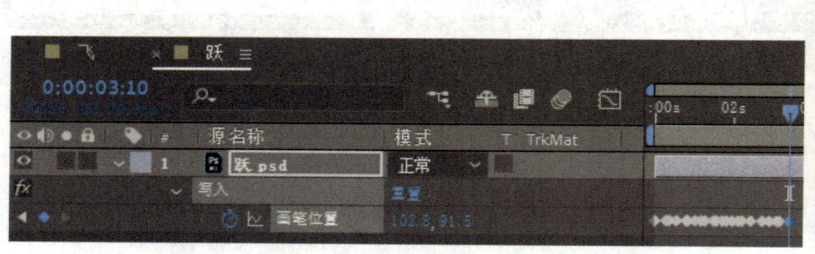

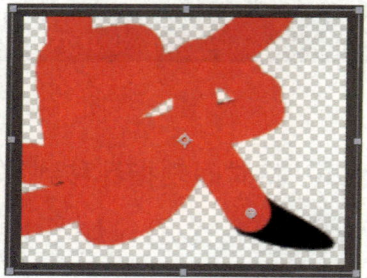

图 16-45 将笔触中心点拖到文字第十一笔画中间的位置

（30）将时间轴指针移到第 3 秒 13 帧处，在"合成"窗口中将笔触中心点拖到文字第十一笔画结束的位置，如图 16-46 所示。

图 16-46　将笔触中心点拖到文字第十一笔画结束的位置

（31）在"效果控件"面板中单击"绘画样式"下拉按钮，在下拉列表中选择"显示原始图像"，拖动时间轴指针观看文字的书写情况，如图 16-47 所示。

图 16-47　设置"绘画样式"

（32）由于画笔笔触的粗细是固定的，因此当绘制笔画交叉密集的区域时，其笔画露出的毛刺较明显，如图 16-48 示。用户可以使用为"画笔大小"设置属性关键帧的方法，当绘制笔画交叉密集的区域时，用小一点的画笔，其他位置用大一点的画笔。

图 16-48　当绘制笔画交叉密集的区域时有多余毛刺

（33）将时间轴指针移到第 2 秒 3 帧处，在"效果控件"面板中启动"画笔大小"属性关键帧，将"画笔时间属性"设置为"大小"。在时间轴面板中选中文字图层，按 U 键显示出设置了关键帧的属性，如图 16-49 所示。

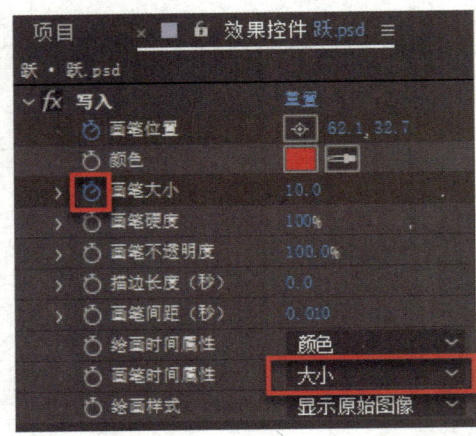

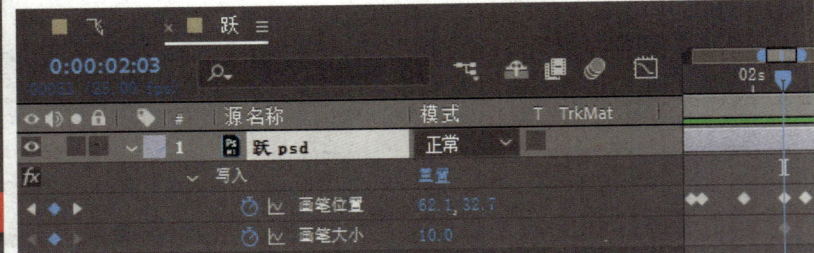

图 16-49 启动"画笔大小"属性关键帧

（34）不断单击"画笔位置"左侧的"关键帧跳转"按钮▶，在该属性对应的关键帧位置，单击"画笔大小"左侧的"添加关键帧"按钮◆，添加关键帧，如图 16-50 所示。

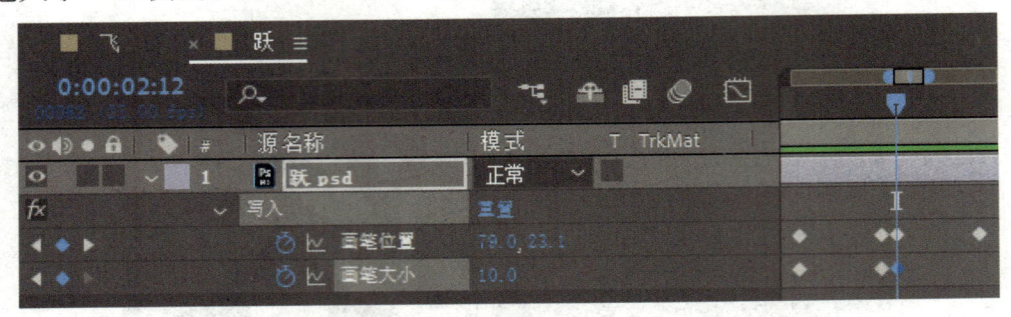

图 16-50 为"画笔大小"添加关键帧

（35）分别将时间轴指针移到第 2 秒 5 帧、第 2 秒 12 帧处，将"画笔大小"修改为"6.9"，使此处的毛刺消失，如图 16-51 所示。

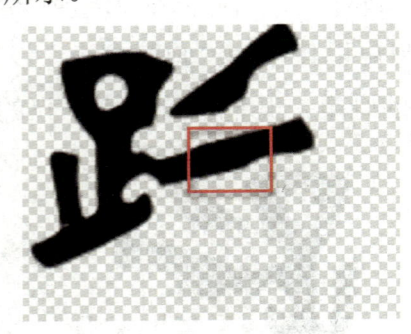

图 16-51 减少毛刺后的效果

（36）在绘制文字笔画的过程中，其他地方可能也出现了毛刺，可以按照相同的处理思路，根据实际情况调整"画笔大小"和"画笔位置"的属性值，将毛刺处理掉。

（37）选中该文字图层，选择"效果"→"透视"→"投影"命令，添加"投影"特效。在"效果控件"面板中将"不透明度"设置为"70%"，"距离"设置为"8.0"，"柔和度"设置为"32.0"，如图 16-52 所示。

图 16-52　设置"投影"特效

3. 制作手写字"青"

（1）按 Ctrl+N 组合键新建合成，在"合成设置"对话框中，将"合成名称"设置为"青"，"宽度"设置为"720"px，"高度"设置为"576"px，"像素长宽比"设置为"方形像素"，"持续时间"设置为 3 秒 3 帧，"背景颜色"设置为黑色，单击"确定"按钮，如图 16-53 所示。

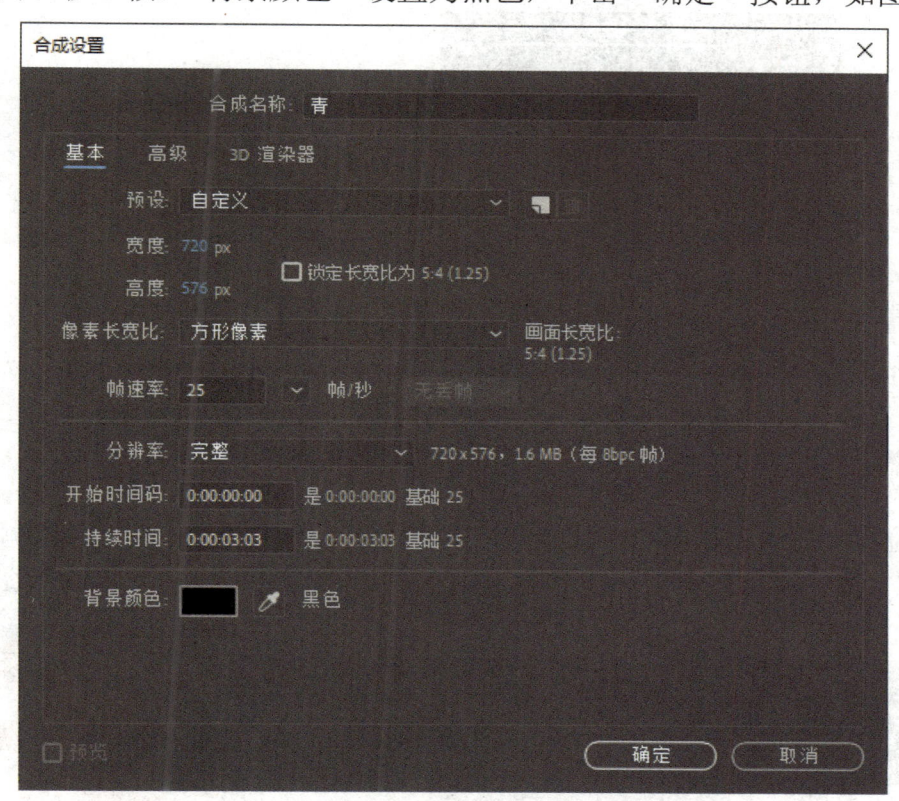

图 16-53　"合成设置"对话框

（2）在"项目"窗口中将素材"青.psd"拖到时间轴面板中。此时"合成"窗口的背景透明（若背景不处于透明状态，则单击"合成"窗口底部的"切换透明网格"按钮使背景透明），显示出黑色的文字"青"。展开文字图层的属性，将"缩放"属性值设置为"516.0, 516.0%"，如图 16-54 所示。

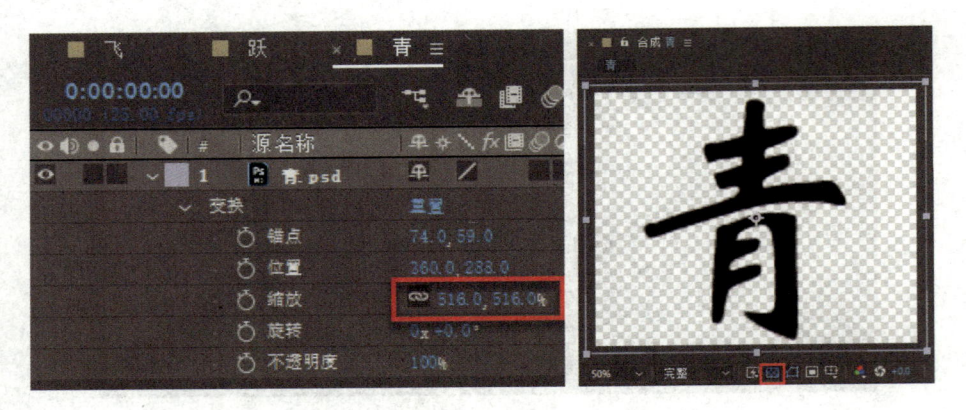

图 16-54 设置"缩放"属性

（3）选中该文字图层，选择"效果"→"生成"→"写入"命令，添加"写入"特效。在"效果控件"面板中，将"颜色"设置为红色，"画笔大小"设置为"6.2"，"画笔硬度"设置为"100%"，单击"画笔位置"右侧的"定位"按钮，在"合成"窗口中将红色笔触移到文字笔画开始的位置，在"效果控件"面板中启动"画笔位置"属性关键帧，如图 16-55 所示。

图 16-55 设置"写入"特效

（4）制作文字"青"的书写效果可以参照手写字"飞""跃"的制作思路，分别在不同的时间轴指针的位置，拖动笔触中心点位置，完成该文字所有笔画的书写，并根据实际情况调整"画笔大小"和"画笔位置"的属性值，将毛刺处理掉，如图 16-56 所示。

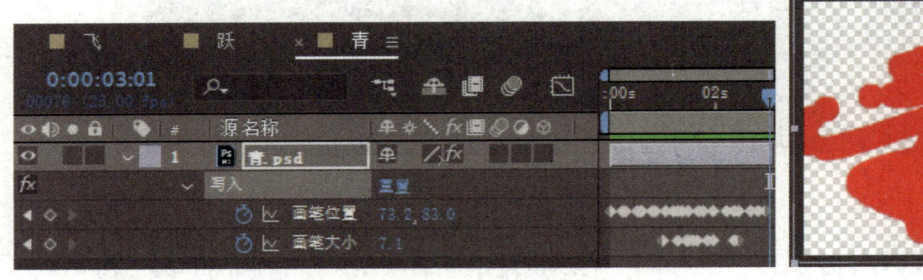

图 16-56 制作文字"青"的书写效果

（5）选中该文字图层，选择"效果"→"透视"→"投影"命令，添加"投影"特效。在"效果控件"面板中将"不透明度"设置为"70%"，"距离"设置为"8.0"，"柔和度"设置为

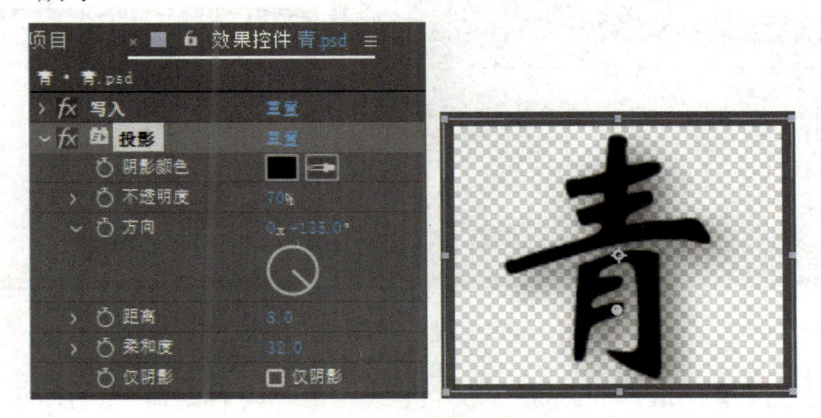

"32.0",如图 16-57 所示。

图 16-57 设置"投影"特效

4．制作手写字"岛"

（1）按 **Ctrl+N** 组合键新建合成，在"合成设置"对话框中，将"合成名称"设置为"岛"，"宽度"设置为"720"px，"高度"设置为"576"px，"像素长宽比"设置为"方形像素"，"持续时间"设置为 3 秒 5 帧，"背景颜色"设置为黑色，单击"确定"按钮，如图 16-58 所示。

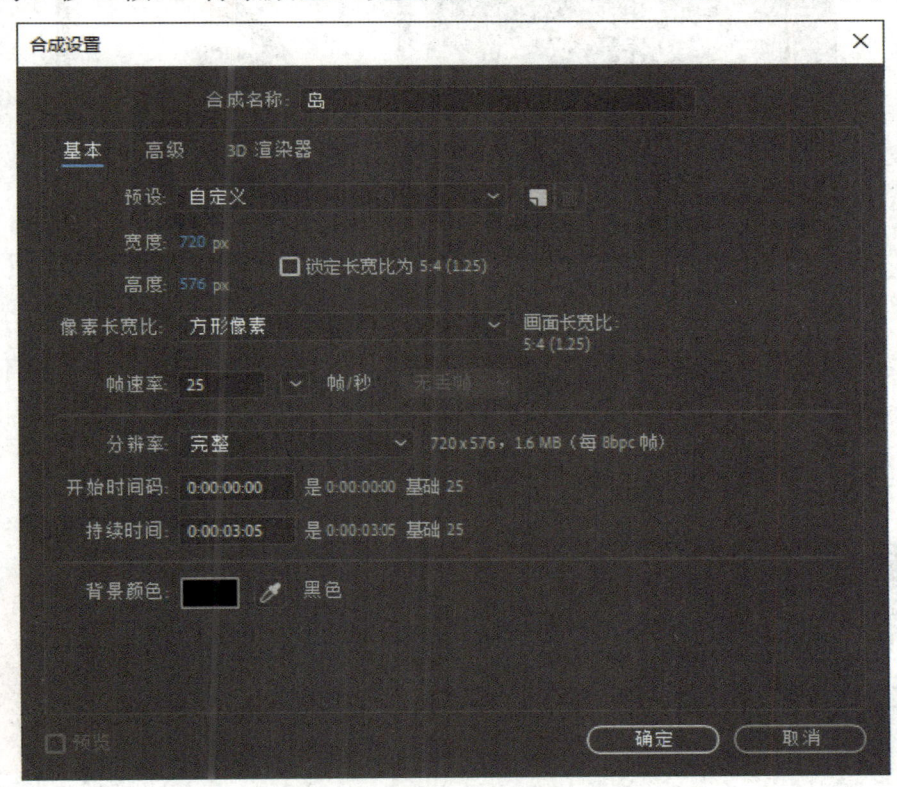

图 16-58 "合成设置"对话框

（2）在"项目"窗口中将素材"岛.psd"拖到时间轴面板中。此时"合成"窗口的背景透明，显示出黑色的文字"岛"。展开文字图层的属性，将"缩放"属性值设置为"513.0, 513.0%"，如图 16-59 所示。

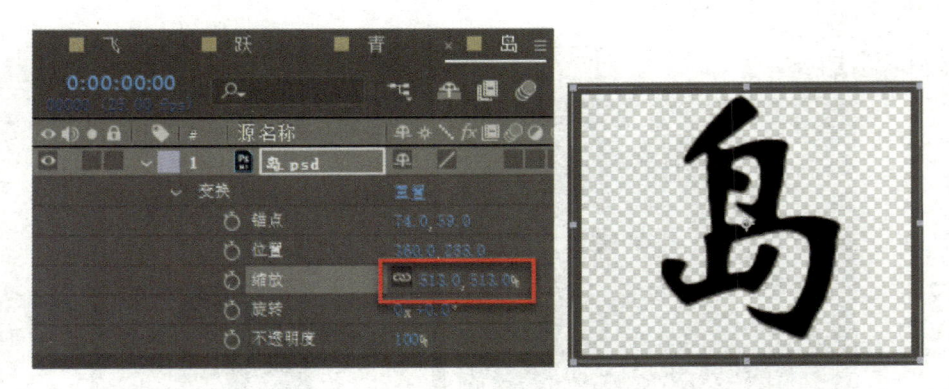

图 16-59 设置"缩放"属性

（3）选中该文字图层，选择"效果"→"生成"→"写入"命令，添加"写入"特效。在"效果控件"面板中，将"颜色"设置为红色，"画笔大小"设置为"8.4"，"画笔硬度"设置为"100%"，单击"画笔位置"右侧的"定位"按钮，在"合成"窗口中将红色笔触移到文字笔画开始的位置，在"效果控件"面板中启动"画笔位置"属性关键帧，如图 16-60 所示。

图 16-60 设置"写入"特效

（4）制作文字"岛"的书写效果可以参照其他手写字的制作思路，分别在不同的时间轴指针的位置，拖动笔触中心点位置，完成该文字所有笔画的书写，并根据实际情况调整"画笔大小"和"画笔位置"的属性值，将毛刺处理掉，如图 16-61 所示。

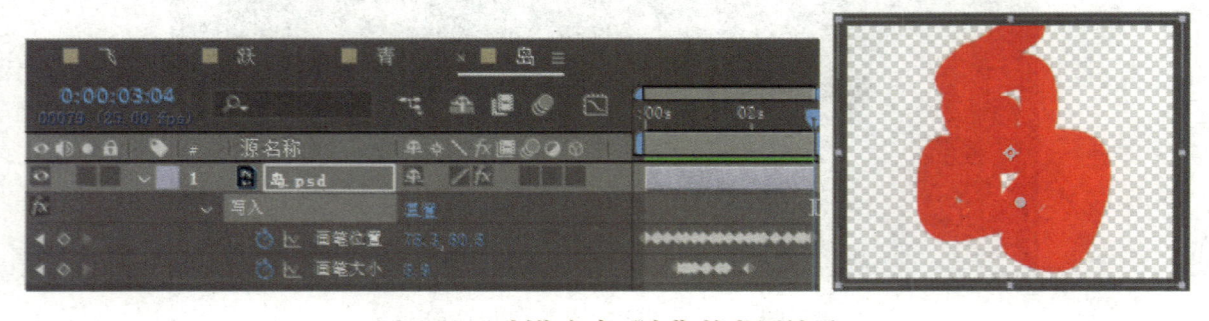

图 16-61 制作文字"岛"的书写效果

（5）选中该文字图层，选择"效果"→"透视"→"投影"命令，添加"投影"特效。在"效果控件"面板中将"不透明度"设置为"70%"，"距离"设置为"8.0"，"柔和度"设置为"32.0"，如图 16-62 所示。

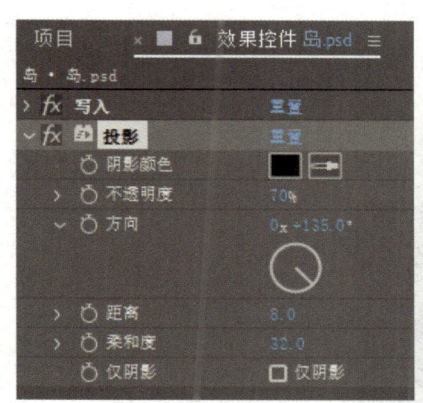

图 16-62 设置"投影"特效

任务三 制作晃动竖条

（1）按 Ctrl+N 组合键新建合成，在"合成设置"对话框中，将"合成名称"设置为"晃动竖条"，"宽度"设置为"720"px，"高度"设置为"576"px，"像素长宽比"设置为"方形像素"，"持续时间"设置为 16 秒，"背景颜色"设置为黑色，单击"确定"按钮，如图 16-63 所示。

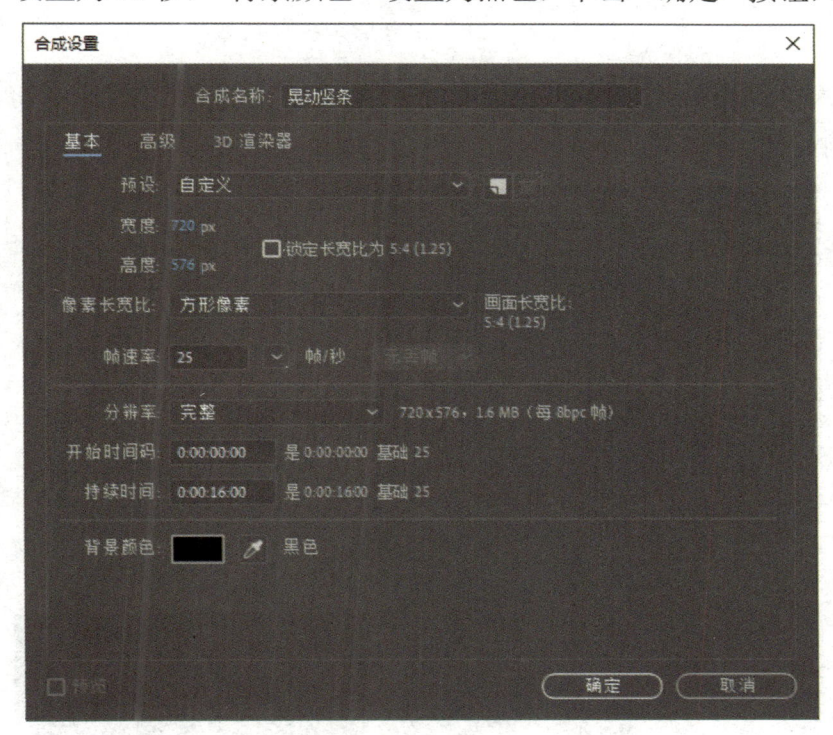

图 16-63 "合成设置"对话框

（2）右击时间轴面板的空白处，在弹出的快捷菜单中选择"新建"→"纯色"命令，新建一个纯色层。选中该图层，选择"效果"→"杂色和颗粒"→"分形杂色"命令，添加"分形杂色"特效。在"效果控件"面板中将"分型类型"设置为"涡旋"，"杂色类型"设置为"样条","亮度"设置为"-22.0"。展开"变换"选项，取消勾选"统一缩放"复选框，将"缩放宽度"设置为"22.0"，"缩放高度"设置为"10000.0"，"复杂度"设置为"3.0"。将时间轴指针移到最左端的开始处，在"效果控件"面板中启动"演化"属性关键帧，如图16-64所示。

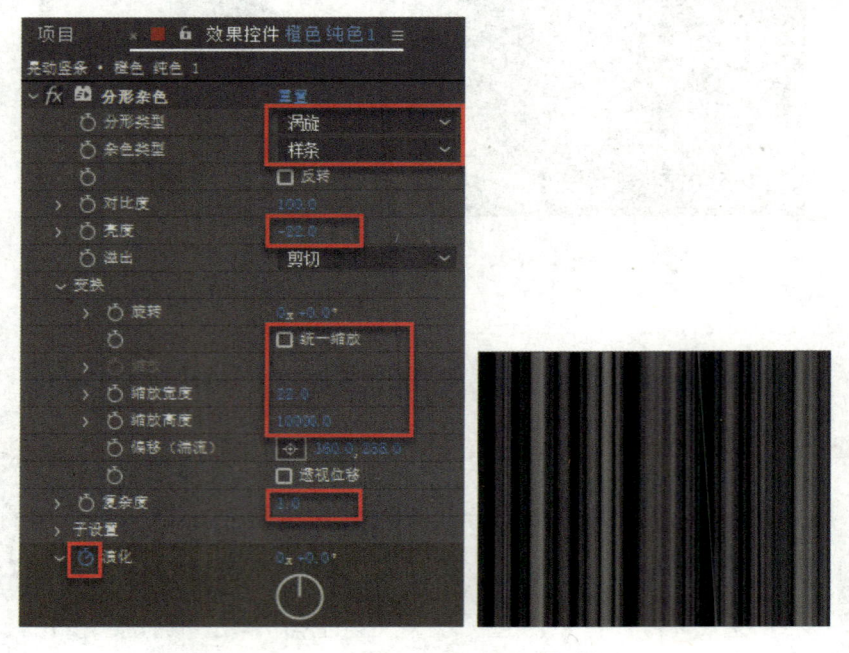

图16-64 设置"分形杂色"特效

（3）将时间轴指针移到最右端的结束处，在"效果控件"面板中将"演化"设置为"3x+0.0°"，如图16-65所示。拖动时间轴指针会看到随机晃动的竖条动画。

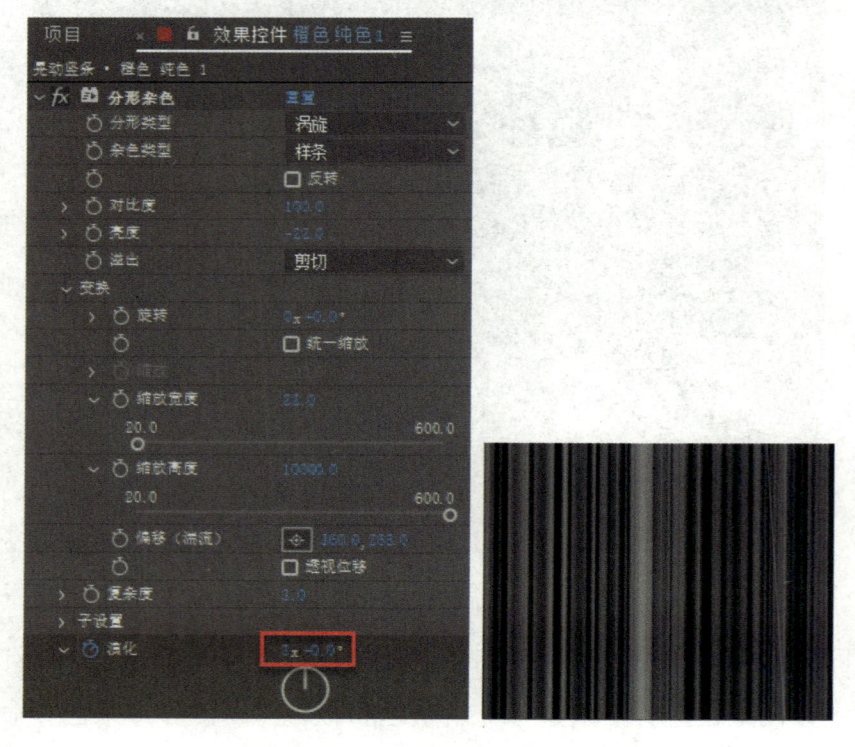

图16-65 设置"演化"属性

（4）在时间轴面板中选中纯色层，选择"效果"→"风格化"→"发光"命令，添加"发光"特效。在"效果控件"面板中将"发光阈值"设置为"19.6%"，"发光颜色"设置为"A和B颜色"，其中，A颜色为浅蓝色 RGB（143, 193, 255），B颜色为深蓝色 RGB（0, 33, 107）。此时竖条将带有蓝色辉光，如图 16-66 所示。

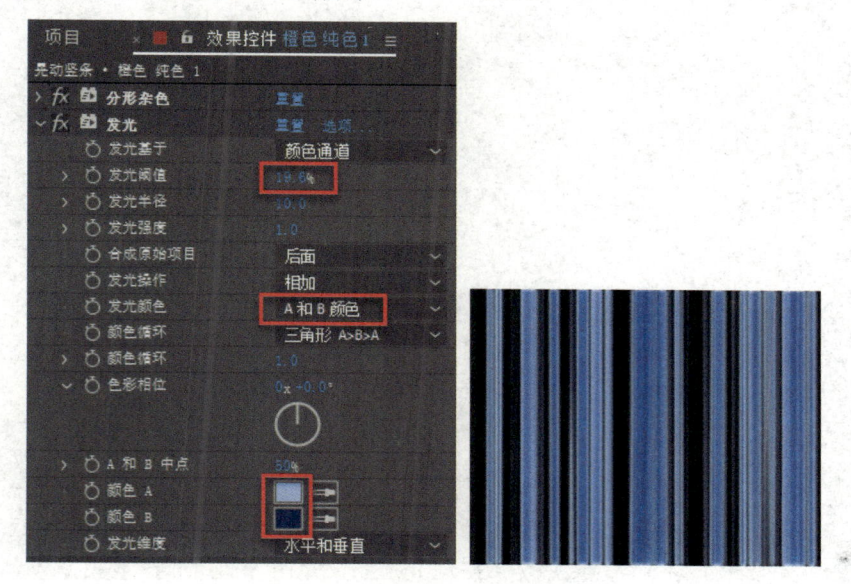

图 16-66　设置"发光"特效

（5）选中纯色层，选择"效果"→"颜色校正"→"亮度和对比度"命令，添加"亮度和对比度"特效。在"效果控件"面板中将"亮度"设置为"-17"，"对比度"设置为"27"，勾选"使用旧版（支持 HDR）"复选框，增加蓝色辉光的对比度，如图 16-67 所示。

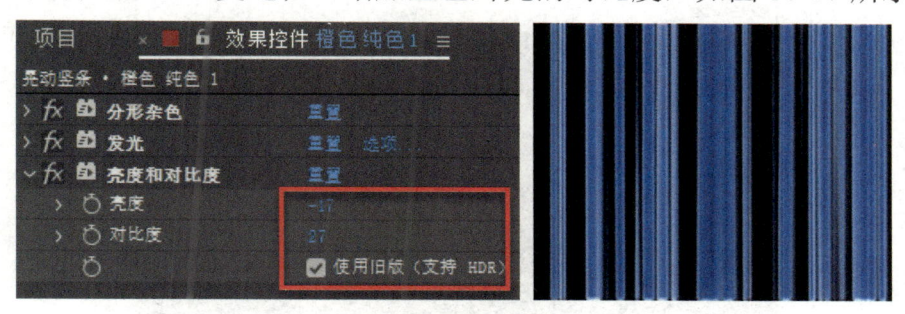

图 16-67　设置"亮度和对比度"特效

任务四　制作合成"总合成"

（1）按 Ctrl+N 组合键新建合成，在"合成设置"对话框中将"合成名称"设置为"总合成"，"宽度"设置为"720"px，"高度"设置为"576"px，"像素长宽比"设置为"方形像素"，"持续时间"设置为 16 秒，"背景颜色"设置为黑色，单击"确定"按钮，如图 16-68 所示。

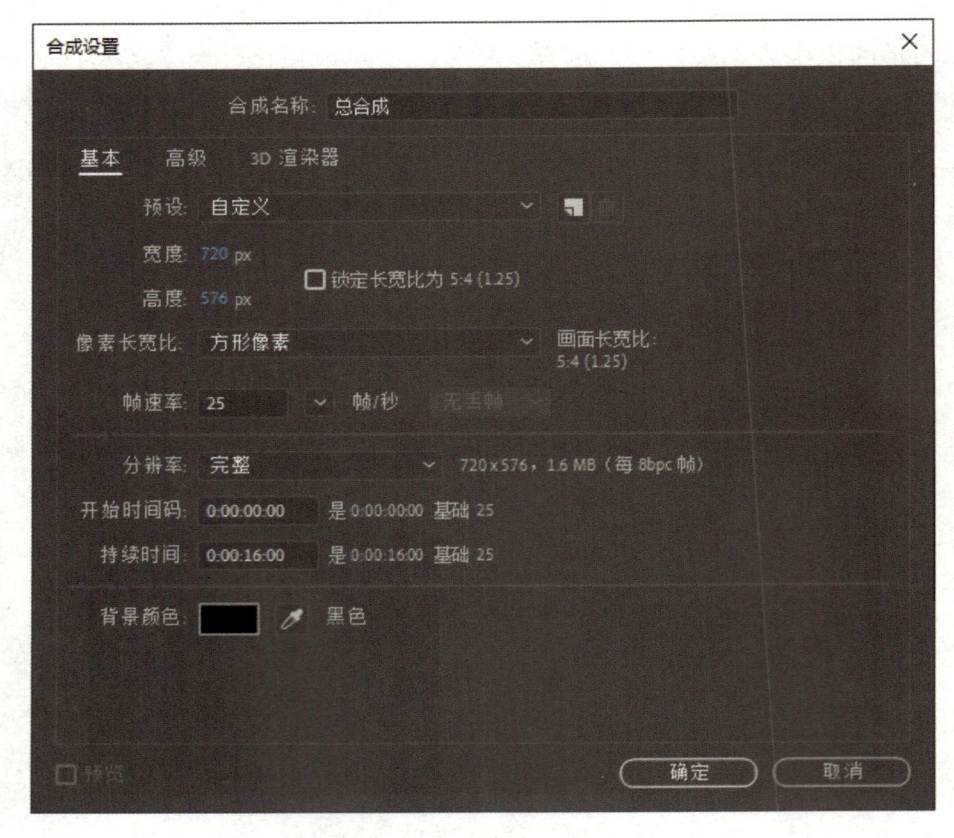

图 16-68 "合成设置"对话框

（2）右击时间轴面板的空白处，在弹出的快捷菜单中选择"新建"→"纯色"命令，在"纯色设置"对话框中将"名称"设置为"渐变背景"，单击"确定"按钮，如图 16-69 所示。

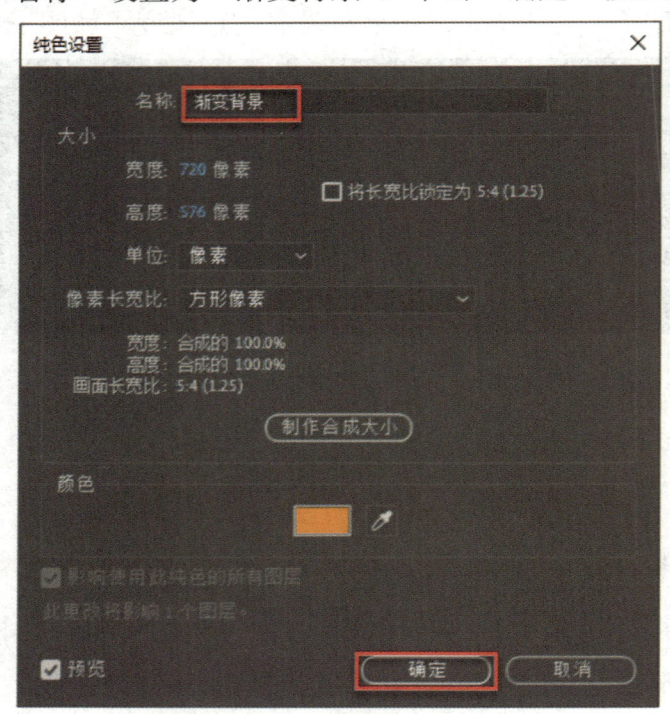

图 16-69 "纯色设置"对话框

（3）选中图层"渐变背景"，选择"效果"→"生成"→"梯度渐变"命令，添加"梯度渐变"特效。在"效果控件"面板中将"渐变起点"设置为"-2.0, 0.0"，"起始颜色"设置为白色，"渐变终点"设置为"288.0, 768.0"，"结束颜色"设置为蓝色RGB（94, 170, 255），"渐变形状"设置为"线性渐变"，如图16-70所示。

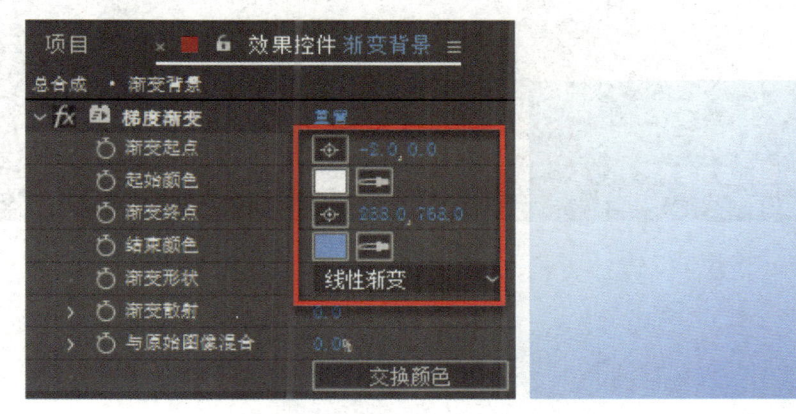

图16-70 设置"梯度渐变"特效

（4）右击时间轴面板的空白处，在弹出的快捷菜单中选择"新建"→"纯色"命令，在"纯色设置"对话框中将"名称"设置为"网格"，单击"确定"按钮。选中该图层，选择"效果"→"生成"→"网格"命令，添加"网格"特效。在"效果控件"面板中将"锚点"设置为"423.0, 330.0"，"边角"设置为"458.0, 364.0"，"边界"设置为"3.0"，制作出网格效果，如图16-71所示。

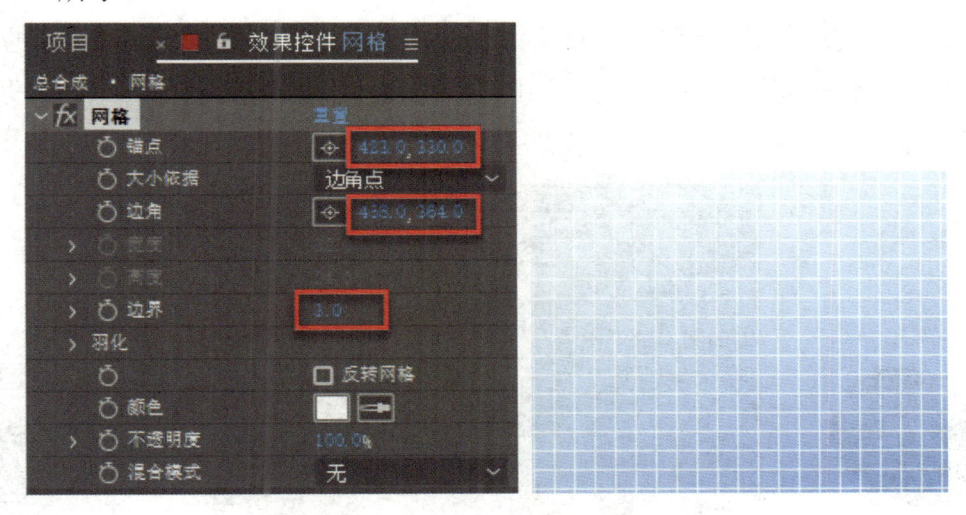

图16-71 设置"网格"特效

（5）单击时间轴面板左下角的第2个按钮，显示出图层模式栏，选中图层"网格"，将该图层的模式设置为"柔光"。展开图层的属性，将"不透明度"属性值设置为"48%"，如图16-72所示。

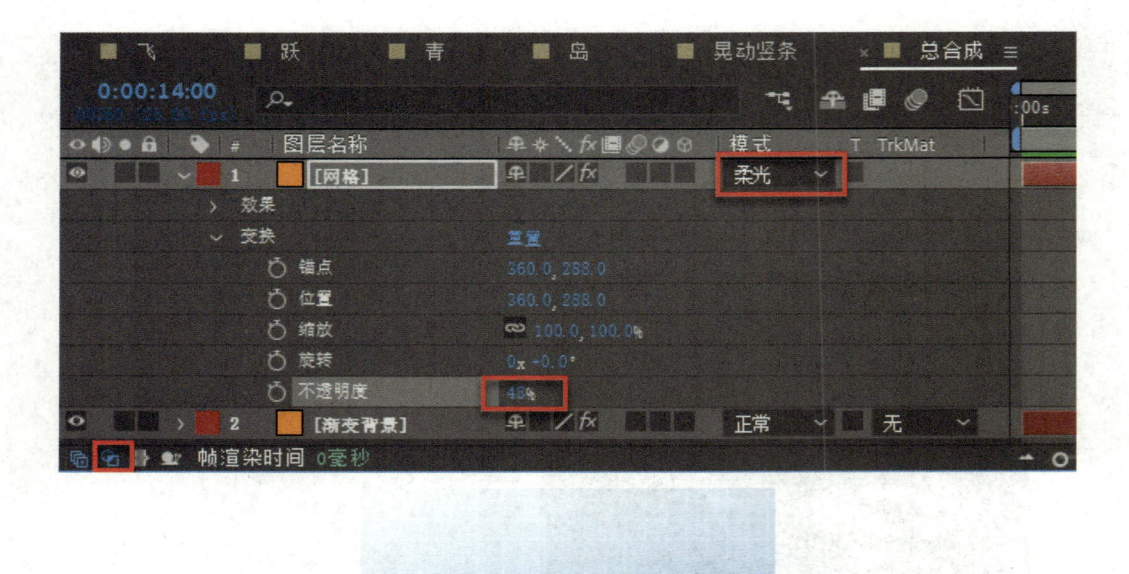

图 16-72 设置图层的模式和不透明度

（6）在"项目"窗口中将素材"背景视频.m2v"拖到时间轴面板的顶层，选中该图层，选择工具箱中的钢笔工具，在"合成"窗口中绘制封闭的蒙版路径，若对蒙版的形状不满意，则可以通过钢笔工具调整路径控制点的位置和切线方向，也可以通过转换"顶点"工具调整路径控制点的类型来调整蒙版的形状。展开蒙版的属性，将"蒙版羽化"属性值设置为"200.0, 200.0 像素"，如图 16-73 所示。

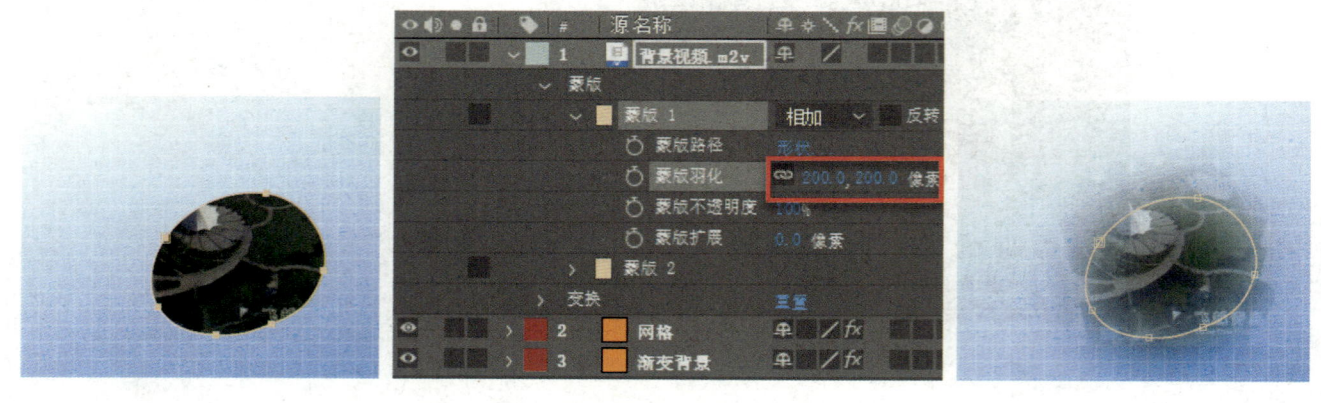

图 16-73 绘制并设置蒙版路径

（7）在"项目"窗口中依次将合成"飞""跃""青""岛"拖到时间轴面板中，并依次排列开，相互之间重叠交叉一点，如图 16-74 所示。

图 16-74　在时间轴面板中排列素材

（8）在时间轴面板中展开图层"飞"的属性，将时间轴指针移到第 2 秒 20 帧处，启动"位置"属性关键帧。将时间轴指针移到第 0 帧处，将"位置"属性值设置为"588.0, 709.0"，制作文字从右下角移到画面中心的动画，如图 16-75 所示。

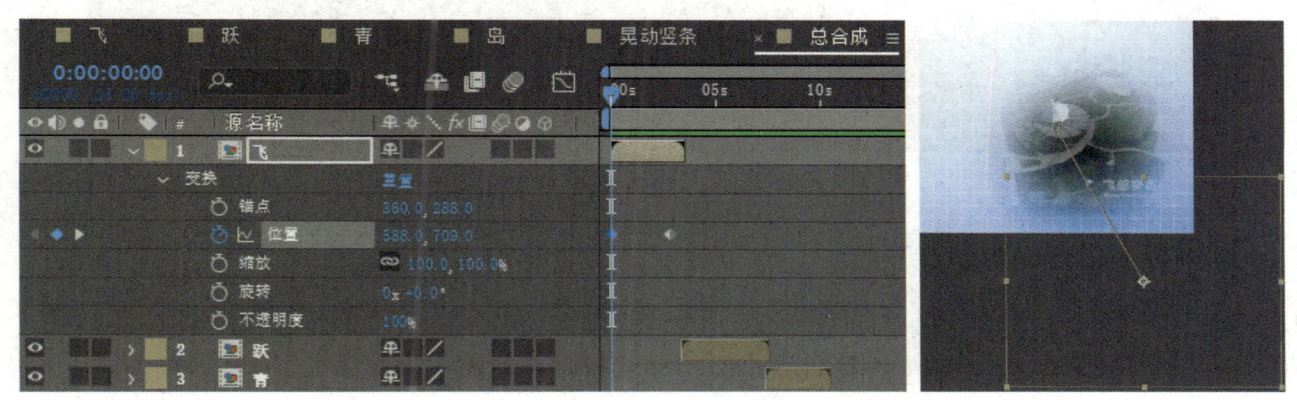

图 16-75　制作文字"飞"从右下角移到画面中心的动画

（9）将时间轴指针移到图层"飞"和"跃"开始重叠的位置，启动图层"飞"的"不透明度"属性关键帧。将时间轴指针移到图层"飞"结束的位置，将"不透明度"属性值设置为"0%"，制作文字"飞"淡出的效果，如图 16-76 所示。

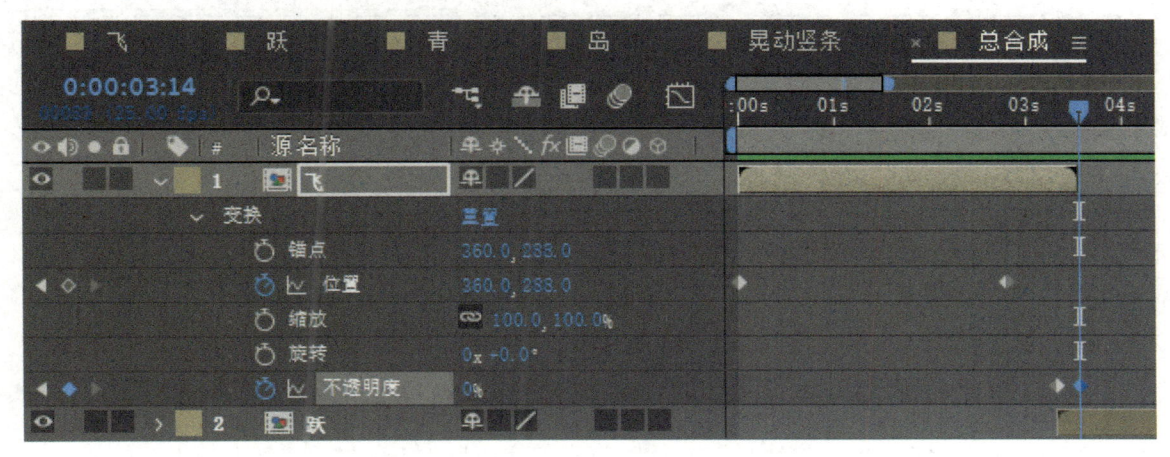

图 16-76　制作文字"飞"淡出的效果

(10) 在时间轴面板中展开图层"跃"的属性，将时间轴指针移到第6秒20帧处，启动"位置"属性关键帧。将时间轴指针移到图层"飞"结束的位置，将"位置"属性值设置为"588.0,709.0"，制作文字从右下角移到画面中心的动画。将时间轴指针移到图层"跃"和"青"开始重叠的位置，启动图层"跃"的"不透明度"属性关键帧，将时间轴指针移到图层"跃"结束的位置，将"不透明度"属性值设置为"0%"，制作文字"跃"淡出的效果，如图16-77所示。

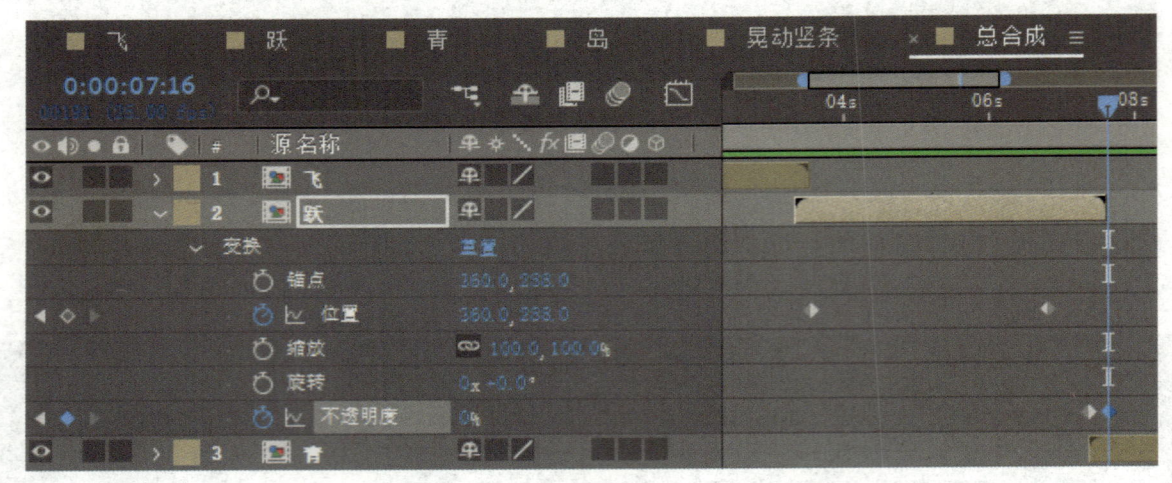

图16-77 制作文字"跃"淡出的效果

(11) 在时间轴面板中展开图层"青"的属性，将时间轴指针移到第9秒20帧处，启动"位置"属性关键帧。将时间轴指针移到图层"跃"结束的位置，将"位置"属性值设置为"588.0,709.0"，制作文字从右下角移到画面中心的动画。将时间轴指针移到图层"青"和"岛"开始重叠的位置，启动图层"青"的"不透明度"属性关键帧，将时间轴指针移到图层"青"结束的位置，将"不透明度"属性值为设置"0%"，制作文字"青"淡出的效果，如图16-78所示。

图16-78 制作文字"青"淡出的效果

(12) 在时间轴面板中展开图层"岛"的属性，将时间轴指针移到图层结束的位置，启动"位置"属性关键帧。将时间轴指针移到图层"青"结束的位置，将"位置"属性值设置为"588.0,

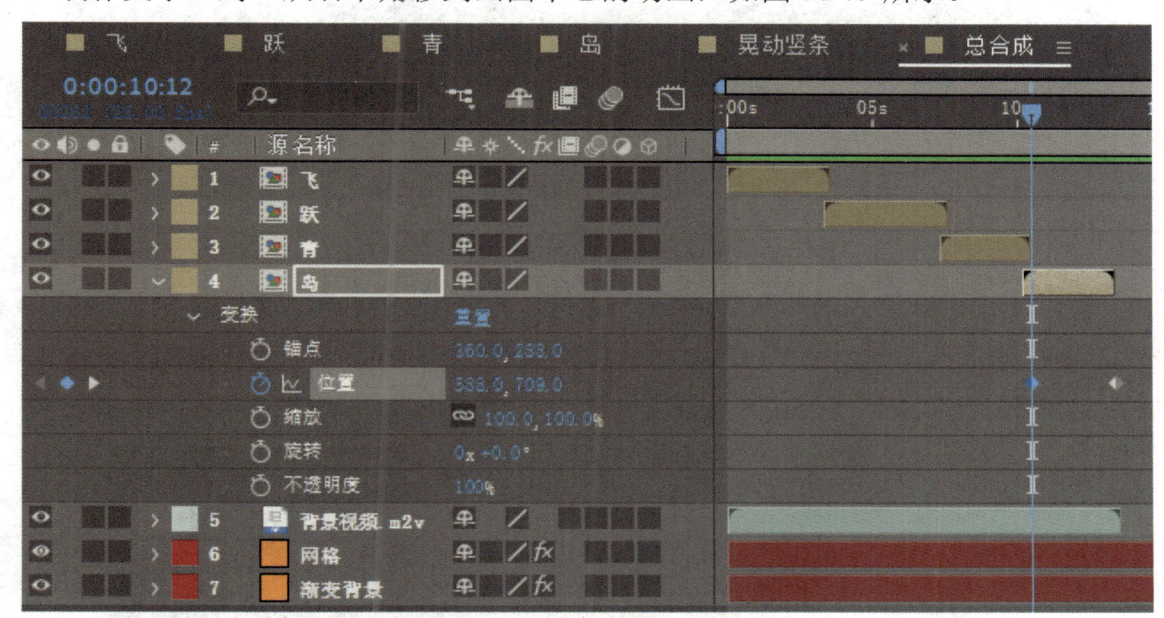

709.0",制作文字"岛"从右下角移到画面中心的动画,如图16-79所示。

图16-79 制作文字"岛"从右下角移到画面中心的动画

(13)在"项目"窗口中将素材"背景音乐.mp3"拖到时间轴面板的底层,按Space键进行预览测试,观察背景音乐的节奏起伏与画面文字书写的节奏是否能配合起来,若不配合,则可微调文字图层的左右位置或文字关键帧的位置,使得节奏配合协调一致。

(14)在"项目"窗口中将素材"晃动竖条"拖到时间轴面板的顶层,选中该图层,选择工具箱中的钢笔工具，在"合成"窗口中绘制一个封闭的蒙版路径。展开蒙版的属性,将"蒙版羽化"属性值设置为"200.0, 200.0像素","不透明度"属性值设置为"30%",图层的模式设置为"叠加",如图16-80所示。

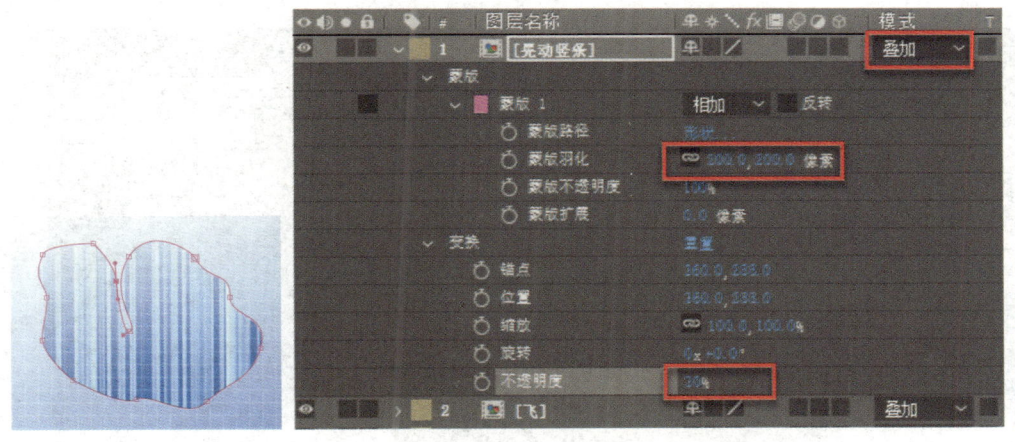

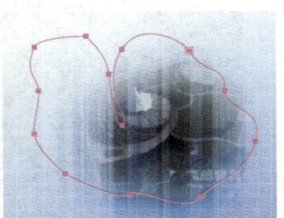

图16-80 绘制并设置蒙版路径

(15)在"项目"窗口中将红丝带序列素材拖到时间轴面板的顶层,选中该图层,按Enter键,将图层名称修改为"红丝带",图层的模式设置为"柔光",如图16-81所示。

图16-81 添加和设置图层"红丝带"

（16）将时间轴指针移到书写文字"跃"还没有写完的位置，选择工具箱中的文字工具T，在"合成"窗口中输入文字"FLY OVER QINGDAO"。选中文字，在"段落"面板中单击"居中对齐"按钮，在"字符"面板中调整文字的大小、字体和位置，如图16-82所示。

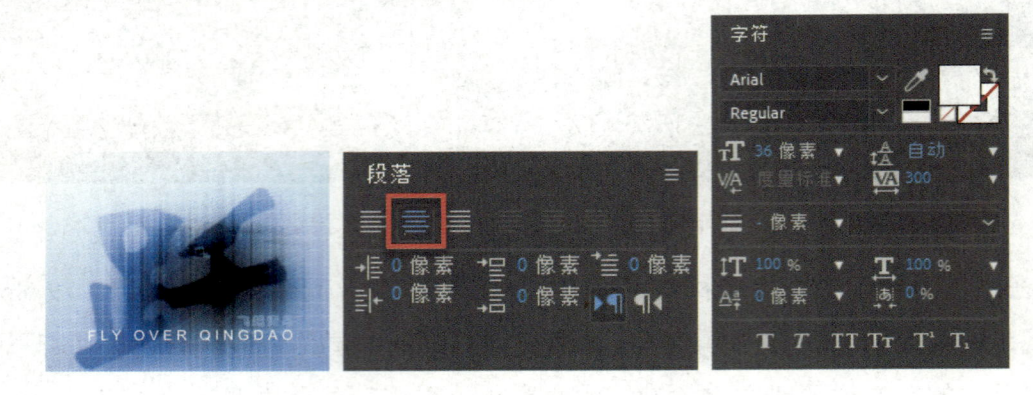

图16-82 调整文字属性

（17）在时间轴面板中将该文字图层的入点调整到时间轴指针处，出点调整到文字"跃"书写结束的位置。展开该图层的属性，将时间轴指针移到图层入点处，将"缩放"属性数值设置为"40.0, 40.0%"。单击"缩放"属性的"约束比例"按钮解除长宽比的锁定，启动"缩放"属性关键帧，如图16-83所示。

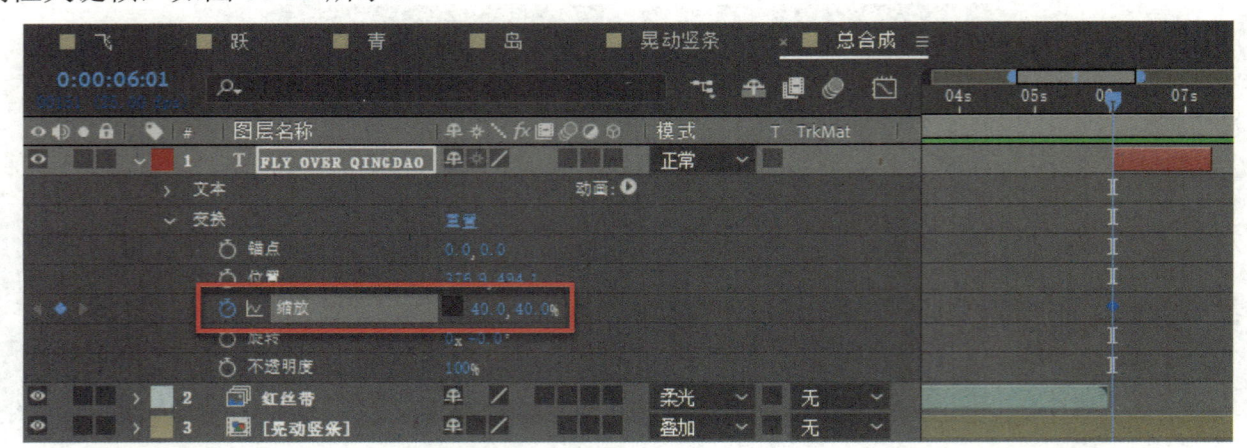

图16-83 调整图层的入点和出点并设置"缩放"属性

（18）将时间轴指针移到该图层距离入点三分之一长度的位置，将"缩放"属性值设置为"100.0, 100.0%"，如图16-84所示。

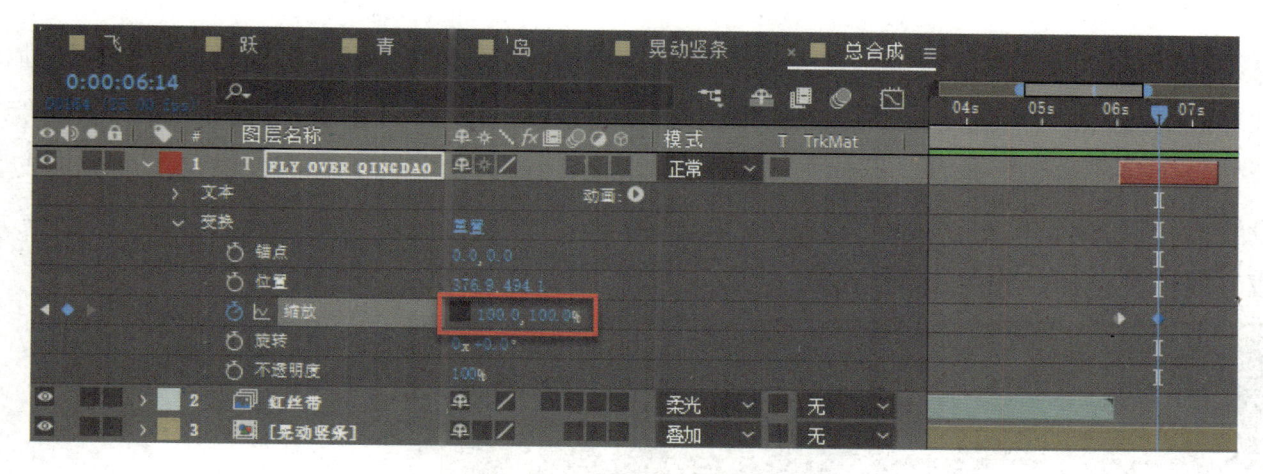

图 16-84 设置"缩放"属性值（1）

（19）将时间轴指针移到该图层距离入点三分之二长度的位置，将"缩放"属性数值设置为"124.0, 100.0%"，如图 16-85 所示。于是制作了文字由小变大再横向展开的动画。

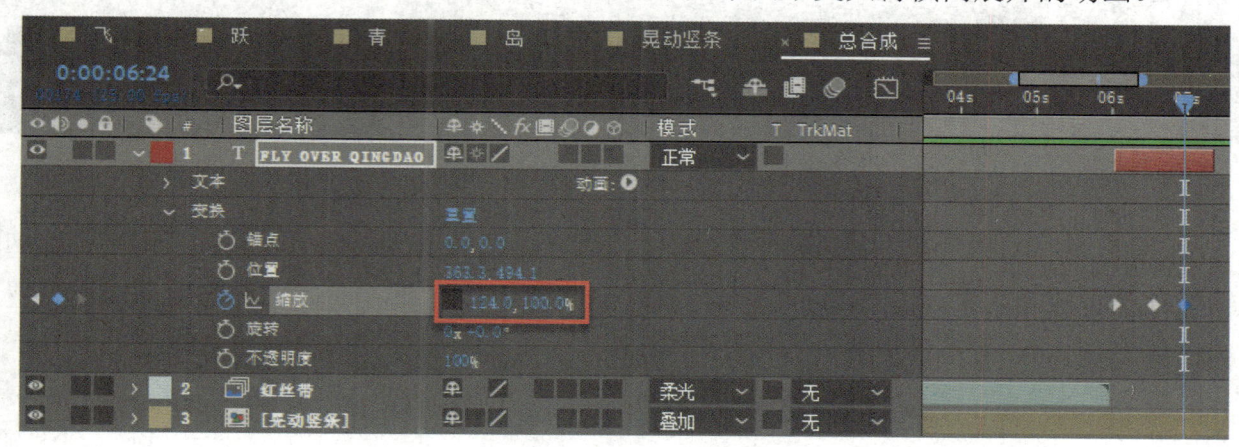

图 16-85 设置"缩放"属性值（2）

（20）将时间轴指针移到图层入点处，启动"不透明度"属性关键帧，不断移动时间轴指针，分别调整"不透明度"属性值，制作文字淡入淡出的动画，如图 16-86 所示。

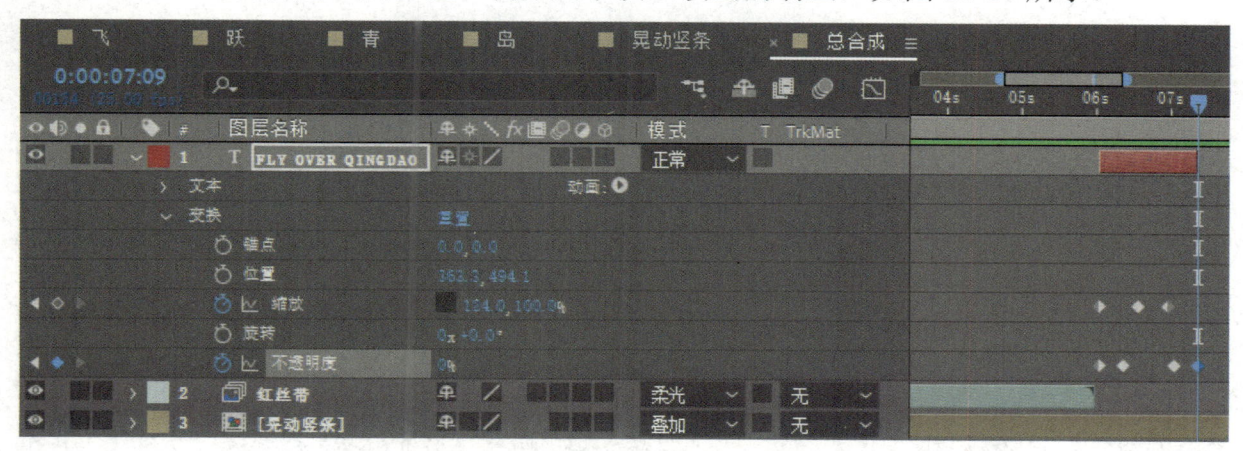

图 16-86 制作文字淡入淡出的动画

（21）在"项目"窗口中将导入的合成"飞跃青岛"拖到时间轴面板的顶层，将时间轴指针移到第 13 秒 9 帧处，将图层入点拖到时间轴指针处。选中该图层，选择"效果"→"过渡"→"线性擦除"命令，添加"线性擦除"特效。在"效果控件"面板中将"过渡完成"设置为"100%"，"擦除角度"设置为"0x+270.0°"，"羽化"设置为"50.0"，启动"过渡完成"属性关键帧，如图 16-87 所示。

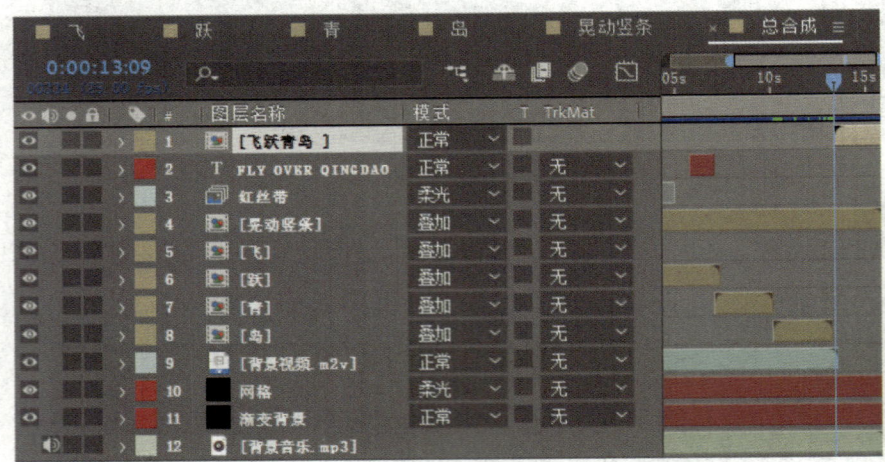

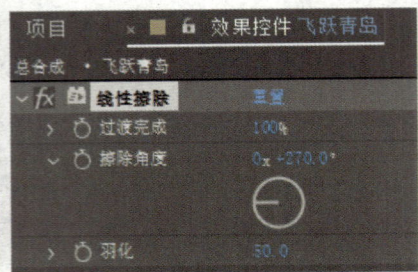

图 16-87　设置"线性擦除"特效

（22）将时间轴指针移到第 13 秒 23 帧处，将"过渡完成"属性值设置为"0%"，拖动时间轴指针观看擦除效果，如图 16-88 所示。选中该图层，按 U 键在时间轴面板中显示出设置了关键帧的属性。

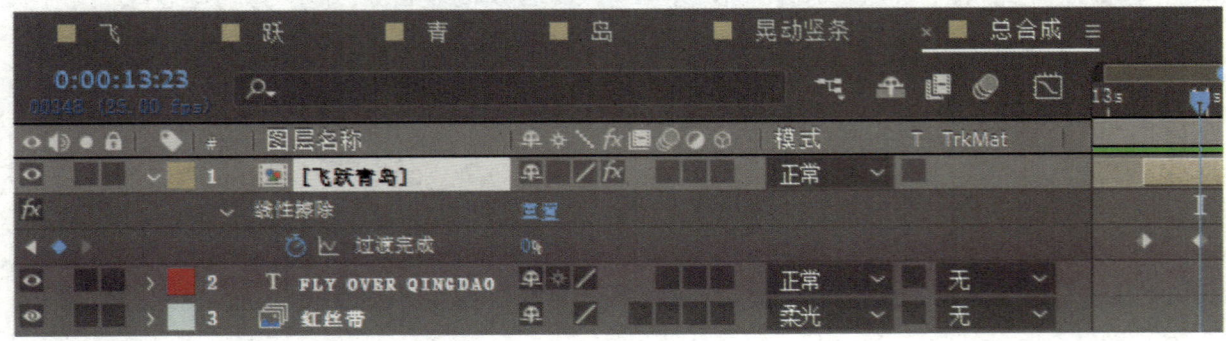

图 16-88　线性擦除效果

（23）在时间轴面板中将图层"飞""跃""青""岛"的模式设置为"叠加"，最终的时间轴面板效果如图 16-89 所示。

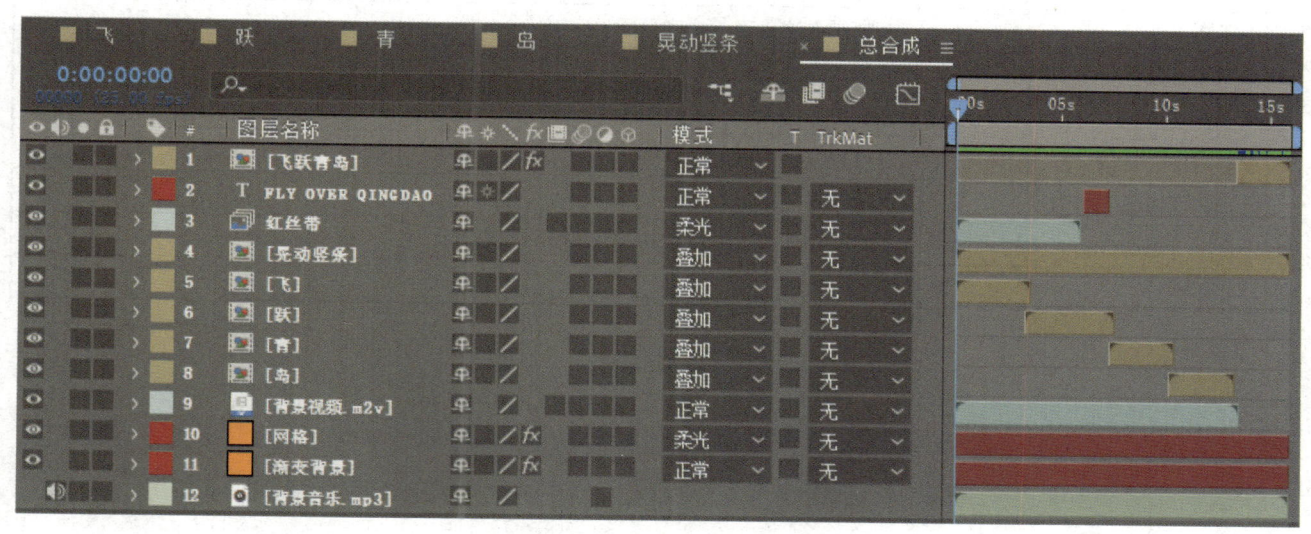

图 16-89　最终的时间轴面板效果

任务五　渲染输出

按 Space 键预览测试制作效果，若对效果感到满意，则在菜单栏中选择"合成"→"添加到渲染队列"命令，在出现的"渲染队列"面板中选择"输出模块"选项右侧的选项，在弹出的"输出模块设置"对话框中，单击"格式"右侧的下拉按钮，将视频输出格式设置为"QuickTime"，单击"确定"按钮，返回"渲染队列"面板。选择"输出到"选项右侧的"飞跃青岛.mov"选项，在弹出的"将影片输出到："对话框中修改文件的保存路径和文件名称，其他的采用默认设置，单击"保存"按钮，返回"渲染队列"面板。单击"渲染"按钮进行渲染，如图 16-90 所示。渲染结束后，找到渲染的视频文件，在 QuickTime、暴风影音等视频播放器中观看制作效果。

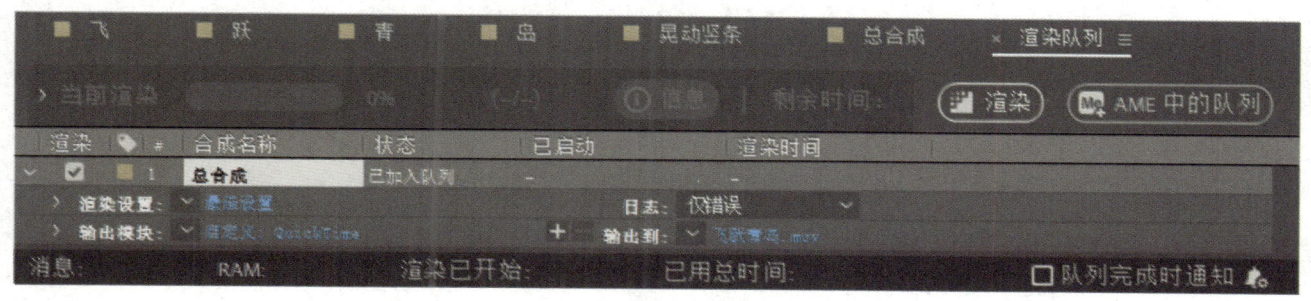

图 16-90　渲染输出设置

项目评价反馈表

技 能 名 称	配分/分	评 分 要 点	学 生 自 评	小 组 互 评	教 师 评 价
制作手写字	4	制作方法正确			
制作晃动竖条	2	制作方法正确			
设置"梯度渐变"特效	1	设置方法正确			
设置"网格"特效	1	设置方法正确			
设置"线性擦除"特效	1	设置方法正确			
制作合成"总合成"	4	时间轴面板中的图层排列正确			
项目总体评价					